ICH BIN MIT MEINEM BESEN IN MANCHEM CAMIN GEWESEN
VNS ER SI ND DREI
MICH DURST NACH EINER WURST

Eugen A. Meier

Das süße Basel

Ein Breviarium der «süßen Kunst» im alten Basel
mit 414 Gutzi- und Süßspeisenrezepten aus sechs Jahrhunderten
und zwölf Dutzend schwärmerischen Lebkuchensprüchen

Birkhäuser Verlag Basel

Umschlagbild
Prachtsform für Backwerk: Der von zwei Basilisken gehaltene Baselstab ist von den XIII Alten Orten der Eidgenossenschaft umgeben. Vom Läckerli-Huus AG mit Marzipan ausgedrückt und von Dagmar Ost nach traditioneller Zuckerbäcker-Manier koloriert. 17. Jahrhundert

▷
Blick in eine Patisserie, um 1770. Die Darstellung weist auf die ursprüngliche Bedeutung des Wortes «pâtissier» als Pastetenbäcker hin. Erst die Verbilligung des Zuckers brachte im 17. und 18. Jahrhundert eine größere Auswahl an Süßigkeiten, deren Zubereitung auch durch die Pastetenbäcker geschah.

Inhaltsverzeichnis

Gesamtherstellung: Birkhäuser AG, Basel
Reproduktionen: Marcel Jenni
Gestaltung: Albert Gomm SWB
Photolithos: Steiner & Co., Basel

ISBN 3-7643-0699-8

Einleitung

Bei der bekannt asketischen Lebensführung im alten Basel müßte es eigentlich schwerfallen, über das «süße Basel» zu schreiben. Denn zahlreich sind die Anekdoten, die von extremer Sparsamkeit erzählen und viele Bewohner unserer Stadt als knauserig und oft geradezu als krankhaft geizig erscheinen lassen. Mäßigkeit in den persönlichen Ansprüchen, im Bekleiden, Essen und Trinken und statt dessen Großzügigkeit in Werken für die Allgemeinheit und der Nächstenliebe galten seit alters als vornehmste puritanische Tugenden, denen man mit Eifer und Ausdauer zu folgen hatte: und da soll von einem «süßen Basel» die Rede sein?

So, wie in jedem «on dit» ein Kern Wahrheit liegt, so ist eine dem Basler in gewissen Bereichen mit beißendem Spott nachgesagte Zugeknöpftheit einzugestehen. Ebenso aber ist festzustellen, daß der Basler in früherer Zeit sich bei bestimmten Gelegenheiten von der anerzogenen Zurückhaltung abwandte und die Freuden des Lebens ausgiebig zu genießen wußte. Nach Wochen harter Arbeit fand man sich vergnügt zum frohen Feste. Hochzeiten, Taufen, Geburtstagsfeiern, Jubiläen, Familientage und Zunftessen boten neben den kirchlichen Feiertagen gerne benützte Möglichkeiten, bei opulenten Gedecken um das leibliche Wohlbefinden besorgt zu sein. Gönnte man sich an den gewöhnlichen Tagen nur das Lebensnotwendige, so leistete man sich zu festlicher Zeit eine Vielfalt an herrlichsten Leckereien, die uns heute als unglaubhaft erscheint. Beim Studium der zahlreichen überlieferten Speisekarten drängt sich füglich die Frage auf, wie es möglich war, ein solches Angebot feinster Leckerbissen zu meistern. Auch wenn wir berücksichtigen, daß man sich in aller Ruhe dem Essen hingab und die einzelnen Gänge nicht Schlag auf Schlag folgten, so muß die kulinarische Aufnahmefähigkeit der Festteilnehmer doch riesenhaft gewesen sein. Die Leute müssen mit einem unvorstellbaren Appetit zu Tische gesessen sein und sich durch die eingenommenen Quantitäten einen zünftigen Vorrat an Kalorien angelegt haben, der ihnen dann während Tagen praktisch ohne weitere Nahrung auszukommen erlaubte.

Wie die Bürgerschaft frönte auch die Geistlichkeit uralter, von den Germanen vorgezeichneter Eßlust und Trinkfreudigkeit. Aus der Zeit Bischof Heinrichs I. von Horburg, der von 1180 bis 1190 regierte, ist ein Statut bekannt, das die Speisenfolge des Festessens vorschreibt, das der Dompropst am Münster seinen 23 Domherren jeweils zu Weihnachten und zu Ostern während vier Tagen aufzutragen hatte. Für je acht Domherren mußte jeden Tag ein ausgewachsenes Schwein geschlachtet werden. So setzte sich an Weihnachten die aus neun Gängen bestehende Hauptmahlzeit aus folgenden Gerichten zusammen: Zum ersten: Schinken, Füße und Kopf in Sulz oder Gallerte. Zum zweiten: neunfach gewürztes Gehacktes, Magenwurst, Lungenwurst, Bratwurst, Schüblig, Hammen, Zunge, Rückenstück, Kinnbacken. Zum dritten: geräuchertes Rindfleisch mit Kohl. Zum vierten: feißes Schweinefleisch mit Pfeffer. Zum fünften: Schluchbraten und Schmerbraten. Zum sechsten: Eberfleisch und Wildfleisch. Zum siebten: feißes Fleisch mit Senf. Zum achten: Hirse, mit Eiern, Milch und Blut gekocht. Und zum neunten: gespickte Schweinskeulen und «Schüfeli» mit Speck. An Ostern wurde statt Rindfleisch eine trockene Schweinskeule mit Essig und statt Eberfleisch eine Platte Lammfleisch mit Eiern, in Schweinefett gebraten, serviert. Wenn ein Fasttag dazwischenkam, erhielten die Domherren statt dessen vorgesetzt: Lachse mit Sulz, Balchen mit Senf, in Öl gesottene Salme mit Lauch, Forellen mit Essig, Hechte und andere größere Fische aus dem Rhein, Seehechte mit Pfeffer, Albellen (kleine Weißfische) mit Semmeln, in Öl gesotten. Dazu gab es zum Dessert jeweils Klosterbrot, Waffeln, Klosterwecken und Obst. Der Schenktisch war mit weißem Schildberger und gewürztem Wein versehen. Und des Abends wurde jedem Domherr noch ein halbes Huhn mit einer Semmel, Kuchen und Obst, zwei Becher Wein und süßer Gewürzwein (Hypokras) aufgetischt!

Gebäckmodel: Koch mit Bratspieß.
18. Jahrhundert

In der ellenlangen Aufzählung der üppigen Schlemmereien im Refektorium auf Burg kommt den Süßigkeiten, denen unser besonderes Interesse gilt, nur bescheidener Raum zu. Noch im ausgehenden Mittelalter fanden Süßspeisen in der Menügestaltung kaum Beachtung. Neben Waffeln, Konfekt, Lebkuchen, Wecken oder einfachen Kuchen war es gelegentlich nur ein Ziger oder ein Mues aus Früchten, das zum Abschluß solenner Mahlzeiten gereicht wurde. Noch die Kuchibücher der Safranzunft weisen im 15. und 16. Jahrhundert nur ganz selten Wähen, Eierwecken, Eierringe und Pfannkuchen aus; von Fasnachtsküchlein und Leckerli noch keine Spur! Erst die Kochkunst des 17. und 18. Jahrhunderts brachte mit der Verbilligung des Zuckers eine größere Auswahl an Süßspeisen. Hauptsächlich die Backwaren nahmen einen großen Aufschwung, so daß sich in Basel neben Lebkuchenmachern auch Zuckerbäcker mit hinreichendem Auskommen etablierten. Aber auch die Hausfrauen versuchten sich in zunehmendem Maße im Herstellen von Süßigkeiten, hauptsächlich zur Weihnachtszeit. Wer könnte die Stimmung des Gutzibackens im alten Basel anschaulicher aufzeigen als Helene Vischer vom Seidenhof, wo man mit Modeln meisterhaft umzugehen weiß: «Wenn mit dem Backen für Weihnachten angefangen werden sollte, brauchte nur alles aus der Vorratskammer geholt zu werden, auch das gut gelagerte Kirschwasser und der alte Honig. Und man mußte früh anfangen, denn unglaubliche Mengen von Gebäck wurden hergestellt. Zuerst kamen die Leckerli dran, weil sie das Warten am besten vertragen, sie werden mit der Zeit immer besser. Tagelang wurden Berge von Mandeln in feine Streifchen geschnitten, und dann kam der große Moment, wo der Honig erwärmt und in großen Kesseln auf dem heißen Herd die Ingredienzen gemischt und zusammen gerührt wurden. Frauenarme konnten solche Arbeit nicht bewältigen, deshalb lieh man sich gegenseitig Gärtner und Knechte, oder man holte zwei handfeste Packträger, es gab damals offenbar noch solche, und sie durften auch außerhalb des Bahnhofs wirken. Sie kamen recht gern. Abwechselnd hielt einer mit beiden Händen den Kessel auf dem Herd fest, während der andere mit einem dicken Bengel in der zähen Masse rührte. Das dauerte lange und war anstrengend, darum mußten sie dazwischen gestärkt werden. Wenn am Abend die ausgestochenen Leckerli auf vielen Blechen zum Backen bereitstanden, herrschte eine gehobene Stimmung im Haus, bei den einen wegen der genossenen Stärkung, bei den Kindern wegen der herrlichen Teigresten, die vertilgt werden durften, und bei den Verantwortlichen, weil ein schwieriges Werk wohlgelungen war.

Erfordert die Herstellung der Leckerli besondere Kraft, so nahmen dafür die Änisbrötli die ganze Geschicklichkeit der Hausfrau und ihrer Trabanten in Anspruch. Damit die sorgsam gehüteten Model schön zur Geltung kamen, mußte der Teig eine ganz bestimmte Festigkeit aufweisen; war er zu feucht, so geriet das Muster nicht, war er dagegen zu fest, so schmeckte das fertige Produkt weniger gut. Beides war zu vermeiden. Mit leichten, fast zärtlichen Händen wurde der Teig in die schönen Formen gedrückt, und es wurde gut überlegt, wer zu beglücken war. Alle Neuvermählten in der Verwandtschaft sollten das Abbild eines Hochzeitspaares bekommen, die Gartenliebhaber ein Blumenstück, die eifrigen Jäger einen Hund. Brunsli, Haselnußleckerli, Mailänderli und die verschiedenen Spezialitäten jeder Familie gerieten dann fast von selber. Alles wurde aufs beste verwahrt und gehütet vor vier- oder zweibeinigen Nagern.»

Die ausgesprochene Freude der Baslerinnen am Backen, Kücheln und Kochen hat in handgeschriebenen Kochbüchern Niederschlag gefunden, die oft während Generationen in Gebrauch blieben. Durch diese mit Sorgfalt nachgeführten Rezeptsammlungen ist die Tradition des «süßen Basel» begründet worden. Natürlich können die wenigsten Rezepte als eigentliche Basler Spezialitäten bezeichnet werden. Dienstmägde aus der Nachbarschaft, weitgereiste Handelsleute, Kriegsknechte oder durchreisende Fremde brachten sie nach Basel. Und weil die Rezepte offensichtlich gut und schmackhaft waren, stand ihnen der Zugang zu den Küchen unserer Altvordern offen. Wie aus den Wiederholungen in den Kochbüchern ersichtlich ist, sind viele jener auf diese Art zu uns gekommenen Rezepte regelmäßig angewendet worden, wobei sie dann oft durch Verfeinerung «baslerisiert» wurden.

Aus der Fülle der über 30 Originalmanuskripte aus 6 Jahrhunderten, die sich heute in öffentlichem Besitz befinden, und der wenigen in Basel erschienenen alten Kochbücher haben wir exzerpiert, was an Süßigkeiten unsere Vorfahren im Laufe der Zeit erfreute. Manches der Rezepte enthält nicht nur Mengenangaben und Zubereitungsanleitungen, sondern auch ernstgemeinte Belehrungen, wie das folgende Beispiel einer anonymen Verfasserin vor rund 200 Jahren zeigt: «Nimm von Mehl ein Pfund, siebe es fein und stell es über Nacht ins Ofenloch. Nimm ein Pfund trockenen Zucker und vier Eier, aber große, zwei Eßlöffel ausgeblasenen Anis – wenn Du's fein haben willst, sollst Du ihn im Ofen bähen. Vom alten Baselbieter Kirsch zwei Eßlöffel (lupft sie gut und vertreibt den Eiergeschmack), Zucker, Eier und Anis laß vom ältesten Buben rühren, dann vom zweitältesten, dann vom dritten, zusammen wenigstens eine halbe Stunde, dann gib das Chriesiwasser dazu, schaffe das Mehl darunter und wirke den Teig auf dem Wallbrett, bis er schön verbunden ist. Wälle den Teig auf, aber nicht zu dünn, und drücke mit Sorgsamkeit und Kraft die Model auf. Hernach alles auf mehlbestäubtem Brett 24 Stunden an die Wärme gestellt und bei schwacher Hitze backen. Um sie schön weiß zu haben, stäube vor dem Backen Mehl darauf und blase es nachher weg. Kriegen sie keine Füßchen, so schimpfe die Buben aus oder die Stubenmagd: war schlecht gerührt oder Durchzug in der Stube. Springerli ohne Füßchen sind eine Ärgernuß.»

So amüsant wir den «modernisierten» Text dieses Änisgutzirezeptes empfinden, so köstlich sind auch die rund 400 Beschreibungen, die wir im Urtext wiedergeben, zu lesen. Aber mit der Verständlichkeit der originalen «Gebrauchsanweisungen» hat es seine Tücken – das werden Sie, verehrte Leserinnen und Leser, bald selber feststellen! Wir haben jedoch den meisten der alten Rezepte nicht nur deshalb eine neue Fassung beigegeben, sondern auch wegen der Zusammensetzung der Zutaten. Der größte Teil der nach alter Manier zubereiteten Gebäcke wäre heute nicht mehr genießbar: mastig, unverdaulich, zu kalorienreich. Und nicht zuletzt – zu teuer!

Daß der Autor seine Absicht umsetzen konnte, nicht nur ein Schaubuch, sondern auch ein Buch mit praktischem Wert zu schaffen, verdankt er der spontanen, uneigennützigen Mithilfe erfahrener Fachleute: Sophie Lüdin, der ehemaligen Leiterin der Hauswirtschaftsstelle des Gas- und Wasserwerks Basel, Bäckermeister Xander Klein vom Läckerli-Huus AG, Hans Neth, dem Leiter der Konditoreifachschule Richemont in Luzern und den Mitarbeiterinnen der Hauswirtschaftszentrale Coop Schweiz. Die «Testformation des süßen Basel» hat in aufwendiger Arbeit diejenigen Rezepte, die von ihrem Gehalt her eine Neuformulierung recht-

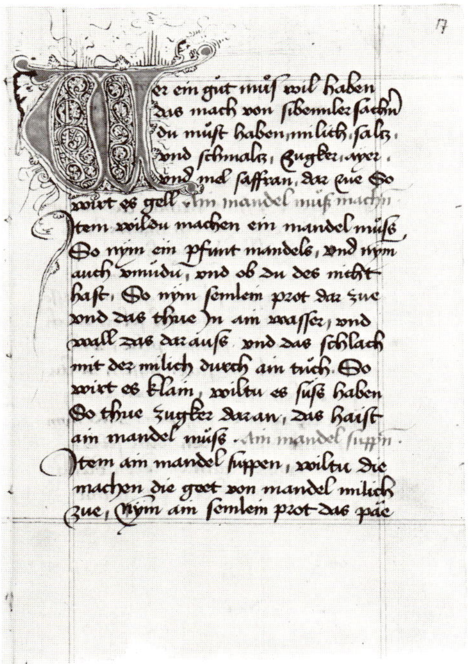

Prachtvoll angelegte Seite aus dem Kochbuch des Meisters Hans, des ältesten noch erhaltenen Basler Kochbuchs. 1460

fertigten, den heutigen Bedürfnissen angepaßt. Obwohl man sich um eine adäquate Umsetzung bemühte, nötigten mangelhafte, ungenaue Beschreibungen oder nicht mehr erhältliche Zutaten gelegentlich zu einem «Kunstgriff». Nicht neugefaßt sind auch – mit Ausnahme der kursiv gedruckten Maßangaben – Rezepte, deren Originalsprache im Ausdruck klar ist. Der Experimentierfreudigkeit der Hausfrauen mit Zeit und Geduld zuliebe sind ebenso einzelne Rezepte nur im Urtext gegeben. Ob aber alle der dargestellten Gebäcke auch wirklich geraten und von ausgezeichneter Güte sind, ist der Kunst und dem Geschmack unserer Gutzitanten und Kuchenbäckerinnen überlassen. Zum Probieren hält Robert Kleins Läckerli-Huus auf jeden Fall eine geeignete Auslese auf Lager! Als Ergänzung zum alten Rezeptgut sind auch Rezepte von Süßigkeiten eingestreut, die historisch nicht verbürgt werden können, aber seit geraumer Zeit in Basel heimisch sind. Das Entgegenkommen von Direktor Dr. W. Hunzinger vom Gas- und Wasserwerk und von Thomas Beschle, David Bürgin, Tibor Pellmont, Paul Schießer, Peter Schneider, Freddy Spillmann und der Großbäckerei Sutter AG hat uns diese wertvolle Bereicherung ermöglicht.
Auf Anregung von Bäckermeister Willy Sutter-Kappler einst als «kleines Büchlein» gedacht, hat sich unsere Arbeit im Zuge intensiver Forschungen zu einer unerwartet stattlichen Sammlung entwickelt, die uralte Eßkultur mit moderner Ernährungswissenschaft verbindet. Es ist zu wünschen, daß das «süße Basel» anregt, wieder vermehrt die beglückende Kunst des Backens und Küchelns zu üben, und daß die eine oder andere der vielfach längst in Vergessenheit geratenen alten Basler Süßigkeiten da und dort erneut als begehrte Familienspezialität – wie das im alten Basel üblich war – Angehörige und Gäste entzückt. Seien es Hurenschenkelein, Musöhrli, Schneeballen, Schuhnägel, Tabakrollen, Türkenbund, Bättelbuben, Nonnenfürzlein, Pfaffenbrot, Binninger Schnitten, Mumpfer Kugeln, Christbrot, Marzipanweckli, Schneckenküchlein, Ochsenaugen, Zwuren, Savonien, Zuckerhippen, Immennester, Hasenohren, Eßblümlein, Treuherzige Ringe, Ehrenpreis, Zofinger Pantöffeli oder Goldene Hauben: ein Versuch lohnt sich!

Von Lebküchern und Zuckerbäckern

Die gewerbsmäßige Herstellung von süßem Gebäck oblag im alten Basel den Lebkuchenmachern. Lebkuchen, gemäß dem obrigkeitlichen Rezept von 1583 aus «4 Maas Honig, Mehl, bis genug, Gewürzen (Ingwer, Zimt, Nägeli)» gebacken, gehörten schon früh zu den bevorzugten Süßspeisen der Bevölkerung. Sie waren derart beliebt und in ihrem materiellen Wert so günstig, daß sie 1385 als einzig zulässiges Geschenk der Klöster bezeichnet wurden. Besonders an Festtagen tat man sich gerne an «Lebzelten» gütlich. So auch die Arbeiter der Münsterbauhütte, die in der letzten Adventswoche des Jahres 1428 «Lebkuchen machten, die kosten um Wurtz (Gewürz) 6 Pfund und umb Honig 57 Maas (1 Maas um 2 Schilling) und die Lebkuchen zu machen 13 Schilling».
Die Lebküchler waren nicht, wie an sich anzunehmen wäre, der Brotbeckenzunft zugeordnet, sondern der Zunft zu Safran. Sie wurden demnach nicht als Handwerker eingestuft, sondern als Krämer. Und dies hatte seine Richtigkeit, stellten die Lebküchler doch ihre Ware ursprünglich nicht selber her: sie trieben nur Handel mit den aus Straßburg, Nürnberg und Memmingen eingeführten Honigkuchen. Aber sie waren klug genug, sich mit Hilfe erfahrener Lebküchler, die sie auf Reisen in ihre Dienste genommen hatten, allmählich die Kunst des fremdländischen Fladenbackens anzueignen und die schmackhafte Süßigkeit in der eigenen Teigschüssel anzurühren. Daß die Lebküchler trotz diesem Berufswandel in der Herrenzunft zu Safran verblieben, mag mit ihrer Monopolstellung im Einkauf von Honig, die ihnen die Obrigkeit im 15. Jahrhundert zugestanden hatte, zusammenhängen wie auch mit ihrer engen Verbindung zu den Gewürzhändlern, die ebenso der Krämerzunft angehörten.
Nicht der Safranzunft, sondern der Zunft zu Gartnern zugeteilt waren die Pastetenbäcker, die sich zum großen Ärger der Lebküchler seit der Mitte des 17. Jahrhunderts ebenfalls in der Kunst des Kleingebäcks übten. Dies führte gelegentlich zu harten

Gebäckmodel: Die Lokomotive «Thun» mit Tender und Personenwagen. 19. Jahrhundert

Auseinandersetzungen zwischen den beiden verwandten Berufsgruppen. Einig dagegen waren sich «die Meister des Handwerks der Lebküchlerey», wenn es darum ging, gegen «artfremde Persohnen», die mit dem Backen von Lebkuchen ihr Leben verdienten, vorzugehen. 1691 jammerten die Pastetenbäcker: «Wir haben mit großem Bedauren zusehen müssen, wie unser Handwerckh nicht allein auff den Wirthschafften und in vielen Burgers Häuseren durch Weibsbilder, Köchinnen und Mägde stark verstümplet wird, sondern es unterfangen sich auch viel Weibsbilder, die in Wittwenstandt gerathen und mit niderträchtiger (geringer) Arbeit sich zu nehren schämen und weder spinnen, näyen noch waschen mögen. Auch setzen sich ledige Burgers Töchter in Winckel, um verdorbenen Honig und andere unlustige Ingredienzen zu wohlfeylem Preyß aufzukaufen, worauß sie Lebkuchen zusammen dorckhen und solche alßdann öffentlich feyl halten und verkauffen.»

Bruder Lebküches bietet Lebkuchen, Bretzel und Semmeln an. 1465

Daß sich die solchermaßen in ihrer Ehre angegriffenen Lebküchlerinnen immer wieder kräftig zur Wehr setzten, versteht sich von selbst. In wohlgeformter Schrift bekamen dies Bürgermeister und Rat Anno 1720 zu wissen: «Man hat wohl viel überflüssige Wortt gemachet und uns damit zu verunglimpfen vermeint. Indem sie vorgeben, daß wir ihnen durch vielerley Hümplen und Stümplen großen Schaden thäten. Den Herren Pastetenbeckher Handtwerckh bestehet eygentlich in dem Kochen und Verfertigung allerhand Arbeith von Anckenteigen, als Pasteten, Tarten, Fladen etc., und ist das Lebküchlein bachen niemahls ein wesentliches Stuckh von ihrem Handtwerckh gewesen. Vor ohnvordencklichen Jahren haben sich dergleichen Lebküchlerinnen allhier gefunden und haben nebst anderen Kleinigkeiten auch solche geringe, von Honig verfertigte Lebküchlein auf ihren Ständen öffentlich feyl gehabt. Damit haben sie sich in ihrem armseligen und betrübten Wittwenstand kümmerlich durchgerissen und sind nicht, wie viele andere, dem Spital (Armenhaus) zur Last gefallen.»

Wie treu Lebküchlerinnen ihren Beruf im Angestelltenverhältnis erfüllen konnten, zeigt ein Ausschnitt aus einer Supplikation der Dorothea Baumann aus dem Jahre 1804: «Ich hatte das Glück, bey Meister Murbach, Stubenverwalter zum Himmel, in Condition zu treten und bis zu seinem und seiner Ehegenossin Absterben in diesem Dienste zu verbleiben. Klein war zwar der Lohn, den ich und meine Nebenmagd zu beziehen hatten. Allein das freundschaftliche Betragen unserer Herrschaft gegen uns war uns mehr werth, als große Belohnung, und darum ließen wir uns auch keine Mühe davon, Tag und Nacht zu arbeiten und durch Fleiß zu ersetzen, was uns am Lohn abging. Als Herr Murbach starb, hielten wir es für unsere Pflicht, seine hinterlassene Gattin in ihrer fortgesetzten Pastetenbeckerey zu unterstützen und in ihrem Alter zu verpflegen, bis auch sie ihrem seligen Manne nachfolgte.»

Kehren wir nach diesem schönen Beispiel selbstloser Pflichterfüllung zu den Lebküchern zurück. Der erste Angehörige dieses sogenannten «geschenkten Handwerks» begegnet uns im Oflater Hanneman Egen von Straßburg im Jahre 1358; die «Oflater» widmeten sich vornehmlich der Oblatenbäckerei, also der Herstellung der Hostien, des Opferbrotes für das Abendmahl, bereiteten aber auch «Hippen» zu, ein gewürzhaftes dünnes Gebäck in der Form einer mehrfach gerollten Röhre. Aber nicht nur die Fladenbäckerei gehörte zum Metier der Lebkücher, sondern auch die Schnapsbrennerei. 1589 werden als erste «Schnapser» die Lebkücher Ueli Hirt und Alex Hemminger genannt, die «wegen irs uslegens und verkouffens im Branntenwein» in ihren Buden auf dem Kornmarkt und im Richthaus in Streit geraten waren.

Tauchen im 14. Jahrhundert erst einzelne Feinbäcker auf, so ändert sich das Bild mit dem Einzug des Konzils augenfällig, werden doch nicht weniger als sechs Bewerber in das Zunftrecht zu Safran aufgenommen. Später stieg die Zahl der selbständigen Lebkücher, Pastetenbäcker und Zuckerbäcker auf jeweils zehn bis zwanzig an. Vielfach bedeutete dies eine Überdotierung des Gewerbes, was sich gegenüber Fremden, die um eine Aufenthaltsbewilligung nachsuchten, nachteilig auswirkte.

Eine Sache, die den Lebküchern immer wieder zu schaffen machte, war die Einschränkung ihrer Handelstätigkeit. Süßigkeiten durften nicht immer jeden Tag und an jedem Ort verkauft werden. 1592 verfügte die Obrigkeit, daß Lebkuchen nur auf St. Niklaus, an der heiligen Weihnacht und auf das «gute Jahr» (Neujahrstag) verkauft werden dürfen, später wurde den Lebküchern erlaubt, auch während der Fronfastenmärkte und der Messe und an Kirchweihfesten ihre Stände aufzuschlagen. Und weil bei solchen Gelegenheiten auch «junge Buoben, Weyber und Dienstmägd die besten Ständ einnehmen und unausgehebene, saure und mit unsauberem Honig vermischte Lebkuchen feilbieten, daß nicht allein Kinder, sondern auch alte Leüth Kranckheiten von denselben erlangen», schlugen die etablierten Feinbäcker, die sich allerdings auch an keine Berufsordnung zu halten hatten, um 1650 einmal mehr bösen Krach!

Gebäckmodel: Baselstab.
18. Jahrhundert

Neben der obrigkeitlich vorgeschriebenen «Ladenzeit» mußten sich die Lebküchner und Pastetenbäcker, wie die andern Handwerker, auch an die von den Behörden gelegentlich dekredierten Höchstpreise halten. «Der Statt Basel Tax-Ordnung» von 1646 bestimmte beispielsweise, daß die Lebkücher «das Pfund des allerbesten Lebkuchens höher nicht hingeben, alß 5 Schilling, die übrigen in solchem billichem Preiß, damit niemanden sich ab ihnen zu beschwären Ursach gegeben werde». Für die Pastetenbäcker dagegen schrieb die Taxordnung vor, daß «von einer großen Pasteten von gutem Spanischem Teig, so für ein Voressen, da 12 Personen an einem Tisch sitzen, sie seye von Hanen oder Tauben, Kalb- oder Lummelfleisch (Ochsenfilet) und der Kund dasselbige Fleisch darzu geben thue, soll nicht mehr Lohn gefordert werden als 15 Schilling. Die kleinen Pasteten betreffend sollen eins hingegeben werden umb 4 Pfennig. Für ein Mandeldorten auff ein Tafelen von 12 Personen 2 Pfund. Für ein Rosinlindorten für 12 Personen 1 Pfund 10 Schilling. 4 Hippen sollen gegeben werden umb 2 Pfennig. In übrigen Sachen soll man sich der Billichkeit nach verhalten, damit man darüber nicht zu klagen und etwan Ursach habe, ihnen an deren Ordnungen für zu schreiben. Die Lehrjungen lehrnen zwey Jahr und bezahlen für das Lehrgelt 30 Pfund, fürs Trinckgelt 2 Pfund 10 Schilling.» Zum Verständnis der damaligen Kaufkraft des Geldes sei der Preis für eine Mandeltorte für 12 Personen von 2 Pfund mit Aufwendungen in derselben Höhe verglichen. Für rund 2 Pfund waren damals zu haben «ein großer Mannenhut von der besten und reinen Wullen oder zwey par gut Weiber-Strümpff von guter Wollen, ein par der besten Carduanischen Schuhe mit zwoen Niderländischen Sohlen und Absätzen, zwey Lehenstülin von harttem Holtz» oder aber man konnte sich beim «Balbierer» 20mal die Haare schneiden oder «eine Wunde, die nicht gefährlich», verarzten lassen.
Während 1641 Jacob Karpf als letzter Lebkücher das Zunftrecht zu Safran erhielt, ist bereits zehn Jahre vorher mit dem Ulmer Georg Spleiß der erste Zuckerbäcker in die Krämerzunft aufgenommen worden. Der erste Basler Zuckerbäcker aber war Walter Merian (1636–1718) im Haus «Zum Fischgrat» am Rindermarkt beim Kaufhaus. «Er ist der erste gewesen, der angefangen hat, Zuckerbrot, Lebküchlin, Macronen und dergleichen Sachen zu backhen. Seither ist diese Schleckherey noch viel höcher gestiegen.» Die zunehmende Bedeutung der Süßware im Rahmen der Eßgewohnheiten der Bevölkerung bewog den Rat Anno 1716, das Zuckerbäckergewerbe zu einer freien Kunst zu erklären. Auch wenn in der Folge die Basler Zuckerbäckerei mit ihrer meisterhaften Bereitung von Kuchen, Fladen, Torten, Konfekt, kandierten Früchten und Likören, mit Ausnahme der Leckerlifabrikation, nie mit internationalem Ruhm bedacht wurde, so vermochte sie doch, das Bedürfnis unserer Stadt- und Landbevölkerung nach erlesenen, schmackhaften Leckereien hinreichend zu stillen. Und wenn an Markt- und Messetagen sich Fremde an Stände und Gaden drängten, um sich mit Lebensgütern zu versehen, dann durfte es auch an einer spezifisch baslerischen Spezialität nicht fehlen: an Leckerli und Hypokras!

Leckerli, Hypokras und Burgermeisterli

«In ihren goldenen Gefäßen hatten die heiligen drei Könige den Silvesternektar, den Hypokras, mitgebracht, aus den duftigen Gewürzen des fernen Morgenlandes verfertigt. In dem Kistlein, das der heilige Balthasar gar sorglich unter seinem Arm zu tragen pflegt, waren die Basler Leckerli, welche den Ruhm der Stadt Basel bis zu den Esquimos und den Feuerländern verbreitet haben: Wenn die Esquimos ihre Kinder zum Schweigen bringen wollen, versprechen sie ihnen einen Basler Lebkuchen, und auf den Neujahrsinseln an der südwestlichen Küste von Feuerland machen sich die Verliebten Geschenke damit!» Aus welcher Feder mag wohl so überschwengliches, schmeichelhaftes Lob für das bekannteste Basler «Nationalgericht» geflossen sein? Wir kennen den Dichter der phantastischen Novelle «Die steinernen Gäste der Silvesternacht» nicht. Aber wir wissen das Jahr des Erscheinens der skurrilen Erzählung: 1837. Das ist bedeutsam für die Geschichte des Basler Leckerlis, die durch schriftliche Überlieferung nur rudimentär belegbar ist. Denn ungleich gewichtiger ist das Maß der mündlichen Berichte, die um die Herkunft der «weltberühmten» Basler Spezialität wissen. Nach diesen nicht dokumentierten Schilderungen soll die Geburtsstunde der Basler Leckerli innerhalb der Jahre 1431 und 1448 liegen, als in unsern Mauern das 17. Allgemeine Konzil der «heiligen Kirche» tagte. Gegen 300 Purpurträger, Kirchenfürsten und Bischöfe sowie zahlreiche weitere geistliche und weltliche Nobilitäten aus dem ganzen Abendland fanden sich am Rheinknie ein und ließen Basel für einige Jahre zur Weltstadt aufrücken. Für unsere Handelsleute und Krämer bedeutete dies eine goldene Zeit. Buden an Buden säumten die Plätze, Straßen und Gassen, und ein reichhaltiges, kunterbuntes Warenangebot lud die vielen fremdländischen Gäste zum Kaufen ein: nichts konnte zu gut und zu teuer sein! Auch die Lebkücher boten die Produkte ihrer Hände Arbeit an. Aber es waren nicht nur die feinen traditionellen Lebkuchen zu haben, wie Marketenderinnen sie seit Generationen an jedem Kirchweihfest feilhielten, sondern auch Leckerli, Basler Leckerli (eine Verballhornung des Namens Lebkuchen oder etwas ganz außergewöhnlich Leckeres). Unsere Lebkücher haben demnach sich also etwas ganz Besonderes einfallen lassen, um die kaufkräftigen auswärtigen Besucher zu betören: mit Mandeln, Orangeat und Zitronat «veredelte» Lebkuchen. Durch das Beimischen dieser kostbaren Zutaten wurde die Qualität des althergebrachten, in Basel seit dem 14. Jahrhundert bezeugten Lebkuchens wesentlich verbessert und verfeinert. Eine «Erfindung», an der sich die geistlichen Würdenträger und ihr Gefolge nicht sattessen konnten. Und so kam es, wie es die Basler Lebkücher im stillen erhofft hatten: Ihr Leckerli, als begehrtes Souvenir im Reisegepäck der fremden Gäste wohlverstaut, eroberte mit Leichtigkeit die Welt. Wo immer es auch auf den Tisch gelangte, überall fand es begeisterten Zuspruch, so daß die Nachfrage nach dem schmackhaften Honigkuchen bis zum heutigen Tag kein Ende nahm!

Soweit die «Geschichte» vom «echten» Basler Leckerli. Mit dem Inhalt mag es durchaus seine Richtigkeit haben. Aber nach dem geschriebenen Wort können wir dem Basler Leckerli nicht so viele Lebensjahre zugestehen. Wohl ist einige Jahrzehnte nach dem Konzil im sogenannten Wohltäterbuch der Kartäuser im Kleinbasel von «electuaria», die zum neuen Jahr geschenkt wurden, die Rede. Doch ist damit nicht schlüssig bewiesen, daß unter jenen «Latwergen» (Süßigkeiten, die im Munde vergehen) eine Art Leckerli zu verstehen ist. Auch die frühesten Kochbücher, die uns bekannt sind, weisen nicht auf die Existenz von Leckerli hin. Erst eine Basler Rezeptsammlung aus dem 17. Jahrhundert gibt das Geheimnis des Leckerlibackens preis, allerdings unter dem Namen «Verzuckerte Lebkuchen»: «Nemt ein Maß Honig, 2 Pfund Zucker, 4 Loth Zimet, 1 Mußgatnuß, 12 Nägelin, die Schellen von einer Pomerantzen und Citronen, ein wenig Mandlen und Zittronaden und etwas mehr als 3 Becher Mähl. Der Teig muß gerupfft werden. Nach Belieben formiert. Hernach auff ein mit Mehl besprencktes Blech gethan und gebachen. Auff diese Weis werden sie recht gut. Den Guß zu machen muß man nach Belieben Zucker mit Roswasser zimlich kochen und wan die Lebkuchen gebachen, so bestreicht man sie mit diesem Guß.»

Noch später als das Rezept erscheint unseres Wissens das Wort «Leckerli» in den

Leckerlitrog mit Rührkelle. Eine wichtige Voraussetzung für das Gelingen der Leckerli ist das Verarbeiten der Zutaten, für das es bei der Zubereitung im Leckerlitrog starker Männerarme bedarf. 19. Jahrhundert

Quellen. Man schrieb bereits das Jahr 1720, als der in den folgenden Jahrhunderten zum unverkennbaren Basler Attribut gestempelte Gebäckname in den Akten zum erstenmal zu lesen war: Ein Streit zwischen den Lebküchern und Pastetenbäckern brachte die «sogenandten Leckherlin» ins Licht der Geschichtsschreibung. Auch wenn von da an das Leckerli oder Leckküchlein, das 1760 als «Arzney-, Gesund- oder Heilküchlein» (z.B. gegen Magenbrennen) umschrieben wird, in keinem Basler Rezeptbuch mehr fehlt, so ist seine namentliche Erwähnung in zeitgenössischen Berichten doch selten geblieben. Und deshalb sind wir über die Kunde von 1837 froh, zeigt sie doch mit aller Deutlichkeit, daß das Basler Leckerli nicht nur in seiner «Geburtsstadt» sich seit eh und je außergewöhnlicher Beliebtheit erfreut, sondern weit über die Grenzen hinaus begeisterte Abnehmer findet (wobei als Absatzgebiete damals natürlich nur das umliegende Ausland in Frage kam).

Die Sattelgasse mit Blick in das Imbergäßlein. Rechts am Eingang zum Imbergäßlein die «Hasenburg», in welcher sich die erste bekannte Basler Leckerlifabrikationsstätte befunden hat. Aquarell von Johann Jakob Schneider im Basler Staatsarchiv. 1878

Obwohl auch 1839 in der Zeitschrift «Der Wanderer in der Schweiz» unseren Leckerli Reverenz erwiesen wird («Basler-Leckerli sind wir genannt, weil wir von Basel ausziehn durch's Land»), wird der süße Honigkuchen seit langer Zeit auch in andern Gegenden der Schweiz als leckeres Gebäck hergestellt, besonders in der Ostschweiz und im Bernbiet. Noch im letzten Jahrhundert waren nicht weniger als 28 Leckerlisorten bekannt, nämlich Änisleckerli, Basler Leckerli, Berner Leckerli, Bieler Leckerli, Braune Leckerli, Grießleckerli, Haselnußleckerli, Hausleckerli, Honigleckerli, Ingwerleckerli, Kaffeeleckerli, Kapuzinerleckerli, Krüschleckerli, Liestaler Leckerli, Magenleckerli, Mandelleckerli, Marzipanleckerli, Muskazinenleckerli, Nürnberger Leckerli, Plattenleckerli, Quittenleckerli, Räße Leckerli, Rüdige Leckerli, Schokoladenleckerli, Spanische Leckerli, Weiße Leckerli, Zimtleckerli, Zitronenleckerli. Aber als eigentliche Spezialität hat sich das Leckerli nur in Basel herausgebildet. Doch setzte sich nur eine der drei Sorten, die einst bei uns gebacken wurden, durch: das braune Leckerli mit Zuckerguß. Die beiden andern, das gelbe Zimtleckerli und der namentlich «bei den Israeliten beliebte» gebackene Ingwer, fanden nie denselben Zuspruch.

Der Aufstieg des Basler Leckerlis vom traditionellen Hausgebäck zum umsatzstärksten Exportartikel unserer Feinbäcker und Konditoren liegt in der Kunst der Zubereitung. Das Geheimnis dieser Kunst liegt nicht in der Zusammensetzung der Zutaten, die ja durch unzählige Rezepte von Leckerlifabrikanten und Hausfrauen bekannt ist, und im Alter des Honigs (drei bis fünf Jahre), sondern in der Verarbeitung. Auch spielt besonders der Backprozeß eine entscheidende Rolle, muß das Gebäck doch ausgesprochen hart und knusperig sein und auf der Zunge wie Butter vergehen. Damit es lange Zeit rösch bleibt, wird es in Blechdosen abgefüllt. Auch diesem letzten Arbeitsgang wird in Basel alle Aufmerksamkeit geschenkt: Originelle, geschmackvolle Verpackungen (wie Basler Trommeln) werden mit ebensolcher Sorgfalt hergestellt und behandelt wie der süße Inhalt.

Den Nachweis von gewerbsmäßiger Leckerlifabrikation im 17. Jahrhundert liefert die heutige «Hasenburg» an der Schneidergasse 20. Die ehemals «Zum Kestlach» genannte Liegenschaft an der Ecke Imbergäßlein und Schneidergasse ging 1733 aus dem Besitz der Witwe des Speziers Hans Rudolf Parcus an den Handelsmann Leonhard Schmid, der im Erdgeschoß ein Ladengeschäft einrichtete, die im ersten Stock bestehende Kaffeewirtschaft aber weiter in Betrieb hielt. Diese soll nach unbestätigter Quelle schon im 17. Jahrhundert vom Handelsmann Daniel Mitz-Frey (1648–1718) eröffnet worden sein. Das Kaffeehaus im einstigen Zentrum des Gewürzhandels und der Lebkucherei blieb bis zur 1893 erfolgten Umgestaltung in eine «Pintenwirtschaft», der eigentlichen Geburtsstunde des «Château Lapin», bestehen. Die für Kaffeehäuser im alten Basel stark eingeschränkte Öffnungszeit legt den Schluß nahe, daß die Cafétiers einem Nebenerwerb nachgehen mußten. Und tatsächlich war im Haus «Zum Kestlach» noch im Jahre 1890 ein uralter Backofen samt alten Formen, Modeln und einem Mörser zum Verstoßen von Zucker und Mandeln mit der Inschrift «Hans Friedrich Weitnauer gos mich für Herrn Daniel Miz Anno 1692» zu sehen. Wenn wir auch noch berücksichtigen, daß 1819 der damalige Inhaber, Johann Jacob Steiger jun., bei den Behörden um Bewilligung zur Errichtung eines kleinen Brennofens für die Fabrikation von

Likörs – die traditionsgemäß den Lebküchern zustand – nachsuchte, dann dürfen wir mit großer Sicherheit annehmen, daß in diesem Haus während Jahrhunderten Leckerli gebacken worden sind.
Zählte man noch um die letzte Jahrhundertwende rund 40 Leckerlifabrikanten in Basel, so hat sich die Zahl der Zuckerbäcker, die sich vornehmlich dieser Spezialität widmen, nach und nach verringert, obwohl die Produktion kontinuierlich zunimmt. Konzentration und Rationalisierung haben sich auch im baslerischen «süßen Gewerbe» durchgesetzt. Heute verlassen jedes Jahr Dutzende von Tonnen die Basler «Leckerlistraßen» und wandern, liebevoll verpackt und wohlversehen mit den anerkannten Gütezeichen unserer Bäckermeister, zu Hunderttausenden als zuckersüße Sendboten unserer Stadt in die weite Welt hinaus.
Natürlich gibt man sich auch in Basel mit Vergnügen dem «Leckerlischmaus» hin, seit einigen Jahrzehnten gar mit derselben Intensität wie die «Fremden». War es nämlich im alten Basel nur üblich, zwischen Weihnachten und Neujahr Leckerli zu essen, so nimmt man sich neuerdings die Freiheit, nach Lust und Laune während des ganzen Jahres Leckerli zu vernaschen. Eine Toleranz, die man dem Leckerli ohne weiteres einräumt, nicht aber dem Hypokras!
Hat das Leckerli seinen festen Platz im Basler Festkalender im Verlauf der Jahre verloren, so ist der Hypokras auch heute noch der althergebrachten Tradition verpflichtet. Hypokras wird nur am Neujahrstag, zwischen elf und ein Uhr, als Willkommenstrunk mit Verwandten und Bekannten, getrunken, die zum Glückwünschen zu einer kurzen Visite gekommen sind. Wie das Leckerli, so nimmt auch der Hypokras in der Basler Eß- und Trinkkultur einen hervorragenden Platz ein. Seine Tradition ist, durch Urkunden belegt, gar noch älter. Bereits in der von Bischof Heinrich von Horburg in den Jahren 1180 bis 1190 erlassenen Speiseordnung wird «gewürzter Wein» (pigmentum) aufgezählt. Um gewürzten Wein handelt es sich aber auch bei den zwei Kannen «Upikraz», die 1513 – möglicherweise in Verbindung mit dem Ankauf des Dorfes Bettingen oder mit dem Auszug der 200 Basler in die Schlacht von Novara – von den Stadtvätern gestiftet worden sind. Daß das wohlschmeckende Getränk bei uns schon in jener Zeit längst bekannt war, belegt eine Ratsverordnung aus dem Jahre 1523, die erklärt, auch beim «Ypocras soll es wie von allter Harkommen gehallten werden, also daß die Pulffer Kremer sollich Wyn wie bißhar verschencken unnd habenn mogenn». Der Handel mit dem süßen Dessertwein stand demnach nicht den Weinleuten zu, sondern den Gewürzkrämern. Denn sie verfügten über die Zutaten, die neben dem Wein zur Herstellung von Hypokras nötig sind (Honig, Zimt, Nelken, Muskatnuß, Kardamom) und verstanden sich im fachmännischen Mischen der Ingredienzen. Es erstaunt denn auch nicht, daß im Jahre 1666 am Imbergäßlein 22 das Haus «Zum Hypocras» erscheint.
Auch der Hypokras ist, wie das «gewöhnliche» Leckerli, nicht rein baslerischer Provenienz. Der im mittelalterlichen Frankreich als «der berühmteste aller Gewürzweine» gelobte Vinum hippocraticum ist bereits 1461 in einer Satire genannt, welche die Schwelgereien eines lebefreudigen Kanonikus beschreibt. 1555 berichtete der spätere Stadtarzt Felix Platter aus Montpellier, wo er als Student der Doktorpromotion eines Kommilitonen beiwohnen durfte, man habe nach den großen kirchlichen Feierlichkeiten «ein stattliche Collation mit vil Confeckten gehalten, die man außgibt, mer alß ein Centner; item köstlichen Hipocras». Auch in Italien war der Hypokras schon im 16. Jahrhundert bekannt, man bezeichnete ihn dort mit «ipocrasso». Daß der Hypokras damals auch bei uns hoch im Kurs stand, bezeugt weiter seine Verwendung als vornehmes Geschenk, wurde doch beispielsweise die Gemahlin des Erzherzogs Albrecht von Österreich Anno 1599 «mit 36 Maaß Malvasier oder Hippocras, 2 Salmen und Confect» regaliert. Auch die Zürcher fanden schließlich am Hypokras gefallen, wie ein 1608 in der Limmatstadt erschienenes Arzneibuch vermerkt: «Hyppocras ist ein erdichter und neuw erfundner Wein, aber leichtlich zu machen, sehr in Brauch bei den Franzosen und Bemonderen»; vom Basler Hypokras, dessen Rezepte schon 1577 im Druck veröffentlicht wurden, hatte der gelehrte Verfasser offenbar keine Ahnung!

Ein güter Hippocraß.

Nim Zimmet iij. lot/i. quintlin.
Imber anderthalb lot.
Negelin.
Galgenwurtz/iedes j. quintlin.
Muscat blüst.
Muscatnuß jedes xl. grän:
Pariß körner.
Cardomümlin.
Coriander/jedes xx. grän.
Aeniß x. grän.
Zucker xlviij. lot.
Roten wein ij. maß
Mandel milch ij. eßlöffel voll:
Stoß was züstossen ist/misch alles durch einander/schütt es offt durch den Hippocraß sack.

Ein ander güter Hippocraß.

Nim Zimmet anderthalb lot.
Imber ein lot.
Muscatnuß ein halb lot.
Negelin.
Pariß körner/jedes ein quintlin.

Die ältesten überlieferten Hypokrasrezepte aus Basel. 1576

Die heilkräftige Wirkung, die dem Hypokras zugeschrieben wurde, ist unschwer an seinem Namen zu erkennen. Hippokrates, der um 460 v. Chr. geborene berühmte griechische Arzt, hatte auch noch im Mittelalter einen so klangvollen Ruf, daß wohl findige Handelsherren sich diesen zunutze machten und den gewürzten Rotwein unter der Marke «Hypokras» als gesundheitsfördernd anpriesen. Andrerseits könnte die Umdeutung des griechischen Wortes Hypokrasis oder Hypokrasion auch «vermischen» bedeuten, was auf Grund der verschiedenen Rezepturen durchaus denkbar wäre. Wie dem auch sei, der Hypokras hat sich in Basel während Jahrhunderten behauptet und in guten Basler Häusern kaum etwas von seiner Popularität eingebüßt. Ob mit knusperigen Leckerli oder mit lauwarmen Sonntagspastetli serviert, an Hypokras darf es zum neuen Jahr in Basel nicht fehlen!
Als «Konkurrenz» zum Hypokras führte gegen Ende des 18. Jahrhunderts die Familie Vischer den «Bischoff» ein, einen mit bittern Pomeranzen aromatisierten Wein. Ein weiteres deliziöses Getränk aus dem alten Basel ist im «Burgermeisterli» überliefert. Anna Burckhardt-Forcart (1742–1808), die Frau von Bürgermeister Peter Burckhardt, ließ auf Mayenfels ob Pratteln, dem reizvollen Landsitz der Familie, durch den Gutsgärtner eine Art Änislikör brauen. Der Wohlgeschmack und die erfrischende Wirkung des zu Leckerli servierten Getränks fand im Nu überall Anklang. 1815 ermächtigte der ehemalige Landammann der Schweiz den Wirt von Bad Bubendorf, Matthias Flubacher, zur Herstellung und Verwirtung seiner Mayenfelser Spezialität, die bei den Gästen unter dem Namen «Burgermeisterli» sogleich überaus gut ankam. Vom bekannten «Helm»-Wirt Carl Flubacher nach Basel gebracht, erfreute sich das «Burgermeisterli» auch in der Stadt bald regen Zuspruchs. Seit einigen Jahren zeichnet die Vinosa AG in Rheinfelden als Alleinherstellerin des exquisiten Basler Likörs.

Basler Leckerli, Basels «weltberühmtes» Gebäck aus Honig, Mandeln, Mehl, Orangeat und Zitronat.

Basler Leckerli

Kannsch d'Versli, Setti? Karli, hesch du d'Setz
In d'Schuel? – so kenne-n ihr mer helfe jetz:
'S goht gege d'Wiehnecht, Nikles isch scho gsi,
I denk, i werd e bitzli Leckerli
Druf mache miese! D'Sach derzue isch do,
I ha se vorig uf der Ofe tho.

Nur kai so Gjäbles! 's goht drum gschwinder nit;
'S bikunnt e Jedes eppis. D'Mandle sind
Do in dem Brief, du kannsch si, wenn de witt,
Verschnide, Fritz, nur hau di nit, mi Kind!
Mach's au nit z'fin, so het me mehr der Gschmack.
Dir, Setti, will i d'Citronate gä,
Der Karli aber soll us selbem Pack
'S Papir mit Nägeli und Zimmed näh:
Du kannsch si stoße! lueg, der Mirsel isch
Parad derzue dert uf em runde Tisch,
Und 's Derli wigt e halb Pfund Zucker ab,
Bis daß i wider kumm – und nimm's nit z'knapp!
I will nur gschwind der Hunig iberthue,
D'Käthri wird uf em Windloch agfirt ha;
I denk, si luegt mer noche scho derzue
Und bringt en ine, foht er z'koche-n a. –
– – Potz tausig schieß! wie flissig sind ihr nit!
'S sott allewil so si, nit numme hit!
Au wenn anstatt em Gwirz und Zucker do
Thuet 's Tintezigli und d'Gramatig stoh.
Hersch, Karli? – Helf dir Gott! In d'Nase, glaub',
Bißt di der Nägeli- und Zimmedstaub?
Streck se nit z'noch derzue! – Was gsih-n i dert?
Wer pickt mer vo de Mandle? Händ ihr ghert:
Lend's si! abgwoge-n isch es Alles gnau,
Und Jedes kunnt jo noche-n iber au.
Gedult isch gar e scheni Sach, me ka
Nit frieh gnueg wäger fange dermit a.
Am Klaine mues me lere und derno
Zum Große goh; 's kunnt au vo selber scho! –

Näi, lueg mer nur emole! fertig sind
Ihr scho mit Allem. Isch das gange gschwind!
Und sehnd ihr jetz, wie gschliffe-n as es goht,
Wenn me-n enander hilft und z'sämme stoht!
(Mer wänd grad Alles do in d'Schißle thue,
Der Zucker, 's Gwirz und d'Mandle mit derzue.)
Thiend's kinftig au, 's wird eier Nutze si,
Und Gschwisterti jo sind ihr obedri.
Jetz aber, Setti, kannsch in d'Kuchi goh;
Frog d'Käthri – – wie-n i's sag, so kunnt si jo
Und bringt der Hunig! – –
– – Setti, loß du's si,
'S isch z'schwer fir di! Jetz, Käthri, schitte dri,
Grad iber's Ghäck, – nur langsam! – Näi, wie gäl
Dä Hunig isch! wie Gold! Uf alli Fäl
Isch's alte: Tausig Immli händ dora
Der lieb lang Summer, denked, gsammled gha,
Und händ derbi kai Rueh und Rast si gunnt,
Und was si fir si selber gsuecht händ, kunnt
Jetz fremde Lite z'guet, und 's goht eso
Au sunst: me schafft und het nit vil dervo;
E-n Anders gnießt's – –

Gelt, Karli, jetz hesch gnueg!
Das isch der Sindeschuld fir's Schlecke, lueg!
Hättsch du der Hunig an der Pfanne glo:
'S het Mänge d'Zunge scho verbrennt eso! – –

Vom Zucker/ wie er wachse/ gesotten/clarificiert/ oder geleutert werden soll/seiner eygenschafft vnnd natur. Auch wie er zu Confecten / Latwergen/ Conseruen/einmachungen/vnd einbeyzungen/ gekocht/vermischet/vnd recht gebraucht werden soll.

DEr Zucker ist auch ein sehr lieblich vnd anmütig gwechs vnnd ein besondere art eines wunders.

Frühe gedruckte Beschreibung des Zuckers. 1567

Was ha-n i welle sage? – Jo, am End
So schaffe-n Alli, wenn si au nit wänd,
Doch fir enand; fieng was es well Ais a,
Es macht e Jedes ebe, was es ka.
Kais lebt elai fir sich; so het's emol
Der Lieb-Gott welle ha, und 's wird drum wohl
Eso am beste si!

Jetz isch es gnueg. –
Läng Ais im Känsterli 's Kirswasser; lueg,
Im Ecke stoht d'Butellje! gib mer Acht,
Es stehnd drum umme Gleser, as's nit kracht!
Isch's ächter e halb Glas voll, was i ha
Im Plättli do? – So zind's denn, Karli, a,
Du hesch's Papir scho lang parad. Lueg au,
Wie brennt's uf aismol Alles dunkelblau!
Gelt, das isch eppis fir di? Gschwind dermit
In Taig! gänd Acht, und zinderle mer nit,
'S isch mit em Fir nit z'gspasse: o Her Je!
Wie bald nit isch dermit e-n Unglick gscheh!

Jetz wänd mer's Mehl dri riehre! Z'letst isch's doch
Am Taig vo-n allem z'sämme d'Hauptsach noch!
Jä, d'Hauptsach, Karli, oder dunkt es di
Der Zucker sig's? – Näi, au fir d'Leckerli
Isch's d'Grundlag und nit z'mangle: 's Mehl nur git
Im Leckerli e rechte Lib, was nit
Der Zucker thuet, nit 's Gwirz, wie vil drin steckt.
Es git au d'Habig, as aim 's Gutzi gschmeckt
Und äsig dunkt: denn numme d'Sießigkait
Isch bald aim z'eberst obe-n und me spait
Am End vo Witem drab; jo währli, 's goht
No sunst eso. Vo Mehl isch's täglig Brot
Und drum verlaided's aim au nie, me mag
Mit neiem Gnuß es esse Tag fir Tag.
Blibt gsund derbi und stark und was me ka
Au nebezue fir Herligkaite ha,
Me kehrt zum Ordenäri jedes Mol
Gern wider zruck und's gschmeckt aim doppled wohl.
'S wachst iberal drum und fir alli Lit
Und gnueg; me bringt's nit numme her vo wit
As Rarität uf Schiffe-n iber's Meer;
Es isch nit z'thir, Gottlob! as wie der Her
Kann's kaufe-n au der Arm zue Land und Stadt
Und 's wird dervo e Jede glichlig satt.

I mues der Hubebändel wäger ufthue, 's macht
Mer z'warm: es gieng aim fir e Staisack z'Nacht
E Stund so z'riehre-n, eb me goht in's Bett!
'S isch wohr, der Taig will gschafft si, denn er het
Sunst gliich kai Gattig, goht nit uff und 's git
E Pflartsche-n ab. Das gschiht halt frilig nit
Vo selber: Arbed bruucht's und Mieh und 's sind
Dorum au d'Leckerli nit halb so gschwind
Gmacht as wie gesse; 's isch emol eso:
Me ka nitt ohni Arbed iberko
Und 's Esse stoht und 's Schaffe bsunders no
Noch bi-n enand. Fehlt d'Arbed, jä so gschmeckt
Au 's Esse nit, wär' no so kestlig deckt!
Mit baide z'sämme mag e Mentsch elai
Uf d'Lengi b'stoh, wie vornemm as er sei.
Und d'Arbed macht au, as vo Zit zue Zit
Aim 's Gutzi gschmeckt und nit im Mage lit,
D'Zähn nit verderbt, und was no besser isch,
An Lib und Seel me z'fride blibt und frisch.
– Jetz bi-n i fertig mit mim Taig! Mer wänd
Bis morn en jetze rueje losse: sehnd,
Do het e Jedes zum Versueche no
Und fir si Hilf e Mimpfeli dervo!

Theodor Meyer-Merian, 1879

Kostbare Ingredienzen

Bei der Durchsicht der umfangreichen Rezeptsammlung besticht der Aufwand an Gewürzen und andern exotischen Zutaten. Beinahe jedem Gebäck und jeder Süßspeise ist mindestens ein Produkt aus fernen Ländern beigemischt. Neben Mehl, Milch, Butter und Eiern fallen als tragende Bestandteile besonders Mandeln und Zucker auf. Aber woher beispielsweise die Mandeln kamen und welche Kaufleute sie in was für Mengen nach Basel brachten, haben wir trotz intensiver archivalischer Forschung noch nicht in Erfahrung bringen können. Ob Mandeln bei uns etwa angebaut wurden und zur Reife kamen? Gewisse Hinweise, wie die chronikalische Erwähnung vom Blühen der Mandelbäume und der Eintrag eines Baumgärtners über den Verkauf eines Mandelbaums im Jahre 1724, könnten eine entsprechende Schlußfolgerung zulassen. Trotzdem die klimatischen Verhältnisse in vergangener Zeit tatsächlich das Ziehen von bestimmten Südfrüchten – beispielsweise von Feigen, Orangen und besonders von Trauben – erlaubten, ist nicht anzunehmen, daß in unserer Region eine eigentliche Mandelernte hätte eingebracht werden können, sonst wäre dies zweifellos durch schriftlichen Niederschlag überliefert. Interessant ist in diesem Zusammenhang auch die Verwendung von Haselnüssen zu Kochzwecken. Diese Nußsorte ist in der Regio Basiliensis seit Jahrhunderten heimisch und war weit verbreitet, doch in unsern Rezepten finden wir sie eigentümlicherweise kaum aufgezählt: Fast ausnahmslos ist nur von Mandeln die Rede. Die besten Mandeln waren in der Provence zu beziehen, und weil wir wissen, daß auch deutsche Händler dort sich mit Waren eindeckten, ist anzunehmen, daß die bei uns verkauften Mandeln via Speyer aus Südfrankreich kamen.

Einfacher liegt der Nachweis über die ersten Zuckerbezüge. Zur Bewirtung hoher Gäste ist der Zucker bei uns schon im 14. Jahrhundert erwähnt. Es war Mehlzucker, der aber noch nicht zum Süßen der Speisen verwendet wurde, sondern als Delikatesse in silbernen Schalen zu den Köstlichkeiten reicher Tafelfreuden gehörte. In der bürgerlichen Küche fand der Zucker erst Verwendung, als es dem spanischen Infanten Heinrich gelang, das Zuckerrohr von Sizilien nach Madeira zu verpflanzen, was ein enormes Anwachsen der Zuckerproduktion und den Zusammenbruch des hochgeschraubten Preisgefüges zur Folge hatte. 1489 wird zum erstenmal im Basler Kaufhaus Zucker gehandelt, in größeren Mengen aber erst Anfang des 18. Jahrhunderts, als die Bevölkerung sich vermehrt dem Kaffee- und Teetrinken zuwandte.

Auch über die Beschaffung von Gewürzen wissen wir einigen Bescheid. Die Vermittlung lag vornehmlich in den Händen der Krämer, die ihren Sitz bezeichnenderweise im Haus «Zum Ingeber» am Imbergäßlein 30, in unmittelbarer Nähe der Andreaskapelle, hatten. Später führte das Haus der Korporation die Anschrift «Zum Pfeffer»; dann gab die Bezeichnung «Zu Safran» der Zunft der Krämer schließlich den endgültigen Namen. Während die Trinkstube «Zum Ingeber» bereits 1415 aktenkundig ist, fällt die erste Erwähnung des Namens «Imbergäßlein», das bis dahin Vardellengasse genannt wurde, ins Jahr 1438.

Der Bedarf an Gewürzen war außerordentlich groß. Es gab kaum einen Haushalt, der nicht Pfefferstein und Pfeffersieb und das Reibeisen für den Ingwer im Inventar aufzählte. Besonders in den sogenannten guten Häusern legte man großen Wert auf einen wohldotierten Vorrat an Gewürzen. So erstand sich 1458 Bischof Johannes von Venningen, der Gründer unserer Universität, für die stattliche Summe von 44 Gulden (mit dem doppelten Betrag konnte man sich damals in der Innerstadt ein kleines Haus kaufen!) etlichen «Ingber, Pfeffer, Muscatpulver, ganz Muschaten, Negelen, Zymmet und langen Pfeffer u. a. m.». Mit Kubeben, Galgant, Kardamomen und Paradieskörnern ergab diese Mischung die stark gepfefferte sogenannte «Speiswurz». Durch Färbung mit Safran wurde die feinere «Gutwurz» bereitet. «Kindbettenwurz», eine mildere Zusammensetzung, war den Kranken zugedacht. Sie bestand aus «$^1/_2$ Pfund weißen Ingwer, 8 Loth Zimmet, 2 Loth Muscaten-Nuß, 2 Loth Nägelin, 2 Loth langem Pfeffer, 2 Loth Parris-Körnlein und 3 Loth Safran». Gängig war auch die sogenannte «ungefärbte Wurz», die sich zusammensetzte aus «$^1/_2$ Pfund weißen Ingber, 8 Loth Zimmet, 2 Loth Nägelein, 2 Loth Muscaten-Nuß, 2 Loth langem Pfeffer und 2 Loth Parris-Körnlein, welches luter, on allen Zusatz, gestoßen werden soll».

Den Einkauf der Gewürze besorgten die seit dem 17. Jahrhundert «Spezierer» genannten Krämer in Venedig, Lyon, Genf, Frankfurt, Speyer, Nürnberg, Straßburg und Zurzach. Ihre Bezüge aber überstiegen den eigenen Bedarf um ein Mehrfaches, weil Basel ausgezeichnete Möglichkeiten zur Verarbeitung des Gewürzes zum gebrauchsfertigen Handelsprodukt bot. Die Gewürzstampfen im St.-Alban-Tal waren weitherum bekannt, so daß es «an vielen Orten ehrliche Kaufleute gab, die, wenn sie recht gute Ware bekamen, diese hinterlegten für die Basler Pulverleut und sprachen: ich wills denen von Basel zu kaufen geben, die sind geneigt, daß sie gern gut Ding kaufen und zahlens am besten». Die Basler Spezierer ihrerseits erklärten: «Uns Krämer muß der fremde Mann ernähren, denn wo ein Bürger 1 Loth kauft, da nimmt ein fremder 20 Loth»; ein Beweis für die Bedeutung des Basler Gewerbes im Gewürzhandel.

Mörser aus Bronze zum Zerstoßen von Zucker, Mandeln und Gewürzen mit der Inschrift «Hans Heinrich Weitnauer. Anno 1650. Alles mit Sorg, Mye und Arbeit».

Das wichtigste Gewürz des Mittelalters war, neben dem Salz, der Pfeffer. Er war so kostbar, daß man den Hausfrauen mit einem Leinensäcklein voll auf Neujahr oder Fasnacht eine unschätzbare Freude machen konnte. Verkauft wurde der Pfeffer in ganzen Körnern, die erst vor dem Gebrauch zerstoßen wurden; die Webernzunft besaß noch im frühen 16. Jahrhundert zu diesem Zweck einen Pfefferstein. Weil man besonders im Mittelalter das Würzen von Speis und Trank liebte, war auch die Verwendung von Ingwer recht bedeutsam. Die wärmenden Eigenschaften des «Imbers» fanden ebenso die Aufmerksamkeit der Krankenpflege; ein Wochenbett ohne Ingwer schien damals unvorstellbar.

Als drittes wichtiges Gewürz ist der staubweiche, wohlriechende, gelbglänzende

Der Apotecker.

Jch hab in meiner Apoteckn
Viel Matery die lieblich schmeckn/
Zucker mit Würtzen ich confieier
Mach auch Purgatzen vnd Clistier/
Auch zu stercken den krancken schwachn
Kan ich mancherley Labung machn/
Das alles nach der Artzte raht
Der seinen Brunn gesehen hat.

Ein Apotheker stößt in einem Mörser die Zutaten für Zuckerwerk. 1568

Safran zu nennen. Ursprünglich in Spanien gezogen, wurde gegen Ende des 14. Jahrhunderts auch in den milden Zonen der Rheinebene mit Erfolg versucht, das wegen seiner starken Verbreitung gewinnträchtige Produkt anzupflanzen. Die weitgereisten und risikofreudigen Basler Kaufleute hatten mit dem Anbau der delikaten Kulturen inmitten der sonnenüberfluteten Rebgärten vor dem Äschentor besonderes Glück, eignete sich das Gebiet, auf welchem 1838 der erste neuzeitliche botanische Garten erstand, doch ausgezeichnet für das Gedeihen der sorgsam umhätschelten südländischen Pflanze. So hatte 1420 die Obrigkeit eigens eine Verordnung zu erlassen, die den Umgang mit Safran zum Inhalt hatte. Zunächst stellten die Ratsherren mit nicht geringer Befriedigung fest, daß «hier bey uns ein Louff uferstanden ist, der, ob Gott will, nütz wird seyn, daß viele Leute, Edel und Unedel, zu unserer Stadt angefangen haben, Saffrant zu setzen, der auch gut an sich selbst ist und wird». Dann aber legten die Behörden der sich dem neuen Erwerbszweig widmenden Bürgerschaft nahe, daß der «Saffran uß den Blumen sufer genommen und dann von Niemanden mit Baumöhl oder anderem getränkt werde, damit er schwerer sey. Auch soll ihn Niemand in gesalbte oder geschmierte, sondern in trockne und dürre Säcke thun, um daß Niemand betrogen werde.» Jeder Ernteertrag, der ein halbes Pfund überstieg, mußte auf die Safranwaage im Kaufhaus gelegt werden, damit einerseits der zuständige Beamte die Qualität der Ware prüfen konnte und andrerseits auch der Fiskus seinen Anteil zu nehmen in der Lage war. Die in der Folge rasch ansteigende Safranproduktion gab bald die Möglichkeit zu ansehnlichem Export; strikte verboten dagegen war die Ausfuhr von Samen, denn die Nachbarschaft sollte nicht durch Eigenanbau aus dem lukrativen Geschäft ebenfalls Nutzen ziehen! Trotz dieser klugen Vorsichtsmaßnahme bildete sich der Safranboom schon nach wenigen Jahren wieder zurück, und nach kurzer, intensiver Blüte war im internationalen Gewürzhandel nichts mehr von Basler Safran zu hören; zu hohe Ausfuhrzölle und schwindende Nachfrage mögen am Niedergang schuld gewesen sein.

Wie dem Ingwer, so wurde auch dem Safran intensive Heilwirkung zugeschrieben. Seine «feinen Tugenden» wurden angepriesen zur Stärkung der Leber, der Milz, des Herzens und der weiblichen Brust und zur Reinigung der Luftkanäle. Nach der Empfehlung des gelehrten Theodor Zwinger war der Safran besonders bei der Behandlung von Kindern angebracht: «So die Kinder stets schreien und nicht saugen mögen, ist es eine Anzeigung, daß sie das Reißen im Bäuchlein haben. Dafür soll man ihnen ein klein wenig gestoßenen Safran in den Pappen oder Milchbrei eingeben.» Indessen warnte der berühmte Arzt vor übermäßigem Genuß von Safran, weil er «solche Freudigkeit des Gemüts erweckt, daß man vermeint, der Mensch werde sich zu Tod lachen»!

Wie wir eingangs erwähnt haben, lag der Handel mit Gewürzen hauptsächlich in der Hand der Krämer, doch stand auch den gleichfalls zu Safran zünftigen Apothekern das Recht zu, daran zu partizipieren. Pfeffer, Ingwer und Safran waren deshalb in der Apotheke ebenso zu haben wie ursprünglich aus Venedig importiertes Konfekt, Olivenöl, Zucker, Reis, Marzipan, Orangen, Granatäpfel, Trauben, Feigen, Mandeln und Rosinen. Darüber hinaus umfaßte das reiche Sortiment der Apotheker natürlich «Artzneyen von Erden gewachsen, Thieren, Mineralien, Erden, Metall, Steinen und auß dem Meer. Chymische Sachen, einfache Wasser, starcke Wasser, die man auch Spiritus nennet, Essentzen, destillirte Öhl, Syrup. Honig, eingemachte Sachen, Zucker von Blumen und Kräuteren, Balsam, Salben, Pflaster, Wachs, Stulzäpfflein und Zeltlein. Küchlein, die man auch Krebsäuglein heißt, Täffelein und Zuckerwerck!»

Betrachten wir unter dieser Riesenauswahl der «Alchemisten» das Angebot an Küchlein und Zuckerwerk im Jahre 1701. Da waren etwa bei den Apothekern Wernhard Huber, Jacob Ottendorf, Hans Jacob Frey oder Johannes Zwinger zu haben «Wermuth-Küchlein, Lerchenschwam-Küchlein, Judenkirschen-Küchlein, weiße Krebsäuglein, bisem Krebsäuglein, Cappreß-Küchlein, Agstein-Küchlein, Rosen-Küchlein, Mürrhen-Küchlein, Rhabarbara-Küchlein, Meerzwiebel-Küchlein, Gummilac-Küchlein, Natter-Küchlein, bachener Imber und allerhand gemein

KROOMAD FRISCHE AYER.
Außwendig Schön, inwendig faul,
Ist manches ey und mancher Gaul

Eierverkäuferin im alten Basel. 1749

und schlecht Confect», oder dann aber «Rauchtäffelein, verzuckerte Cubeben, Manus-Christ-Täffelein, Citronen-Täffelein, Erbselentäffelein, Marcipan, Wurmtäffelein, Irißtäffelein, Änistäffelein und Pfaffenfutter-Täffelein». Auch wenn die meisten Vorlagen für die Zubereitung dieser Basler Leckereien im Laufe der Jahrhunderte in Vergessenheit geraten sind, so können wir doch das eine oder andere Rezept im Anhang darstellen und zum Ausprobieren empfehlen. Auffallend ist, daß im Süßigkeitenkatalog der Apotheker Leckerli und Lebkuchen fehlen. Die Lebkücher haben sich also auch von den gelehrten Arzneimännern nicht ins Handwerk pfuschen lassen!

Verweilen wir nochmals einen Augenblick bei den ausländischen Nahrungsmitteln. An fremdländischen Zutaten sind weiter Zitronen und Pomeranzen (Orangen) aufzuzählen. Diese kamen in der Regel als teure Importwaren auf den Markt, deshalb gab es auch in Basel Zeiten, da mit Zitronen- und Orangenkulturen ein Vermögen zu verdienen war! Stadtarzt Felix Platter hat jedenfalls, wie seiner 1612 aufgezeichneten Hausrechnung zu entnehmen ist, «aus Pomerantzen und Limonenbäumen 1255 Pfund und aus Citronen und Limonenäpfeln 27 Pfund» kassiert, die beispielsweise seine Einnahmen von 90 Pfund «aus Syden von Würmern» bei weitem übertrafen. Immerhin war diese Tätigkeit von Platters zahlreichen Nebenbeschäftigungen so außergewöhnlich, daß Hans Bock das Konterfei des berühmten Mediziners im Schatten eines früchtebehangenen Orangenbäumchens auf die Leinwand bannte (heute im Kunstmuseum). Orangen waren im 16. Jahrhundert noch so teuer, daß man für ein Dutzend denselben Preis zu bezahlen hatte, wie für einen fetten Kapaun (kostet heute rund 14 Franken).

Auch das Salz gehörte während Jahrhunderten zu den kostbarsten Lebensmitteln. Seine angestammte Bezugsquelle lag am Niederrhein (kölnisches Salz) und im bayerischen Reichenhall (schwäbisches Salz). Gelagert und gehandelt wurde es anfänglich im Salzhaus am Rhein (am Ort der heutigen alten Kantonalbank) und in den Salzkästen der Kleinkaufleute am untern Salzberg (heute Spiegelgasse); später mußten u.a. die Predigerkirche und die Barfüßerkirche als Salzmagazine herhalten. Obwohl Basel bereits Anno 1442 in der Vogtei Waldenburg nach Salz graben ließ und 1554 mit der regelmäßigen Ausbeutung der Saline Bex begonnen wurde, brachte erst die Entdeckung der Salzvorkommen beim Roten Haus in der Gemeinde Muttenz (Schweizerhall) durch Bergingenieur K. C. F. Glenck im Jahre 1837 die Unabhängigkeit unseres Landes in der Salzversorgung.

Noch ein Wort zu den Grundstoffen der Feinbäckerei heimischer Herkunft. Den Honig lieferte die Bauernsame der Umgebung. Es war aber nicht erlaubt, diesen bei den Produzenten selbst einzukaufen. Der Verkauf durfte nur im städtischen Kaufhaus vorgenommen werden. Mit dieser Vorschrift unterband die Obrigkeit die Manipulierung der Preise durch vermögliche Großhändler, die das Angebot vor den Toren der Stadt aufkaufen wollten, um dadurch eine marktbeherrschende Stellung zu erlangen. Ein Vorkaufsrecht für 24 Stunden war den Lebküchern, den Hauptverbrauchern von Honig, zugesichert. War das Lager nach dieser Zeit nicht umgesetzt, dann erst durfte der Kaufherr oder Kleinhändler Honig anderen Interessenten, Einheimischen oder Fremden, anbieten. Neben der Funktion als Nahrungsmittel fand der Honig auch im medizinischen Bereich vielseitige Anwendung. Aber auch im praktischen Leben erkannte man seine Nützlichkeit, wie der Gebrauch zum Einschmieren neuer Pferdegebisse Anno 1458 zeigt.

Der Bedarf an Butter war in Basel und Umgebung nicht zu decken. Deshalb gelangte der Rat 1601 mit einer entsprechenden Bitte an die Regierung des Standes Luzern: «Die Statt Basel ließ durch ein Schryben bittlich anlangen, das sy ettwan einen der Burgern darzu verordnen wollten, der wuchenlich ein Anzahl Ancken uff unserm Merckt ynkouffen und in ir Statt fertigen lassen wolle. Daruff ward erkennt, das sy inen zuo Lieb und Gfallen den Hansen Kündig darzuo verordnet, das er inen alle Wochen 10 Zentner kouffen und zuo fertigen möge. Alls dann, so sy meerers begerent, wöllen sy inen meerers bewilligen und in meererem alle guote eydtgnössische Thrüw, Lieb und Fründtschafft zu erzeigen.» Und als die Basler dieses Quantum einige Jahre später auf 12 Zentner zu erhöhen begehrten, gestanden

ihnen die Innerschweizer auch diese Menge in freundeidgenössischer Verbundenheit bedingungslos zu.
So wie es in Basel jeweils an Butter mangelte, so fehlte es natürlich auch an genügend eigenem Getreide. Nur hatte man für die Beschaffung nicht in die Weite zu fahren, konnte der Bedarf doch mühelos im nahen Sundgau eingedeckt werden. Wenn nicht Krieg und Katastrophen das Elsaß, die Kornkammer der Schweiz, heimsuchten, war es kein Problem, die mehrfachen Vorratsböden im Zeughaus am Petersplatz oder das Kornhaus in der Spalenvorstadt bis unters Dach zu füllen. Kam Not und Teuerung ins Land, dann hoben die Kornpreise empfindlich an, und die Herstellung von «Anken-, Milch- und Schleckbrot» wurde untersagt. Während solchermaßen in bösen Zeiten das Backen von «Luxusbroten» streng verboten war, durften die Zucker- und Pastetenbäcker weiterhin «kostbare Schleckwaren» feilbieten: Ein obrigkeitliches Zugeständnis, das unterstreicht, wie mächtig und unstillbar der «Gluscht» nach Süßigkeiten im alten Basel war...

Gebäckmodel und Waffeleisen

Daß auch die Basler Lebküchler und Zuckerbäcker um die Gültigkeit des Ausspruchs «Mit den Augen essen» wußten, lassen in aller Schönheit die in unsern Backstuben zum Ausdrücken von wenig quellendem Gebäckteig und Marzipan verwendeten Gebäckmodel erkennen. Welche Liebe, welcher Kunstsinn und welche Meisterschaft wurde doch dem Schneiden der Matrizen – der Negativformen aus Holz bzw. Ton – gewidmet, in denen der lecker gewürzte Teig sich zu prächtigen Bildwerken formte. Es war nicht allein pure Geschäftstüchtigkeit, welche die Feinbäcker und Konditoren zur künstlerischen Gestaltung ihrer Süßigkeiten anspornte, sondern auch eine schöpferische Kraft, die durch innere Freude an kreativem Schaffen und zierbildhafter Anmut Entfaltung fand. Wohl waren es geübte Formenschneider, die mit feinem Gefühl und sicherer Hand die künstlerisch wertvollen Vorlagen ausbildeten, doch gehörte das Schnitzen von Gebäckmodeln auch ins Pflichtenheft der angehenden Meister der süßen Kunst, denen das Handhaben der Stechwerkzeuge ebenso geläufig sein mußte wie der Umgang mit Teig, Glasur und Spritzsack. Dies erklärt die qualitative Vielfalt des überlieferten Formenguts. Ob auch immer ein großartiger Spezialist oder ein naiver Bedarfskünstler das Kerbmesser führte, jedes der zahlreichen Model hat seinen Liebreiz und seine Ausstrahlungskraft.
Die ältesten Gebäckmodel, die wir in der Schweiz kennen, sind Gebildmodel aus Ton. Sie stammen aus römischer Zeit und dienten wahrscheinlich zum Prägen von fladenartigem Gebäck. In Gegenden mit Tonvorkommen wurden auch später immer wieder Tonmodel geformt und vermutlich wie andere Keramikwaren auf Messen zum Kauf angeboten. Aus diesem Grunde zeigen die bildhaften Tonmodel oft Motive, die direkt auf Marktorte Bezug nehmen und damit entsprechenden Absatz verhießen. So sind unter behutsam aus feingeschlämmtem Ton gearbeiteten und lehmgelb oder hellziegelrot gebrannten Modeln Baselstäbe, Uristiere und die Schaffhauser Widder zu finden.
Ohne große Mühe ließen sich aus den Modeln aus Ton auch Wachsreliefs gießen. Denn was lag für den Wachszieher näher, als das bei der Gewinnung von Honig anfallende Nebenprodukt, das sich durch hohe Modellierfähigkeit auszeichnet, für den Abguß von Votivbildern für Prunkkerzen, Wachsstöcke und Heiligenbilder zu verwenden?
Für die Anfertigung von Holzmodeln bedurfte es nach Möglichkeit des härtesten der Weichhölzer, also des Apfel- und Birnbaumholzes. Aber auch Ahorn, Erlen, Zwetschgen, Kirschen, Fichte, Kiefer, Arve, Nußbaum, Eiche und Buchs eigneten sich durchaus zur kunstvollen Verarbeitung; die weiche Linde wegen zu starker Abnützung dagegen eher weniger. Die Stecher bedientens ich dabei anfänglich des quer zur Faser geschnittenen Hirnholzes. Später bevorzugten sie längs zur Faser geschnittene Holzscheiben, weil auf diese Art das Gravieren der Negative weniger aufwendig geschehen konnte. Verpflichtet ist die hochqualifizierte Holzschneidekunst nach Margarete Pfister-Burkhalter dem Siegelschnitt und dem Goldschmiede-

Gebäckmodel mit 12 Handwerkermotiven: Apotheker, Perückenmacher, Gastwirt, Koch, Wegglibeck, Metzger, Müller, Schuhmacher, Schlosser, Schmied, Spengler, Glaser. 18. Jahrhundert

Der Form ſchneider.

Ich bin ein Formen ſchneider gut/
Als was man mir für reiſſen thut/
Mit der federn auff ein form bret
Das ſchneid ich denn mit meim geret/
Wenn mans deñ druckt ſo ſind ſich ſcharff
Die Bildnuß/wie ſie der entwarff/
Die ſteht/denn druckt auff dem papyr/
Künſtlich denn auß zuſtreichen ſchier.

Ein Formenschneider beim Stechen eines Prägestockes. 1568

handwerk. Die Verwendung der Model «forderte einen vom geradwandigen Schnitt auf den unten abgerundeten Schrägschnitt. Denn der Teig, der in die Vertiefung eindringt, muß sich auch wieder leicht lösen können. Deshalb unterscheidet sich der Modelschnitt auch vom Formschnitt, dessen Bild auf der Oberfläche liegt. Das Instrumentarium der Verfertiger rekrutierte sich vom schartigen Messer des Bergbauern bis zu den feinen Sticheln der Graveure in vielen Abwandlungen, weil neben den Berufsstechern zu allen Zeiten auch ungelernte Kräfte» sich in der Gebäckmodelkunst versuchten.

Während das erste bekannte Schweizer Model, ein im Landesmuseum verwahrtes Rundmodel mit dem Osterlamm, aus dem 14. Jahrhundert stammt, datieren die ältesten noch vorhandenen Basler Gebäckmodel aus dem 15. Jahrhundert. Der größte Teil der mit gegen 500 Originalen überraschend reichdotierten Gebäckmodelsammlung unseres Historischen Museums aber hat das 17. und 18. Jahrhundert hervorgebracht. Mit einem Strauß beschaulicher Biedermeiermotive erlebte die Modelschnitzerei um die Mitte des 19. Jahrhunderts ihre letzte Blüte.

1932 hat Konservator Emil Major den Basler Gebäckmodeln eine hübsche, kaum bekannte Betrachtung gewidmet, der ein Platz im «süßen Basel» wohl ansteht: «In den Bildern von unendlicher Mannigfaltigkeit spiegelt sich das ganze Leben und Denken des ausgehenden Mittelalters und der Neuzeit wider. Da sind die runden Holzmodel der Spätgotik, seltene Stücke mit Jägern und Hunden, mit gehetztem Wild oder mit einem Hirschen, der auf der Wiese rastet und dem Beschauer meldet: ‹Ich ligen da uf disem Wasen, suchen min spis und tun hie grasen.› Die beginnende Renaissance kündigt sich durch mythologische Stoffe, etwa durch das Parisurteil oder einen Bacchuszug, an. Deren urwüchsige Derbheit ist für die Sinneslust jener Tage ebenso bezeichnend, wie es ein Bauerntanz ist, den man in der Stadt von Holbeins berühmtem Bauerntanz auch auf einem Backgerät nicht gerne missen mochte. Von anderer Seite zeigen sich die Bauern auf vier Modeln mit den verschiedenen Jahreszeiten, wo die darin gebräuchlichen ländlichen Arbeiten mit Sachkenntnis und Behagen geschildert werden. Die Reformation bringt ernstere Bilder, das Lamm Gottes, Engel und vielfigurige biblische Szenen, meist aus dem Alten Testament.

Um die Mitte des 16. Jahrhunderts werden auch heraldische Darstellungen beliebt. Zunächst das Wappen des Besitzers des Models, dann das Ehewappen, endlich das Standeswappen. Gerade für dieses hat sich ein besonderer, bis ins 17. Jahrhundert reichender Typus entwickelt, der auf die glasgemalte Standesscheibe zurückgeht. Deshalb sind diese Model auch besonders groß, so daß Holzscheiben von über 40 Zentimeter Durchmesser keine Seltenheit sind. Die schönsten Stücke haben in der Mitte den von zwei Basilisken gehaltenen Stadtschild, und am Rande die Schilde der 13 Alten Orte. An die wenigen heraldischen stilisierten Tiere schließt sich der endlose Zug der naturalistisch behandelten Tiere an, der alle erdenklichen wilden und zahmen Tiere umfaßt und fortan von den Gebäckmodeln nicht mehr zu vertreiben ist. Noch im 16. Jahrhundert erscheinen die ersten eigentlichen Trachtenbilder, Männer in Wehr und Waffen und Frauen in Alltagstracht.

Das 17. Jahrhundert mit seinen Federhüten und Spitzenkragen bringt das Trachtenbild zur vollen Entfaltung. Der junge ‹Alamode›-Herr tritt auf, selbstbewußt, die Linke in die Seite gestemmt, die Rechte auf den Stockgriff setzend. Nicht minder von sich eingenommen, folgt der Musketier in ebenso prunkvoller Gewandung. Dann kommen vornehme Damen, mit Fächern und Handschuhen spielend, bald einzeln, bald mit einem Kavalier zusammen ein Liebespaar bildend. Solche Modenbilder verlangten häufig ein großes Hochformat, wenn alles Drum und Dran, alle Spitzen und Schleifen richtig herauskommen sollten; das gleiche galt für die neu aufgekommenen Darstellungen von Offizieren zu Pferde. Nicht immer stehen die modischen Paare nebeneinander, ab und zu sitzen sie auch in einem schwerfälligen Prunkwagen oder reichverzierten Schlitten. Aber auch einfachere Bürgersleute zeigen sich, bald einzeln, bald in Paaren. Ein Mann züchtigt sein Weib mit der Rute, ein Dudelsackbläser spielt seine Weisen, eine Frau sitzt am Spinnrad, eine Dienstmagd geht mit dem Korb zu Markte, ein Jäger bringt einen erlegten Hasen,

ein Bauer fährt Wein, und der ‹Kindlifresser› hat seine Taschen mit Kindern vollgestopft – es ist die typische Zeit des Genrebildes.
Neben diesen weltlichen Darstellungen breiten sich die Szenen biblischen Inhalts, häufig mit einer Unmenge von Figuren große Rundell füllend, aus. Beliebt sind dabei die Opferung Isaaks, die Verkündigung, die Geburt Christi und ähnliches; auch werden einzelne Apostelgestalten gerne verwendet. Die auf den großen biblischen Stücken ornamental eingefügten Pflanzen erscheinen jetzt auch als selbständige Gebilde. Man trifft die Lieblingsblume des 17. Jahrhunderts, die Tulpe, dann die Nelke, die Rose und vielerlei andere Blumen und Früchte.
Das folgende Jahrhundert übernimmt die Trachtenbilder und Genreszenen und ergänzt sie in mancher Hinsicht. Die gewichtigen Kavaliere und die brokatgewandeten Damen der Barockzeit machen den feinen Herren und den eleganten Dämchen des Rokokos Platz. Puderperücke und Reifrock regieren. Alles wird zierlicher, auch die Model werden kleiner gebildet. Es sind die Tage der Schäferspiele. Schäfer und Schäferinnen, Gärtner und Gärtnerinnen trippeln daher. Andere Gewerbe wollen nicht nachstehen. Es kommt ein ganzer Zug von Handwerkern, jeder mit seinem Arbeitsgerät versehen, zustande. Musikanten aller Art, vorab Waldhornbläser und Cellospieler, schließen sich an, und stramme Grenadiere lassen sich bewundern. Neben diese Einzelfiguren treten kleinere Gruppen und bilden fröhliche Genreszenen der mannigfachsten Art.
Die Louis-XVI-Zeit bringt neue Motive; kleine Medaillons mit Amoretten, Altären, schnäbelnden Tauben, Gehängen und Blumen im Innern. Deren kleine Model werden vom 19. Jahrhundert übernommen, das die Tonmodel verabschiedet und denen aus Holz den Vorzug gibt. Die Trachten- und Militärbilder erleben im Empire eine letzte Blüte und machen gar bald den anspruchsloseren Figuren und Gruppen der Biedermeierzeit Platz. Und nun beginnt der künstlerische Niedergang dieser Kleinplastik. Die Maschine hat auch hier die schöpferische Eigenart verdrängt. Wohl kennt auch unsere Zeit noch solche Model, doch wie armselig, wie erfindungsarm sind die meisten im Vergleich zu denen vergangener Zeiten.»

Gebäckmodel: Steinbock und Gemsbock. 15. Jahrhundert

Gebäckmodel: Sitzende Frau in Blumenranken mit der Umschrift «Got · geb · im · gluck · und · alles · heil · Dem · ich · werden · sol · ze · teil». 15. Jahrhundert

Zu Majors kenntnisreicher Studie wäre nachzutragen, daß beim Bilderreichtum unserer Gebäckmodel auch typisch baslerische Aspekte nicht fehlen. So sind neben Basilisken und Baselstäben auch die in Basel besonders verehrten Heiligen Jakobus der Ältere, Martin und Georg dargestellt, aber auch das Muttergottesbild erscheint – wie überall in der Stadt – öfters als kunstvolle Gebäckform. Natürlich haben hin und wieder auch die Drei Kleinbasler Ehrenzeichen die Aufmerksamkeit der Modelstecher gefunden, doch gelegentlich mit der ausdrücklichen Auflage, daß mit den Emblemen der Kleinbasler Wappenhalter geprägte Änisbrote und Lebkuchen unter keinen Umständen im Großbasel verkauft werden! Von den Gesellschaftsbrüdern Peter Schneider oder Markus Wohlgemuth gebacken und zu einem prächtigen Bhaltis verpackt, kommen Vogel Gryff, Leu und Wilder Mann auch am traditionellen Gryffemähli zu Ehren, wenn die Geladenen das süße Gebäck als geschätztes «Drachenfutter» mit nach Hause nehmen dürfen.
Einzelne Gebäckmodel sind auch durch ein Schriftenband bereichert. Vom Hirsch, der seine Absicht kundtut, Futter zu suchen, haben wir schon gelesen. Doch welche Sprüche könnten die Diskrepanz, die im urtümlichen Sinnbilderschatz der Gebäckmodel liegt, besser illustrieren, als solche aus dem 15. bzw. aus dem 19. Jahrhundert! Während im Spätmittelalter ein von Blumen umranktes Mädchen zuchtvoll den Wunsch ausruft: «Gott geb im Glück und alles Heil, dem ich werden soll ze teil», läßt sich im letzten Jahrhundert ein Bauernmädchen in fideler Zweideutigkeit vernehmen: «Mich durst' nach einer Wurst.» Ein Schornsteinfeger, der über dem am Herd stehenden Mädchen aus dem Kamin steigt, erwidert ihr ungeniert: «Ich bin mit meinem Besen in manchem Camin gewesen.» Und das End vom Lied: Ein Mann, betrübt in eine Wiege blickend, ruft bekümmert aus: «Zum Schein muß ich jetzt Vater sein!»
Über die Künstler, denen wir die vielen reizvollen Gebäckmodel verdanken, wissen wir kaum Bescheid. Ihre Werke sind vorwiegend anonym; höchst ausnahmsweise tragen sie eine stark abgekürzte Signatur. Nur ein gewerbsmäßiger Modelschneider

ist in Basel bekannt: Der Kleinbasler Graveur Nikolaus Wilhelm Goetz an der Utengasse 38 (1770–1855). Von ihm sind 8 Formen aus Birnbaumholz mit der Inschrift «Goetz, Graveur in Basel» überliefert, die in ihrer Zierlichkeit an den feinsinnigen Maler und Kupferstecher Marquard Wocher erinnern. Daß Jean Jacques Hörler, der einzige mit Namen bekannte Gelegenheitsstecher, ebenfalls aus dem Kleinbasel stammte, mag nicht zufällig sein, betrieb dieser doch zu Goetzens Zeit an der Greifengasse 13 eine renommierte Zuckerbäckerei. Des Gesellschaftsbruders zum Greifen Model zeigt feinziseliert – wie könnte es anders sein – die Drei Ehrenzeichen!

Neben Modeln aus Holz, Ton und Keramik (seltener aus Zinn und Blei) bediente man sich zur Herstellung von bildgeschmücktem Gebäck noch eines andern Gerätes: des Goffern- oder Waffeleisens. Das zangenförmige Backeisen mit den langen Eisengriffen, die vor der Hitze des Feuers schützten, fand im kirchlichen wie im profanen Bereich Anwendung. Das geschmiedete Handeisen eignete sich mit seinen vielen Möglichkeiten der Ausschmückung der Innenseite der beiden Platten sowohl für die Hostienbäckereien der Klöster zum Aufdrücken des Kreuzeszeichens als auch für den phantasievollen Schmuck der Festgebäcke für weltliche Bedürfnisse. Ob es ein einfaches Waffelmuster aus senkrechten oder waagrechten Rillen sein durfte oder ob es ein kunstvolles Bildwerk mit Figuren, Wappen und Inschriften sein mußte, der geschickte Schmied konnte jedem Wunsch gerecht werden. Der individuellen Fertigkeit blieb es überlassen, die Arbeit in der Meißeltechnik, durch Gravieren oder mit Formstempeln auszuführen.

Zum Backen mit dem Waffeleisen, die oft als Brautgeschenke ausgewiesen sind, konnte entweder breiartiger dünnflüssiger Teig oder eine fladenartige dickflüssige Masse verwendet werden. Auch wenn die Festigkeit des Teigs keine Rolle spielte, so wurde doch auf die Form des Eisens geachtet. Das ursprünglich der weltlichen Küche zugedachte rechteckige Eisen war eher für die kräftigen Gebäcke mit festeren Teigen bestimmt, das der sakralen Welt entstammende runde Eisen vorzugsweise für feinere Gebäcke. Immer aber war es wichtig, daß die Eisen bei kleinem Kohlenfeuer knusperige und harte Waffeln hergaben, die zur Konservierung dieser geschätzten Eigenschaften sogleich in Blechtrommeln gelegt werden.

Mannigfaltig waren die Namen, die das mit dem markanten Prägeschmuck des langstieligen Waffeleisens versehene Gebäck bezeichneten. So stoßen wir auf Eisenbrot, Waffelkuchen, Eisenkuchen, Klemmkuchen, Hippen und Oblaten (auf die wir an anderer Stelle hingewiesen haben) und Goffern. Letztere waren in bürgerlichen Haushaltungen unserer Stadt besonders beliebt und wurden bis in die Neuzeit hinein gerne zum Dessert aufgetragen. Das Rezept für dieses zarte Waffelgebäck ist in manchen Basler Kochbüchern eingetragen.

Waffeleisen mit den Wappen Burckhardt (rechts) und Iselin. 1587

Waffeleisen waren zu allen Zeiten reine Zweckgeräte. Daß ihre Prägeplatten trotz intensivem Gebrauch im Feuer oft mit künstlerisch hervorragenden Reliefs belegt sind, ist durch die Absicht der Auftraggeber, durch Betonung von Herkunft und Bildung oder auserlesenen Geschmack aufzufallen, begründet. Solchermaßen hatte das Waffelgebäck die Funktion einer vornehmen Visitenkarte zu erfüllen.

Von den rund 85 Waffeleisen, die in der Sammlung des Historischen Museums verwahrt sind, sind 8 mit Sinnsprüchen versehen. Das älteste und wohl auch kostbarste von diesen, ein Hostieneisen aus dem 14. Jahrhundert, trägt die Inschriften «Diz ist gar ain edel Brot. Bustis baz Hungersnot» und «Der mich ist in sinem Munt, der muoz immer sin gesunt». Ebenfalls mit einem tiefsinnigen Wort graviert ist das Waffeleisen der Familie Escher-Ott von 1580: «Ein böse Zung vil Lüt vergift. Vil Guts der From mit Reden stift.» «DRAU. SCHAU. WEM. | HÖR SICH. SCHWEIG ABER» mahnt das Mentelinsche Gofferneisen von 1554. Dem Wahlspruch «Wan Du gude Tag hast und frölich bist, so vergis der Armen nit. Wirt Dir auch Fröd widerfahren» verpflichtete sich 1691 das Ehepaar Rebmann-Müri. Ein gastliches Heim zu führen, eröffnete die Familie Socin-Hummel 1675 ihren Mitbürgern mit der Devise: «Unser Tranck und unser Speis, werd gericht zu Gottes Preis | Keinem Menschen etwas brist, wo der Segen Gottes ist.» Das Ehepaar Ludwig Lucius und Barbara Irmy dagegen stellte 1616 seinen Hausstand unter das Motto:

«Wer sich in Speis und Tranck recht halt, mag wohl in Gesundheit werden alt» | «Dir jemant nach seim Vermegen, über seim Disch laß Dich geniegen.» Geschmückt mit Rautenmustern und Sternen, verkündet 1609 ein anderes Waffeleisen die uralte Lebensweisheit «Seit frölich mit den Frölichen und traurich mit den Traurichen». Und schließlich ruft eine Gravur, mit der früher wohl Oblaten für Wallfahrer und Pilger geprägt worden sind, zum Gebet: «St. Antonius ora pro nobis» | «Sant Ulrich bitt vir uns.»

In Erinnerung an das einst gutbürgerliche Brauchtum des Waffelnbackens hat Anno 1896 der spätere Regierungsrat Professor Dr. Albert Burckhardt-Finsler die Hoffnung ausgesprochen, «es möchte die schöne Sitte, wonach jede Familie ihr eigenes und individuelles Waffeleisen besaß, wieder mehr in Aufnahme kommen, was ja in unserer Zeit, da bei dem Aufschwunge der Kunstschlosserei solche Eisen wieder solid, schön und getreu nach guten Vorbildern können gemacht werden, nicht so schwerfallen sollte. Dazu kommt noch der Vorzug der Ofleten und Waffeln vor allzu kompliziertem Dessert in hygienischer Hinsicht, so daß sowohl aus medizinischen wie ästhetisch-historischen Gründen es sich mehr empfehlen dürfte, einem jungen Ehepaar, das seine Haushaltung einrichtet – und stilvoll will jetzt jedermann eingerichtet sein –, ein solches Waffeleisen, das ein persönliches Andenken ist, zu schenken, als irgendeinen Berliner oder Pariser Artikel zu kaufen, der bald verstaubt und veraltet ist, oder den das Stubenmädchen bei der nächsten besten Gelegenheit in Stücke schlägt. Jedenfalls wäre etwas mehr liebevolle Gedankenarbeit mit einem solchen Geschenk, wie wir es anraten möchten, verbunden, und dem einheimischen Kunstgewerbe würde auch ein kleiner Gefallen geschehen.» Ein leider unerfüllt gebliebener Wunsch, der nach 77 Jahren mit allem Nachdruck erneut ausgesprochen werden soll. Vielleicht verhelfen nun Wohlstand und moderne Technik und der ausgesprochene Hang nach extravaganter Lebensführung der vergessenen Tradition zum Wiedererwachen.

Kitschig-schönes Engelein, höchster Ausdruck der Lebkuchenbilderromantik. 19. Jahrhundert

Zwölf Dutzend schwärmerische Lebkuchensprüche

Wer mit einem Schuß Romantik im Herzen durchs Leben geht, vermag sich kaum dem Zauber der Lebkuchenpoesie zu entziehen. Die oft tiefsinnigen, oft gefühlvollen Verse, kalligraphisch kitschig-schönen Bildchen aufgedrückt oder mit elegantem Schwung in Zucker geschrieben, faszinieren in ihrer unbeschwerten volkstümlichen Aussage jeden Betrachter. Längst verklungenes Liebesrauschen steigt aus der Vergangenheit unmittelbar wieder auf und spannt einen himmlisch verklärten Bogen zur Gegenwart. Jugenderinnerungen nehmen Gestalt an und ziehen, märchenhaft gewandet, in nahtloser Folge vorbei. Eine beglückende Freude, die uns mit Engelsflügelchen über Rosenhecken und Fliederbüsche ins Reich der Kindheit führt und den Alltag für Augenblicke vergessen läßt. Wie sVrenchen und der Sali in Gottfried Kellers reizender Novelle «Romeo und Julia auf dem Dorfe» ermessen wir den bedeutungsvollen Sinn, der in den Lebkuchensprüchen innewohnt: «Sie wußten nicht, daß sie in ihren Reden ebensolche Witze machten, als auf den vielfach geformten Lebkuchen zu lesen waren, und fuhren fort, diese süße einfache Liebesliteratur zu studieren, die da ausgebreitet lag und besonders auf vielfach verzierte kleine und große Herzen geklebt war.» Und dann schließen wir uns mit leiser Sehnsucht und feinem Schmunzeln dem begnadeten Erzähler von Seldwyla an: «Nie ist etwas Gereimtes und Gedrucktes schöner befunden und tiefer empfunden worden, als diese Pfefferkuchensprüche.»

Die Lebkuchenbilder gehören in die Familie der sogenannten Oblaten, «darunter jene scheußlich-schönen bunten, ausgestanzten und geprägten Glanz- oder Lackbilder zu verstehen sind, die um die Jahrhundertwende jedermann als Wünsche, Poesiebilder, Stammbuchbilder, Stammbuchblümchen, Stammbuchversbilder und Stammbuchversblumen bekannt waren». Die große Blüte erlebten die Oblaten zwischen den Jahren 1880 und 1910, als Folge der Biedermeierzeit mit ihrem hochentwickelten Freundschaftsbrauch. Dem Bedürfnis an schriftlich formulierten Beweisen der Zuneigung vermochte das Angebot an von Hand mit Feder, Pinsel und Tusche zu Papier oder mit Zucker zu gebackenem Teig gebrachten Denk-

Kinderköpfchen aus einem Oblatenbogen. 19. Jahrhundert

sprüchen nicht mehr gerecht zu werden. Das graphische Gewerbe erkannte die Marktlücke und entwickelte auf dem Boden des ausgedehnten Oblatensammlertums in Deutschland, Österreich und England während einiger Jahrzehnte einen florierenden Produktionszweig. Mit dem Aufkommen der phantasievollen glänzenden Klebebildchen verloren die bewährten prächtigen Gebildemodel ihre Bedeutung, auch die Lebkücher und Feinbäcker wählten den einfachern Weg und verzichteten immer mehr auf die aufwendige Arbeit des Ausmodelns. So «verhalfen die geschmacklosen Buntdrucke einer jungen, unsichern Industrie den Lebkuchen zu einer zweifelhaften, aber verführerisch neumodischen Pracht. Sehr beliebt waren sentimental lächelnde Weihnachtsengel, roträckige Knecht Ruprechte; als Schönstes galten die Engelsköpfchen von Raffaels Sixtinischer Madonna, die man ebenso unbefangen aufklebte wie schnäbelnde Tauben und Rosenbuketts.»
Wir wollen uns nicht so kritisch mit den Lebkuchenbildchen auseinandersetzen wie die Kunsthistorikerin Hanna Kronberger. Der Charme der Lebkuchenherzen und sein köstlich naiver Bilderschatz haben uns zu fest in ihren Bann gezogen – und dem «Kitsch» steht im heutigen Kunstdenken ohnehin ein Ehrenplatz zu. Lassen wir deshalb die behagliche Wärme, welche die «harmlos-primitive Honigkuchenlyrik» ausstrahlt, durch zwölf Dutzend Beispiele beschaulich und erbauend auf uns einwirken.

Ein süßer Mandelkern steckt in dem Herze hier
Doch süßer als der Mandelkern, ist meine Lieb' zu Dir

Wenn Du dies Herz gegessen, vergiß dies Sprüchlein nicht
Viel eh'r als meine Liebe, mein braunes Auge bricht

Laß mich in Deinem Herzen wohnen
So sollst Du mir im Busen thronen

Ich kann noch gar nicht mich erholen
Vom Küßchen, das ich Dir gestohlen

Ein schönes Buch, ein hübsches Weib
Bleibt mir der schönste Zeitvertreib

Der Freundschaft süßes Glück
Der Freude Sonnenblick
O mögen sie immer Dir glänzen
Mit himmlischen Rosen Dich kränzen

O wie glücklich würd' ich sein
Wärst Du, Geliebte mein
Fröhlich hüpft ich Dir zur Seite
Durch des Lebens dunkle Weite

Auf den Pfad des Lebens pflanze
Dir die Liebe Rosen
Winde sie zum schönsten Kranze
Unter zartem Kosen

Immer ziehe süßer Frieden
In Dein stilles Hüttchen ein
Und darin sei Dir beschieden
Was Dich ewig kann erfreun

Zwei Herzen, die sich kennen
Wird auf der Welt nichts trennen

Mein Herz ist wie ein Zitherspiel
Rührt man es viel, so tönt es viel

Groß war der Held Napoleon
Sein Schwert von Stahl, sein Herz von Ton
Meine Liebe trägt ein Röslein frei
Doch ist ihr Herz wie Stahl so treu

Rosen, Tulpen, Nelken, alle drei verwelken
Nur das eine welket nicht, welches heißt Vergißmeinnicht

Aus Deinem treuen Herzen
Lacht sonnenhell das Glück
Und innig heiße Liebe
Strahlt mir daraus zurück

Drum prüfe, wer sich ewig bindet
Ob sich das Herz zum Herzen findet

Die klügste Frau, ich kann's bekunden
War Eva, die den Kuß erfunden

Kirschen find' ich sehr gesund
Frisch gepflückt vom Kirschenmund

Mädchen, seit ich Dich gefunden
Mach ich gerne Überstunden

Alter Wein und junge Weiber
Sind die besten Zeitvertreiber

Der Gipfel aller Süßigkeit?
Ein roter Mund zur Frühlingszeit

Brennt Dich die Liebe gar zu sehr
Ich bin ja bei der Feuerwehr

Willst Du am besten mich bedenken
So mußt Du mir Dein Herze schenken

Mein Glück einst zu vollenden
Liegt nur in Deinen Händen

Deine Stimme, holde Schöne
Klingt wie Nachtigallentöne

Schneewittchen und die sieben Zwerglein aus Grimms Märchen. 19. Jahrhundert

Aus Deiner lieben, treuen Hand
Geh' ich beglückt durchs Erdenland

Nimm mein treues Herz
Es glüht von Liebesschmerz

In der Liebe Paradies
Lebt es sich unendlich süß

Ewig segne ich die schöne Stunde
Da mein Herz das Deine fand
Und die Liebe uns zum schönen Bunde
Uns mit Rosenketten band

Nichts soll unsre Freundschaft trennen
Liebe trennt nicht Berg und Tal und Meer
Ewig werden wir uns wieder kennen
Gutes Herz, wie lieb' ich Dich so sehr!

Ich segne die Stunde, da ich Dich sah
Und freue mich immer, bist Du mir nah
Ich liebe Dich ewig, innig und treu
Nah oder fern, wo es auch sei

Der Liebe Rosenband
Geknüpft von treuer Hand
Sei Deines Lebens Glück
Nie trübe sich Dein Blick

Alte Liebe, alter Wein
Mögen sie Dich stets erfreun

Nimm Dich wohl in acht
Vor der Liebe Macht
Oft zwar gibt sie viele Freuden
Öfter aber bittre Leiden

Mein Herz, das Liebe Dir geweiht
O könnt es Dich beglücken
Die Rose, die Deinen Sinn erfreut
Würd' ich mit Sorgfalt pflücken

Ein edles Herz beglücke Dich in Freud und Schmerz
Durch treue Liebe, die nimmer wankt
Sich fester nur in die Seele rankt

Deine Liebe sei beglückt
Amor selbst hat Dich geschmückt
Dein tugendreicher sanfter Sinn
Zieht alle Herzen zu Dir hin

Blumen wie der Lenz sie beut
Weih' ich Dir hocherfreut
Alles Schöne sei hienieden
Dir, werter Freund, beschieden

An Deiner treuen Brust
In Deinen Schwanenarmen
Laß mich zur höchsten Lust
Zum höchsten Glück erwarmen

Bei der Hochzeit Glanz
Schmücke Dich der Myrienkranz
Aus ihm rinne jedes Jahr
Heil und Segen immerdar

Von der Liebe Pfeil getroffen
Hat verwundet mich Dein Blick
Darf ich Gegenliebe hoffen?
O dann preis' ich mein Geschick

Was nur Dein Auge je begehrt
Das hat Dir schon mein Herz gewehrt

Dir weih' ich meine Liebe
Du bleibst für immer mein
Ob's heiter oder trübe
Mein Herz bleibt ewig Dein

Dich verfolgt mein Blick im stillen
Deine Wünsche zu erfüllen
Sei mein eifrigstes Bestreben
Denn ich lieb' Dich wie mein Leben

In diesem von Immergrün bewachsenen Stein
Grub ich des Herzens Denkmal ein
Ein Wunsch, der niemals mich verläßt
Es stehe unsre Freundschaft felsenfest

Was ich Dir bringe aus innigem Triebe
Sind die Blüten der Freundschaft und Liebe

In Liebe Freundschaft und Natur
Durchwalle froh die Lebensflur
Genieße stets mit Heiterkeit
Deines Glückes Beständigkeit

Liebe knüpft mit süßen Banden
Hier und ewig mich an Dich
Unsre treuen Herzen banden
Kränze von Vergißmeinnicht

Nimm mein Herz auch hin
Glücklich sind wir dann im schönsten Sinn

Die Hoffnung ist mir nicht genommen
Was heut nicht, kann morgen kommen

Ohne Schwur und ohne Wort
Blühe unsere Freundschaft fort

Blumen verblühn
Jugend und Anmut entfliehn
Nur unsere Freundschaft allein
Wird im Tode noch blühend sein

Ein Herz, das nie in Lieb' erbebt
Hat nur geschlagen, nicht gelebt

Was der Himmel will verbinden
Muß der erste Blick entzünden

Ein treues Herz ist der Sonne gleich
Es wärmt ohn' Ende und bleibt doch reich

Leben, lieben, lachen
Das sind drei schöne Sachen

Die Liebe macht auf einen Streich
Auch einen armen Teufel reich

Die Liebe ist ein frecher Spatz
Sie setzt sich an den besten Platz

Liebe ist bekanntlich blind
Weil Herzen ohne Fenster sind

Das Herz ist wie ein rohes Ei
Faßt man's zu hart, bricht es entzwei

Du bist so stille und betrübt
Ich wette drauf, Du bist verliebt

Ein kleines Mädchen, lieb und nett
Ist besser als ein Floh im Bett

Die Liebe ist ein Feuerzeug
Das Herz, das ist der Zunder
Und wenn das Herz dann Feuer fängt
Dann brennt der ganze Plunder

Es leuchtet durch die dunkle Nacht
Der Liebesstern in heller Pracht

Wie am Baum die Weihnachtskerzen
So brennt Dein Bild in meinem Herzen

In weiter Fern' gedenk' ich Dein
Das muß wohl mehr als Freundschaft sein

Entfernung trennt die Freundschaft nicht
Sei glücklich, doch vergiß mein' nicht

Kleiner, süßer Liebesgott
Treibst mit meinem Herzen Spott?

Oftmals tilgt den Liebesschmerz
Schon ein Honigkuchenherz

Mein Herz ist süß, wie Honig fein
Wer Lust hat, beiße ruhig drein

Durch die Blume nahen Dir meines Herzens
warme Triebe
Halte fest und treu zu mir und bewahr mir
Deine Liebe

Zum Zeichen, daß ich Dein' gedacht
Hab ich Dir dieses mitgebracht
Und wenn es kommt Dir zu Gesicht
Vergiß mein' nicht!

Mit diesem Herzen hab' ich's gut gemeint
Dann ist Süßigkeit und Lieb' vereint

Süß wie dieses hier von Kuchen
Soll man sich ein Herz erst suchen
Aber Deins, das ist gewiß
Ist noch hundertmal so süß

Kuchenwürze, Rosenpracht soll Dein Leben
Dir versüßen
Mög aus diesem Herzen Dir zarte Liebe
auch ersprießen!

Nicht wie Rosen, nicht wie Nelken
Die da blühen und verwelken
Sondern wie das Immergrün
Soll stets unsere Liebe blühn

Die Rose sei Dein Ebenbild
Sei Du, wie sie, so hold und mild

Nimm dies kleine Herz entgegen
Es soll Freude Dir bereiten
Und ein dauernd' Glück bedeuten
Dir auf allen Lebenswegen

Dein Bild trag' ich im Herzen
Mein Trost in allen Schmerzen

Wie Gold, so rein schau' ich das Glück
Wenn ich Dir in das Auge blick'

Was mir Dein Herz gegeben
Ist Glück fürs ganze Leben

Was auch die Zukunft immer bringen mag
Deine Liebe adelt jeden Tag!

Wie süßer Blumenduft im Märzen
Ist Deine Lieb' in meinem Herzen!

Du hast mich froh gemacht
Hast mir das Glück gebracht!

Deiner Liebe kommt nichts gleich
Deine Liebe macht mich reich

Wer ein treues Herze weiß
Hält des Glückes schönsten Preis

Alles Böse liegt Dir fern
Dein gutes Herz verzeiht so gern

Nichts zerreißt der Treue Band
Wahre Liebe hat Bestand

Zweifle nie an mir
Mein Herz gehört nur Dir

In Dir fand ich wahres Glück
Durch Liebe auf den ersten Blick

Alle Schätze sind mir gleich
Deine Liebe macht mich reich

Willst Du mein Sehnen reich belohnen
Laß mich in Deinem Herzen wohnen

Nie sollst Du Dich beklagen
Will Dich auf Händen tragen

Dein ist mein Herze ewiglich
Halt mir die Treu', ich wart' auf Dich

Ich liebe Dich innig, treu und rein
Schau mir nur in's Herz hinein!

Als ich Dich gesehn
War's um mein Herz geschehn

Fern von Dir hab' Tag und Nacht
Ich doch nur an Dich gedacht

Nichts gibt's Schöneres auf Erden
Als von Dir geliebt zu werden

Was frag' ich viel nach Gut und Geld
Wenn mir Dein Herz die Treue hält

An Dich denk' ich in Freud und Leid
Du machst mich glücklich jederzeit

Ich liebe Dich, laß Dich nicht mehr
Und wenn die Welt voll Teufel wär'

Nur Deine Lieb' allein vermag
Mir Glück zu spenden jeden Tag

Wo ich geh' und wo ich steh'
Ich Deine lieben Augen seh'

Bedenke Freund, daß es der Himmel hört
Was mir dein Mund hier heilig schwört

Lebkuchen mit bekanntem Oblatenbildlein.
19. Jahrhundert

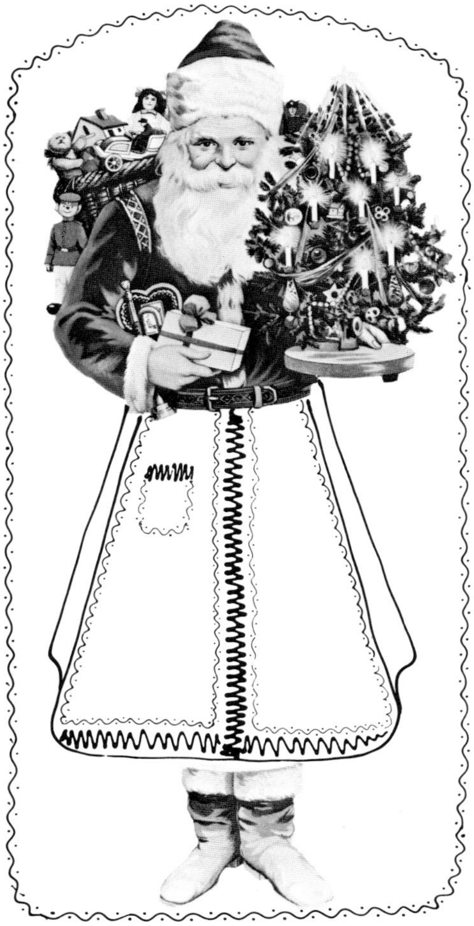

St. Nikolaus, ein beliebtes Lebkuchenbild.
19. Jahrhundert

Die Kränze hier von treuer Hand gewunden
Deuten schön, was unsere Herzen längst empfunden

Ich opfre Dir mit Hand und Mund
Mein Herz zum ewigen Freundschaftsbund

Weil ich weiter sonst nichts habe
So nimm mein treues Herz zur Gabe

Ich scheide nur auf kurze Zeit von Dir
Drum nimm den Abschiedskuß von mir

Unsere Herzen, die sich fanden
Und durch Liebe sich verbanden

In ferne Länder muß ich wandern
Doch schenk' mein Herz ich keiner andern

Wir folgen festvereint und tiefgerührt
Der Liebe, die am Rosenband uns führt

Von der Liebe Hand gebunden
Haben sich zwei Herzen aufgefunden

Mein Herz, das brennt vor Liebesglut
Doch weiß ich nicht, was Deines tut

Wo sich zwei Herzen liebend finden
Läßt sich ein rechter Hausstand gründen

Wo Du weilst, stets denk' ich Dein'
Du bist mein Glück, mein Sonnenschein

Der schönste Preis für einen Kuß
Wenn man sein Herz dran geben muß

Dieser Kuchen schmecke Dir
Wie der erste Kuß von mir

Gestohlene Küsse schmecken gut
Und geben auch zu neuem Mut

Küssen ist ein alter Brauch
Komm mein Schatz, wir üben auch

Bricht mir auch das Herz entzwei
Bleibt es Dir in Stücken treu

Zwei Herzen, in Liebe verbunden
Vertreiben die traurigen Stunden

Das Glück sitzt meistens in der Nähe
's kommt nur drauf an, daß man es sehe

Das Glück ist eine Haselnuß
Weil man den Kern zerbeißen muß

Nicht zu dünn und nicht zu dick
Sei der Teig und auch das Glück!

Ein fröhlich Herz, nicht Gold und Pracht
Ist's, was den Menschen glücklich macht

Mit geschärftem Pfeil und Bogen
Kommt der Liebesgott geflogen
Könnt' ich sein Gefährte sein
Kehrt' ich heute bei Dir ein

Der kleine Schelm mit Pfeil und Bogen
Hat manches schöne Kind betrogen
Drum wünsch' ich Dir aus Freundschaftspflicht
Dein gutes Herz betrüg' er nicht

Hüte Dich vor Amors Pfeile
Unvermerkt dringt er ins Herz
Trifft er aber Dich
So heile treue Liebe Deinen Schmerz

Mach's wie Amor, suche Herzen
Die hübsch lassen mit sich scherzen
Küsse nehmen, Küsse geben
Und versüßen Dir das Leben

Bei Dir bin ich vor allen Sorgen
Wie in des Himmels Schoß geborgen

Mag auch die Welt erkalten
Wir wollen Freundschaft halten

Wie gerne will ich's eingestehn
Ich kann an Dir nicht satt mich sehn

Laß ein Wort uns ernstlich sprechen
Wirst Du je die Treue brechen?

Nie auf Erden, bis ans Grab
Lass' ich, glaub es, von Dir ab

Wo find' ich Worte, Dir zu sagen
Wie unsre Herzen sich vertragen

Mein Herz ist mir entrissen
Von wem, das wirst Du wissen

Ich wünsche Dir das Schönste, Beste
Und mich bei Dir als Hahn im Neste

Was schadet's, wenn Jahre entgleiten
Wir lieben uns stets wie vor Zeiten

Was mir innig wohlgefällt
Ist in Dir zur Schau gestellt

Zur still süßen, sanften Nacht
Sei Dir dieser Gruß gebracht

Wer muß es nicht mit Lust empfinden
Wie die Herzen sich verbinden

So wie die Tauben schnäbeln sich
Geliebtes Mädchen, küsse mich

Ein voller Beutel mit Dukaten
Kann Dir am allerbesten raten
Dann wird sich ein Mädchen finden
Die verzeihet Jugendsünden

Nimm zum Zeitvertreib Dir nun bald ein Weib
Daß die Wiege sich bewege
Drin Dein Ebenbild sich rege

Tritt ein in mein Lebkuchenhaus
Doch sei Dir unverhehlt
Drin wird allein nach Küssen
Gerechnet und gezählt!

Biscuittorte einfach garniert

à 2 Frs. 8 Loth Zucker 5 Eier 4 Gelbe 7 Loth Mehl

à 2,50 Frs. 10 Loth Zucker 6 Eier 5 Gelbe 8 Loth Mehl

à 3. Frs. 12 Loth Zucker 7 Eier 7 Gelbe 11 Loth Mehl

Mandeltorte

à 2 Frs. gestaübt oder einfach garniert 150 gr. Mandeln 150 gr. Zucker 6 Gelbe 3 Weisse 20 gr. Mehl

à 2,50 Frs. 180 gr. Mandeln 180 gr. Zucker 8 Gelbe, 4 Weisse, 25 gr. Mehl.

à 3. Frs. 220 gr. Mandeln 220 gr. Zucker 10 Gelbe, 5 Weisse, 30 gr. Mehl.

à 3,50 Frs. 250 gram Mandeln 250 gr. Zucker 12 Gelbe, 6 Weisse, 30 gr. Mehl.

Brottorte glasiert u. garniert

8 Frs. 1 ℔ Zucker, 3/4 ℔ rohe Mandeln, 32 Gelbe, 16 Weisse z. Schnee 1/4 ℔ Cedrat, 1/4 ℔ Chocolat mit Wasser aufgelöst. 3/4 ℔ Secherli Schnaps mit Rahm befeuchtet, 2 Löffel Zimmt Citron, kein Mehl, Form mit Paniermehl (Chocolat od. Rahmglasur

Frangipane. 6 Frs.

1/2 ℔ Zucker, 12 Loth Butter schaumig, 1/4 ℔ Mandeln 4 Loth Mehl, 6-7 Eier Boden mit süssem Teig.

Sandtorte, schwere, glasiert und garniert

2 Frs. 10 Loth Zucker, 10 Loth Butter 3 Eier 10 Loth Mehl, Tribsalz

à 2,50 Frs. 12 Loth Zucker 4 Eier 12 Loth Butter, Tribsalz 12 Loth Mehl Puder.

à 3,50 Frs 18 Loth Zucker 18 Loth Butter 18 Loth Mehl, Puder, 6 Eier, Tribsalz

à 3 Frs. 1/2 ℔ Zucker 1/2 ℔ Butter 1/2 ℔ Mehl, Puder, 6 Eier, Tribsalz.

Punschtorte (garniert)

à 2,50 Frs. 8 Loth Zucker 4 Eier, 2 Gelbe 8 Loth Mehl, 6 Loth Butter

à 3. Frs. 10 Loth Zucker, 5 Eier, 2 Gelbe, 10 Loth Mehl 7 Loth Butter.

à 3,50 Frs 12 Loth Zucker 6 Eier 3 Gelbe, 12 Loth Mehl 9 Loth Butter (3. Boden)

à 4. Frs. 14 Loth Zucker 7 Eier 5 Gelbe, 14 Loth Mehl 10 Loth Butter (3 Boden)

Orangeschichttorte.

Wie Punschtorte berechnet, Orangeconfiture und Glasur.

Gâteau Napolitain 3 Frs.

1/2 ℔ Mehl, 12 Loth Butter, 8 Loth Mandeln, 8 Loth Zucker, 1 Ei, Amonium

Haselnusscremetorte.

à 2,50 Frs 7 Loth Mandeln u. Haselnüsse, 7 Loth Zucker, 10 Gelbe 5 Weisse, 3. Loth Mehl.

à 3 Frs. 8 Loth Mandeln und Haselnüsse, 8 Loth Zucker, 12 Gelbe, 6 Weisse 3 Loth Mehl.

à 3,50 Frs. 10 Loth Mandeln und Haselnüsse, 10 Loth Zucker, 4. Loth Mehl 14 Gelbe 7 Weisse (3. Boden.)

à 4=4,50 Frs. 12 Loth Mandeln und Haselnüsse 12 Loth Zucker, 16 Gelbe, 5 Loth Mehl, (4 Böden 8 Weisse

à 5. Frs. 1/2 ℔ Mandeln und Haselnüsse. 20 Gelbe, 10 Weisse 6 Loth Mehl (4 Böden)

Gâteau Trois frères 4. Frs.

9 Loth Butter gerührt, 6 Loth weisse Mandeln 12 Loth Zucker 8 Gelbe, 4 5 Weisse 6 Loth Mehl

Chocolattorte ohne Cremes

à 2,50 Frs. 10 Loth Zucker 7 Loth Chocolat 5 Loth rohe Mandeln 2 Loth Mehl, 10 Gelbe, 5 Weisse Gewürz.

à 3 Frs 12 Loth Zucker, 9 Loth Chocolat, 6 Loth rohe Mandel 3 Loth Mehl 12 Gelbe 6 Weisse Gewürz.

à 4. Frs. 1/2 ℔ Zucker, 9 Loth Chocolat, 8 Loth Mandeln 4 Loth Mehl, 16 Gelbe 8 Weisse

Biscuit Gugelhopf 2 Frs

12 Loth Zucker, 6 Eier 4 Gelbe 12 Loth Mehl, Zitron.

Mandel-Gugelhopf 2 Frs.

6 Loth Mandeln 10 Gelbe 6 Loth Zucker, 50 gr. Mehl 5 Weisse (Wasser reiben)

Gâteau Praliné.

3 Frs. 40 gr. Haselnuss 80 gr. Zucker, 40 gr. Mehl, 6 Gelbe 3 Weisse. Vanill.

4. Frs. 60 gr. Haselnuss, 120 gr. Zucker, 60 gr. Mehl 8 Gelbe, 4 Weisse

5. Frs. 70 gr. Haselnuss 140 gr. Zucker, 70 gr. Mehl 10 Gelbe 5 Weisse

Gâteau-Moca-Printanier, St. Juliens, Pistache, Ananas

ist das Verhältniss gleich wie bei Gateau-Praliné, und Mandeln.

Gâteau-Anglais. 8 Frs.

300 gr. Butter, 300 gr. Mehl, 300 gr. Zucker, 300 gr. Eier, 300 gr. Citronat und Orangeat, 300 gr. Malagatrauben, 300 gr. Rosinen und Sultaninen, Rhum u. Kirsch 1 Loth Zimmt, 2 Zitronen.

Gâteau-Momerency. 4 Frs.

100 gr. Mandeln, 200 gr. Zucker mit Eigelb reiben, 8 Weisse 8 Gelbe 100 gr. Butter heiss, 60 gr Puder 60 gr. Mehl, 200 gr. Kirschen gehackt Kirschwasser.

Gâteau Bretones. 6. Frs.

160 gr Mandeln, 320 gr. Zucker mit Eier reiben, 160 gr Mehl, 10 Weisse 20 Gelbe, 60 gr. Butter heiss

Gebäckmodel: Der heilige Martin teilt mit einem Bettler seinen Mantel. 17. Jahrhundert

◁

Rezept- und Preistafel aus der ehemaligen Confiserie Spillmann (1907–1973). Das originelle Backstubeninventar stammt aus der Zeit, als Alexander Soultzener die stadtbekannte Konditorei an der Rheinbrücke führte. Um 1860

Gutzi Kuchen Torten

Abendsterne

12 Loth mit 2 ganzen Eiern geriebene Mandeln, 12 Loth süße Butter, 12 Loth Zucker, $^3/_4$ Pfd. Mehl, $^1/_2$ Kaffeelöffel voll Zimt, Zitronenschale. Dieses alles wird zu einer festen Masse angewirkt, stark messerrückendick ausgewellt, Sterne ausgestochen, die Hälfte derselben mit Himbeergelée bestrichen, die andern Sterne darauf gelegt und auf einem mit Butter bestrichenen Blech bei mittlerer Hitze hellgelb gebacken. Sobald sie gebacken sind, werden sie mit Zitronenglasur glasiert. Dazu rühre man Staubzucker mit wenig Wasser und Zitronensaft, nach Belieben auch etwas roter Spezialfarbe zu dünnflüssigem Brei. 19. Jahrhundert.

180 g ungeschälte, gemahlene Mandeln, 180 g Butter, 180 g Grießzucker, 375 g Mehl, $^1/_2$ Kaffeelöffel Zimt, 1 Zitronenschale, 2 Eier, 2 Löffel Himbeerkonfitüre, etwas Glasur.
Die Butter schaumig rühren, den Zucker und die Eier beigeben und nach und nach die übrigen Zutaten mit der Masse zu einem glatten Teig zusammen kneten. Den Teig stark messerrückendick auswallen und davon große Sterne ausstechen. Die Hälfte derselben mit wenig dick eingekochter Himbeerkonfitüre belegen. Die andern Sterne mit Wasser von unten leicht anfeuchten und je einen auf einen gefüllten Stern legen und beide fest zusammendrücken. Die gefüllten Sterne auf gebuttertem Blech bei gleichmäßiger Hitze in etwa 20 Minuten hellbraun backen. Nach dem Erkalten mit einer Rosa- oder Zitronenglasur überziehen.

Änisbrötlein

4 Eier. 1 Pfund Zucker. 1 Loth Änis. Verklopf es miteinander, wohl $^3/_8$ Stund lang. Rühr alsdann 1 Pfund Weißmehl darein, bis es dick genug zum Wahlen. Wann es mit Modlen ausgedruckt ist, so tut man es auf Schreibpapier. Wann es gebacken, so netzt man das Papier am Boden mit einem Pensel an, das es gern abgehet.

Wann das Brot aus dem Ofen, noch ein Rebwellen verbrannt und wohlverkohlen lassen. 1773.

4 Eier, 500 g Zucker, $^1/_2$ Gläschen Kirsch, 20 g Anis, 500 g Mehl.
Eier und Zucker schaumig rühren. Kirsch und Anis beigeben und das Mehl sorgfältig darunterkneten. 30 Minuten zugedeckt abstehen lassen, dann ausrollen. In Holzmodel ausdrücken, oder mit verschiedenen Ausstechern ausstechen, und auf ein mit Butter bestrichenes Blech absetzen. Über Nacht antrocknen lassen und in mäßiger Hitze backen.

Prachtvolles Änisgutzi mit Doppeladler und Baselstab, ausgedrückt mit einem Model aus dem 17. Jahrhundert

Änisschnitten

$^3/_4$ Pfd. Zucker, 16 Eigelb, nach Belieben Anis, 8 Eiweiß, $^3/_4$ Pfd. Mehl. Man rühre Eigelb und Zucker ungefähr $^1/_2$ Stunde schaumig, siebe das Mehl hinein, füge den Anis bei und menge den festen Schnee der Eiweiß leicht darunter, schütte die Masse in eine mit Butter bestrichene lange Form oder in 2 langen Riemen auf ein mit Butter bestrichenes Backblech und backe sie bei ziemlich starker Hitze gelb; dann nehme man sie aus der Form und schneide sie, nachdem sie erkaltet, in nicht zu dünne Schnitten, lege dieselben nebeneinander auf ein Backblech und backe sie bei starker Hitze auf beiden Seiten gelb. 1877.

250 g Zucker, 6 Eier, 1 Löffel Anis, Saft und Schale einer Zitrone, 250 g Mehl.
Eigelb, Zucker, Anis, Zitronenschale und Saft gut schaumig schlagen. Dann die steifen Eiweiße und das Mehl abwechselnd darunterziehen. Die Masse in eine große oder zwei kleine gut mit Fett bestrichene und mit Mehl bestäubte Cakesformen einfüllen und bei schwacher Hitze in etwa 1 Stunde backen. Nach dem Erkalten das Biskuit mit scharfem Messer in etwa 1 cm dicke Scheiben schneiden. Diese auf ein Backblech legen und in schwacher Hitze im Gasbackofen hellgelb rösten.

Äniswecklein

Nimm $1^1/_2$ Pfund Zucker gesiebt, $1^1/_2$ Pfund Mandlen, 5 Eyer, etwas Änis. Klopf es wohl unter ein ander. Darnach mit Mehl gewürkt. Ist wie ein Hurenschenckelein-Teig. Laßt es darnach nach dem Brod in einer Tartenpfannen. 1747.

175 g feine Mandeln, 175 g Zucker, $^1/_2$ Zitronensaft mit $^1/_2$ abgeriebener Schale, 1 Ei, 5 Eigelb, 3 Eiweiß, 25 g Mehl, 1 Messerspitze Anis.
75 g Zucker werden mit dem Eiweiß zu einem Schnee geschlagen. Die restlichen 100 g Zucker werden mit den übrigen Zutaten, außer dem Mehl, schaumig gerührt und zu dem Eiweiß meliert. Am Schluß meliert man das Mehl darunter. Dann wird die Masse bei schwacher Hitze in einer Tortenform gebacken.

Apfeltorte

Schneidt Öpfel nach der Lenge, breite, dünne Schnitzlin undt bach sie darnoch in Ancken gäch, daß sie gäl werden und tröckne den Ancken woll darin. Darnach leg die Öpfelschnitzlin in Wein undt darnach mach den Hafen mit Eyeren, Zucker undt Ancken. Darnach nimm Roswasser, Saltz, Zimmet undt Imber undt wirffs under einander, auch ein wenig warm Wasser. Undt leg die Öpfel in den Dartenboden undt Pommerantzenschelleten. Stoß woll undt mischs durch das Gewürtz undt Zucker. Darnoch leg Rosinle undt Zibelen undt daz obgemelt undt leg allweg zwischen die Öpfel undt oben drauff. Darnach mach einen zerschnittenen Deckel darüber, undt wans schier gebachen ist, so nim den Wein, darin die Öpfel gelegen sindt. Machs warm in einem Pfennlin ob dem Feür undt thun auch Zimmet und Zucker dorin und loß durch einander sieden. Darnach schütts in die darten undt loß bachen. Also magst du auch Biren- undt Quittendarten machen. 1592.

500 g Äpfel, 1 Löffel Butter, 2 dl Weißwein. Creme: 2 Eier, 2 Eßlöffel Zucker, 1 Löffel flüssige Butter, 1 Löffel Kirsch oder Rosenwasser, 1 Prise Salz, Zimt, Ingwer, 1 dl Wasser. Dazu Orangenschalen fein gehackt, 1 Löffel Rosinli, 1 Löffel Zucker und Zimt.

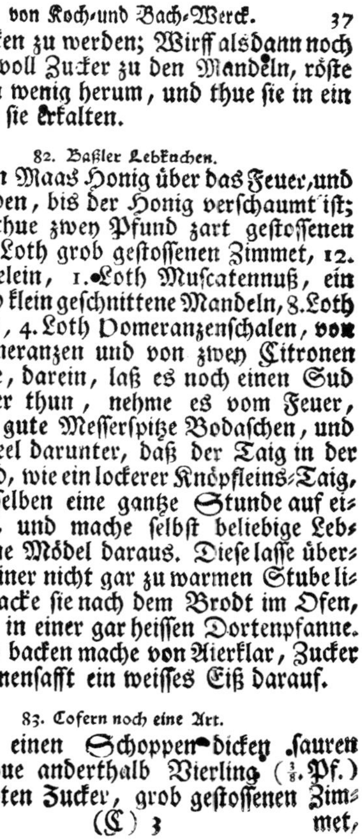
von Koch- und Bach-Werck. 37

fangt trucken zu werden; Wirff alsdann noch eine Hand voll Zucker zu den Mandeln, röste sie noch ein wenig herum, und thue sie in ein Zinn, daß sie erkalten.

82. Baßler Lebkuchen.

Setze ein Maas Honig über das Feuer, und lasse sie sieden, bis der Honig verschaumt ist; Alsdann thue zwey Pfund zart gestossenen Zucker, 8. Loth grob gestossenen Zimmet, 12. Loth Nägelein, 1. Loth Muscatennuß, ein halb Pfund klein geschnittene Mandeln, 8. Loth Citronade, 4. Loth Pomeranzenschalen, von zwey Pomeranzen und von zwey Citronen die Schelfe, darein, laß es noch einen Sud miteinander thun, nehme es vom Feuer, rühre vier gute Messerspitze Bodaschen, und soviel Meel darunter, daß der Taig in der Dicke wird, wie ein lockerer Knöpfleins-Taig, rühre denselben eine gantze Stunde auf eine Seite, und mache selbst beliebige Lebkuchen ohne Mödel daraus. Diese lasse übernacht in einer nicht gar zu warmen Stube ligen und backe sie nach dem Brodt im Ofen, oder auch in einer gar heissen Dortenpfanne. Nach dem backen mache von Aierklar, Zucker und Citronensafft ein weisses Eiß darauf.

83. Cofern noch eine Art.

Nehme einen Schoppen dicken sauren Rohn, thue anderthalb Vierling ($\frac{3}{8}$. Pf.) zart gesiebten Zucker, grob gestossenen Zim-

(C) 3 met,

Noch im frühen 18. Jahrhundert war der Name «Leckerli» kaum bekannt, wohl aber das Gebäck, das man in der Schriftsprache mit «Basler Lebkuchen» bezeichnete. Das Rezept stammt vermutlich aus einem süddeutschen Kochbuch.

Die Äpfel in feine Schnitzlein schneiden, in die heiße Butter geben und im Wein halb weich kochen. Zur Creme Eier, Zucker, flüssige Butter, Kirsch, Salz, Zimt, Ingwer und Wasser vermengen. Einen Tortenboden mit Kuchenteig belegen, die Äpfel lagenweise mit Orangenschalen, gehackt, Rosinli, Zucker und Zimt hineingeben, die Creme darübergießen und vom Restenteig ein Gitter darüberlegen. Zuletzt übrigen Apfelsaft dicklich einkochen, evtl. mit Zimt und Zucker, und diesen Saft ebenfalls dazugießen. Die Torte im heißen Backofen in etwa 30 Minuten backen. Die Torte kann auch mit Birnen und Quitten zubereitet werden.

Basler Lebkuchen

1,5 l Honig, 2 Pfund Zucker, $^1/_2$ Pfund Zitronaten, $^1/_4$ Pfund Pomeranzenschnitz, 4 große oder 6 kleine Citronen, 4 Muscetnuß, 4 g Nägelein, $1^1/_2$ Pfund Mandlen, $^1/_2$ Pfund Zimmet, 8 Löffel Brantenwein, $4^1/_2$ Pfund Semmelmehl. Den Honig auf dem Feuer lassen aufgehen. Dann die Mandlen $^1/_2$ Stund lang darin geröstet. Hernach ein wenig Mehl ins Becke gethan, die andern Ingredienzen nach und nach, dann Zucker und Mehl. Das geschafft. Es muß recht zerarbeitet werden und in Model ausgedruckt. Für den Guß läßt man den Zucker einen rechten Faden ziehen und streicht die Lebkuchen, wenn sie gebacken sind, damit an. 18. Jahrhundert.

700 g Honig, 330 g Zucker, 80 g Zitronat, 40 g Orangeat, 1 Eßlöffel Zitronensaft, $^1/_4$ Teelöffel Muskat, $^1/_8$ Teelöffel Nelken, 250 g Mandeln, 2 Teelöffel Zimt, 2 Eßlöffel Brantnwein, 750 g Mehl.
Mandeln grob hacken. Im Honig 10 Minuten hell rösten. Alle Zutaten zu einem Teig verschaffen. $^1/_2$ cm dick auswallen, Gutzi in Rechtecke von $3,5 \times 5$ cm schneiden, auf befettetes Blech legen. Bei Mittelhitze etwa 25 Minuten backen. Glasur: 75 g Zucker mit 4 Eßlöffel Wasser zum Faden kochen, Gutzi damit bepinseln. Ergibt etwa 100 Stück.

Basler Leckerli

750 g Schweizer Bienenhonig, 125 g Orangeat und Zitronat, 20 g Zimt, 2,5 dl Kirsch, 250 g ungeschälte Mandeln, 250 g ungeschälte Haselnüsse, 750 g Grießzucker, 1500 g Mehl, gekochte Zuckerglasur aus 300 g Zucker und 3 dl Wasser.
Honig, Zucker und Gewürze unter Rühren aufkochen. Das sehr feingeschnittene Orangeat und Zitronat und die in grobe Stücke zerschnittenen Mandeln und Haselnüsse beigeben. Die Pfanne vom Feuer nehmen, die Hälfte des Mehls nach und nach in die heiße Masse rühren, dann das Kirschwasser beigeben und rasch noch einen Teil des Mehls mit der Masse vermengen. Den Rest des Mehls auf dem Teigbrett ausbreiten, die warme Leckerlimasse auf das Mehl anrichten und das Ganze, solange noch warm, von Hand zusammen kneten. Den fertigen Teig in Stücke von je etwa 700 g abwägen. Je eines dieser Stücke in der Größe eines viereckigen Backbleches auswallen. Vor dem Belegen mit der Teigplatte das Blech dicht mit Mehl besieben. Die Leckerli bei mittelstarker Hitze in etwa 20 Minuten hellbraun backen. Den ganzen Kuchen vom Blech nehmen, einige Minuten auskühlen lassen, dann mit einem Pinsel vollständig vom Mehl befreien. Solange die Platte noch lauwarm ist, mit einem Messer die Leckerli leicht einschneiden und dann erkalten lassen. Nun die heiße Zuckerglasur mit einer kleinen Bürste aufstreichen. Nach dem Trocknen der Glasur die Leckerli in ihre Form brechen.

Basler Weintorte

7 Eigelb, 250 g Zucker, 150 g geschälte, gemahlene Mandeln, 150 g Paniermehl, 1 bis 2 Löffel Rum, 1 Schale Zitronat, 7 Eiweiß. Sauce: 250 g Zucker, 1 Zimtstengel, einige Nelken, 4 dl Rotwein.
Zucker und Eigelb mit einem Schneebesen schaumig rühren. Die geschälten, geriebenen Mandeln, das Paniermehl, das feingeschnittene Zitronat, den Rum und zuletzt den sehr steifen Eierschnee darunterziehen. Die Masse in eine mit Butter bestrichene und mit Mehl bestäubte Ringform einfüllen und in etwa 1 Stunde bei schwacher Hitze backen. Den noch heißen Kuchen mit der Weinsauce tränken. Zur Sauce das Wasser mit dem Zucker und den Gewürzen aufkochen, den Wein zugießen und nochmals aufkochen lassen.

Beckenmännlein

Nennet man die trockenen Mähldrüsen oder Mählkügelchen, welche von den Weibern in dem Brot- und anderem Teige zuweilen gelassen werden und nicht zu genießen seynd. 1760.

Berliner Zuckerbrötlein

$^1/_2$ Pfund feingestoßener Zuker, 3 ganze Eyer, 12 Loth feines Mehl, etwas Vanille oder Citrone. Die Eyer werden in einer Schüssel wohl verklopft und mit dem Zuker lange gerieben. Dann nach und nach das Mehl hinzu gerührt und in ganz kleinen Häufchen auf einem Blech gebacken und nicht zu dicht an einander gesetzt, weil sie auseinander laufen. Ein sehr gutes Rezept. 1840.

250 g Zucker, 3 Eier, 200 g Mehl, etwas Vanille oder Zitrone.
Die Eier verklopfen und mit dem Zucker schaumig schlagen. Dann nach und nach das Mehl zugeben. Auf ein bestrichenes und mit Mehl bestäubtes Blech kleine Häufchen geben und im Ofen in etwa 15 Minuten in mittlerer Hitze backen. Die Häufchen weit auseinander setzen, da sie auseinanderlaufen.

Lebkuchen mit traditionellem Oblatenbildlein. 19. Jahrhundert

Berner Lebkuchen

1 Maß Honig, dann 4 Lod sießen Ancken vergehen lassen, in die große höltzene Schüßlen geschüttet, 5 biß 6 Löffel vol gutt Kirschwasser darin, dan Mehl biß es ein wenig erkaltet, hernach 2 Lod wohl verstoßener Enіß, 2 Lod Zimmet dito, 1 Lod Imber, $^1/_2$ Pfund Mandeln. Wan der Teig ein wenig, daß man mit umgehen kann, auf daß Brett genommen und biß genug Mehl darein gewürgt, es erfortert zimlich Mehl. Ich habe Mödel zum Himmel (Zunft) entlehnt. Sie haben gar artige Figuren und haben sie auch dort gebachen. Man kan sie gleich mödlen, wenn der Teig angezogen, und wie die anderen auf Mähl legen. Diß gibt eine recht Portion. 1763.

$^1/_2$ l Honig, 20 g Butter, 2 Löffel Kirschwasser, etwas Anis, Zimt, 80 g Mandeln, etwa 500 g Mehl, 150 g Zucker, eine Messerspitze Backpulver.
Honig, Butter, Zucker aufkochen, die Pfanne vom Feuer nehmen, dann die übrigen Zutaten zufügen und den Teig noch warm kneten. Mehl wird je nach Bedarf zugegeben, bis ein fester Teig entstanden ist. Nachdem der Teig 1 Stunde geruht hat, mit oder ohne Model Lebkuchen herstellen und diese in mittlerer Hitze in etwa 20 Minuten backen. Je nach Belieben mit Zuckerguß bestreichen.

Beschlering

Biskuit: 4 Eier, 120 g Zucker, 80 g Mehl, 40 g Fécule, 60 g Butter.
Zucker und Eier warm oder kalt schlagen, Mehl und Fécule beigeben, flüssige Butter darunterziehen. Masse in eine Ringform einfüllen und backen. Nach Erkalten das Biskuit 2mal durchschneiden.
Creme: 1 dl Milch, 35 g Zucker, 2 Eigelb, 2 Blatt Gelatine, 250 g geschlagenen Rahm, 150 g Nougatsplitter.
Alles, außer dem Rahm, zur Rose kochen, erkalten lassen und kurz vor dem Erstarren den Rahm darunterziehen. Biskuit einfüllen und mit Rahm einstreichen. Das Ganze mit Nougatsplitter bestreuen.

Bettlerbrot

Man schlägt 4 Eier in eine Schüssel, thut $^1/_4$ Pfund gesiebten Zucker dazu, rührt dies eine Viertelstunde lang auf einer Seite. Rührt nach und nach $^1/_4$ Pfund geschälte gestoßene Mandeln darein, dann thut man $^1/_8$ Pfund geriebene Chocolade, 2 Loth geriebenes schwartzes Brot, $^1/_2$ Loth Zimmet, einen Messerspitz voll gestoßene Nägelein und die fein verwiegte Schaale einer Zitrone darzu. So dann füllt man es in papierene oder blecherne Kapseln, welche mit Butter ausgestrichen sein müssen, läßt es in einem Ofen langsam recht schön gelb bachen. Wenn es gebachen und erkaltet ist, schneidet man Schnitten daraus. 1747.

4 Eier, 130 g Zucker, 130 g Mandeln, 70 g geriebene Schokolade, 1 Kaffeelöffel Zimt, 1 Messerspitze Nägeli, 1 abgeriebene Zitronenschale, 60 g Paniermehl.
Der Zucker und die Eier werden schaumig gerührt, dann nacheinander die andern Zutaten dazumeliert. Die Masse in gefettete Torten- oder Cakesformen gefüllt und im Ofen bei mittlerer Hitze gebacken.

Bienenstich

Teig: 300 g Mehl, 1 dl Milch, 50 g Butter, 1 Ei, 50 g Zucker, 20 g Hefe, 1 Prise Salz. Bienenstichmasse: 30 g Butter, 60 g geschälte, blättrig geschnittene Mandeln, 1 Eßlöffel Bienenhonig, 1½ Eßlöffel Zucker, ½ abgeriebene Zitronenschale. Vanillecreme: 2,5 dl Milch, 30 g Zucker, 30 g Butter, 2 Eier, Vanillezucker, 1 Kaffeelöffel Maizena.
Zum Teig Mehl, Salz und Zucker vermengen und mit der mit Zucker aufgelösten Hefe, dem verklopften Ei, lauwarmer Milch und flüssiger Butter gut kneten. Den Teig rund auswallen, in eine bestrichene Springform legen und an der Wärme aufgehen lassen. Die Zutaten zum Bienenstich aufkochen und etwas abgekühlt vor dem Backen gleichmäßig über den Kuchen streichen. Diesen in etwa 30 Minuten in mittlerer Hitze backen. Wenn erkaltet, durchschneiden und mit der Vanillecreme füllen. Dazu alle Zutaten mit dem angerührten Maizena verklopfen und dicklich kochen.

Bisquitgugelhopf nach einem Rezept von 1877

Bisquitgugelhopf

10 Eier schwer gestoßenen Zucker, ½ geriebene Citronenschale, 10 Eier, 5 Eier schwer Mehl. Man bestreiche eine ziemlich große Kugelhopfform mit Butter, bestreue sie mit etwas Mehl oder Zucker. In den Zucker und die Citronenschale schlage man nach und nach die Eigelb, rühre ½ bis ¾ Stunden darin fort bis die Masse sehr luftig ist, siebe das Mehl unter Rühren hinein, mische die zu einem festen Schnee geschlagenen Eiweiß leicht darunter, fülle die Masse in die Form und backe ihn 1½ Stunde in nicht zu heißem Ofen. Man darf die Form nicht ganz füllen, weil der Kugelhopf während des Backens aufgeht. 1877.

10 Eier, 500 g Zucker, Schale von 1 Zitrone, 250 g Mehl.
Eier teilen. Mit Zucker und geriebener Zitronenschale sehr schaumig rühren. Mit Mixer genügen 10 Minuten (von Hand ½ bis ¾ Stunden). Eiweiß zu Schnee schlagen. Mehl dazusieben. Alles sorgfältig mischen. Form befetten und bemehlen. Masse einfüllen. Bei Mittelhitze etwa 5/4 Stunden backen.

Bisquitrouladen

¼ Pfd. Zucker, 8 Eigelb und Citronenschale miteinander schaumig rühren, 6 Eiweiß in Schnee dazu, sowie 8 Loth Mehl. Das Blech mit Butter bestreichen, die Masse darauf und in sehr heißem Ofen backen. Ist es gebacken, so wird eine durchgedrückte Marmelade oder Mandelfülle darauf gestrichen, gerollt und eine Citronenglasur darauf gemacht; dann in Scheiben schneiden. 1871.

130 g Zucker, 8 Eigelb, 1 abgeriebene Zitronenschale, 6 Eiweiß, 120 g Mehl.
Das Eigelb wird mit 70 g Zucker und dem Zitronenraps schaumig gerührt. Die restlichen 60 g Zucker werden mit dem Eiweiß zu einem Schnee geschlagen und zu dem Eigelb meliert. Am Schluß meliert man noch das Mehl unter die Masse. Diese Masse etwa 1 cm dick auf einen Papierbogen gestrichen und ziemlich heiß, jedoch nur kurze Zeit, gebacken. Wenn gebacken, stürzt man die Roulade und löst das Papier. Die innere Seite wird mit Marmelade bestrichen und zu einer Roulade gerollt.

Blitzkuchen

5 Eier, ½ Pfund süße Butter, ¾ Pfund gestoßenen Zucker und schwach ¾ Pfund Mehl. Zuerst die Butter zart verrührt, dann langsam der Zucker, nach und nach

die Eier und zuletzt das Mehl wohl durcheinander gerührt. Das Tortenblech dick mit Butter ausgestrichen, den Teig hinein gethan, etwas fein gestoßenen Zucker darüber gestreut, dann eine Handvoll geschälte und länglich geschnittene Mandeln und über dieselben wieder ein wenig Zucker gestreut. Alles zusammen in Ofen gethan und bei keiner zu starken Hitze gebacken. 1871.

5 Eier, 260 g Butter, 390 g Zucker, 350 g Mehl, 1 abgeriebene Zitronenschale.
Die Butter schaumig rühren, dann nacheinander den Zucker, die Eier und das Mehl mit dem Zitronenraps dazurühren. Die Masse in geschmierte Cakesformen abfüllen, mit gehackten Mandeln und mit Zucker bestreuen und bei schwacher Hitze backen.

Braunschweiger Kuchen

2 Pfund Mehl, 1 Pfund Butter, gute Bierhefe, der dritte Theil einer Maas Milch, 1/4 Pfund kleine Rosinen, 4 ganze Eyer, Zucker nach Geschmack, etwa bis 5 Loth. Dieser Teig wird wie ein guter Napfkuchenteig angerührt, außer daß man 1/4 der Butter zurückläßt. Dann wird er dünn ausgewahlt, etwa einen Finger dick, kleine Vertiefungen hinein gemacht und die zurück gelassene Butter, welche geschmolzen wird, herauf gethan. Dieß giebt einen großen oder 2 kleine Kuchen. Er muß noch warm mit Rosenwasser besprengt und Zucker und Zimmet dick darauf gestreut werden. 1840.

1 kg Mehl, 400 g Butter, 60 g Hefe, 4 dl Milch, 125 g Rosinen, 4 Eier, etwa 100 g Zucker.
Von diesen Zutaten einen Hefeteig zubereiten, aber nur mit 300 g Butter. Dann den Teig auswallen und drei bestrichene Wähenbleche 1 cm dick damit belegen. Mit einem Finger macht man kleine Vertiefungen in den Teig und gibt die restliche Butter, welche man geschmolzen hat, hinein. Darauf läßt man den Teig haben und backt die Kuchen darauf im mittelheißen Backofen in etwa 20 Minuten. Noch warm sollen sie mit Rosenwasser besprengt und mit Zucker und Zimt bestreut werden.

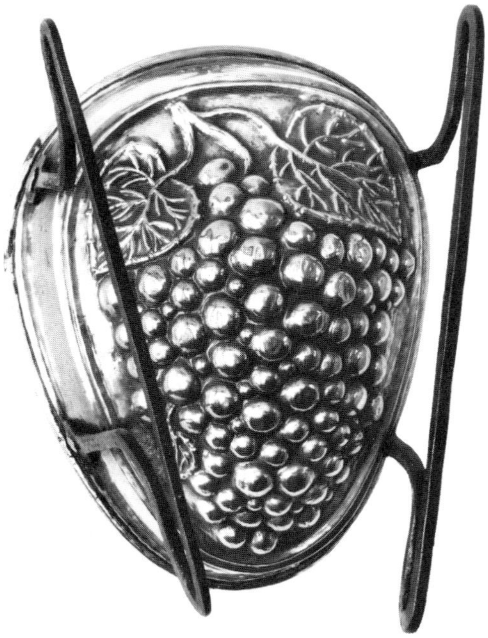

Gebäckform: Traube, aus Kupfer getrieben. 18. Jahrhundert

Brenden

1 Pfund süße und 1/8 Pfund bittere Mandeln werden, nachdem sie geschält sind, mit 1/2 Schoppen Rosenwasser recht fein gestoßen. Bleibt von dem Rosenwasser noch übrig, so gießt man es zu den gestoßenen Mandeln, welche mit 28 Loth gestoßenem Zucker auf Kohlen so lange geröstet werden, bis sich das Ganze vom Löffel ablöst. Dann läßt man es kalt werden, thut noch 1/4 Pfund Zucker nebst 6 Loth Mehl dazu, verarbeitet alles recht miteinander, wahlt es fingerdick aus, bestreicht die Form mit vergangener Butter, drückt sie auf den Teig, löst ihn dann langsam wieder ab, schneidet die Brenden voneinander, läßt dieselben 3 bis 4 Tage zum Trocknen stehen, damit sie keine Blasen beim Backen bekommen und backt sie langsam, aber nicht zu braun. 1871.

250 g feine weiße Mandeln, 25 g bittere Mandeln, 200 g Zucker, 125 g Staubzucker, 90 g Mehl.
Die Mandeln, den Zucker und die bitteren Mandeln über dem Feuer abrösten, bis sich die Masse vom Holzspatel löst. Dann den Kessel vom Feuer nehmen und den restlichen Zucker und das Mehl dazukneten. Fingerdick ausrollen, in Formen oder Model drücken und ausschneiden. 3 bis 4 Tage trocknen lassen und dann langsam, nicht zu heiß, backen.

Bruniolentorte

Eine Form aufrichten, Bruniolen wohl erlesen und waschen. Mit halb Wein, halb Wasser übers Feüer gethan. Wan sie wohl gekocht, in ein Beky gethan, Zucker, Zimmet, Mandlen, Rosinli und Meertrauben drunter. Macht es under einander, thut es in die Form und einen Deckel darüber. 1796.

500 g gedörrte Zwetschgen, 250 g Zucker, etwas Wein und Wasser, 100 g Rosinen, 100 g Weinbeeren, 100 g gehackte Mandeln.

Gebäckmodel aus Lindenholz: Frau mit Korb, darunter ein Fischweib. 17. Jahrhundert

Zwetschgen mit Wein und Wasser weich kochen, passieren und mit den übrigen Zutaten vermischen. Ein Kuchenblech mit feinem geriebenem Teig auslegen, Zwetschgenmus einfüllen und mit Teig zudecken. Mit Eigelb bestreichen und mit einer Gabel stupfen und zeichnen und bei mittlerer Hitze backen.

Brunsli

1 Pfund Mandeln, 1 Pfund Zucker, 1 Loth Zimmet, 4 Weiße vom Ey, 2 Löffel voll Kirschwasser; die Mandlen nur sauber abgewischt, nicht geschelt. 18. Jahrhundert.

500 g Grießzucker, 500 g ungeschälte, gemahlene Mandeln, 90 g gemahlene, bittere Schokolade, 15 g Zimt, 2 g Nelkenpulver, 4 Eiweiß, 1 Löffel Kirschwasser.
Zucker, Mandeln, Schokolade, Zimt und Nelkenpulver zusammen auf das Wirkbrett geben und mit dem leicht zerklopften Eiweiß und dem Kirsch rasch zu einem festen Teig vermischen. Den Teig auf Zucker $^3/_4$ cm dick auswallen und mit beliebigen Förmchen zu Gutzi ausstechen. Die Brunsli auf einem gebutterten Blech einige Stunden stehen lassen und dann in schwacher Hitze in 15 bis 20 Minuten backen. Sie sollen inwendig noch weich sein.

Buttenmarkkonfekt

Nimmt 2 à 3 Löffelvoll Buttenmuß, schneidet Citronenschaale fein, schlägt ein Eyweiß zu steifem Schnee, rührt beide in das Buttenmark, schafft so viel feinen Zucker darein, bis man die Sache auswirken kann. Wahlt es messerrückendick aus und sticht sie mit Mödel aus, legt sie auf Papier mit Zucker, bestreut und trocknet sie in oder auf dem Ofen. 1843.

2 bis 3 Löffel Buttenmost, Zitronenschale, 1 Eiweiß, Puderzucker nach Bedarf, 50 g gemahlene Haselnüsse.
Die Zitronenschale fein schneiden und das Eiweiß schaumig schlagen. Beides mit dem Buttenmost, den Haselnüssen und dem Zucker vermengen. Mit einem Löffeli Häufchen auf ein bestrichenes bemehltes Blech setzen und die Gutzi in schwacher Hitze in etwa 10 Minuten backen.

Butterschnecklein

$^1/_2$ Pfund Mandeln, gerieben mit 2 Eyerweiß oder dem Saft von einer Citrone, $^1/_4$ Pfund Zucker darunter gethan, nebst 1 Citrone. Den Butterteig gemacht, ausgewallt und den Mandelteig gerollt und Schneckli geformt. Denn mit gelben Eyern angestrichen und in grobem Zucker gedunkt. Bey starker Hitz auf Papier gebachen. 1792.

125 g Mandeln, gerieben, 1 Eiweiß, 70 g Zucker. Butterteig: 125 g Mehl, 70 g Butter, Salz, Wasser nach Bedarf, etwa $^1/_2$ dl.
Von Mandeln, Eiweiß, Zucker, Zitronensaft eine Masse zubereiten, ebenfalls von Mehl, Butter, Salz und Wasser. Den Mandelteig rollen und den Butterteig auswallen, den Mandelteig auf den Butterteig legen und das Ganze zu einer Rolle drehen. Dann 1 cm breite Schnecklein schneiden und diese auf einem bestrichenen Blech in mittlerer Hitze backen.

Casmus

$^1/_2$ Pfund Mandeln, $^1/_2$ Pfund Zucker, 2 Weiße vom Ey geschwungen, bis zu einem Schaum. Dann den Zucker, $^1/_2$ Loth Zimmet und, wenn man will, 3 Loth Chocolade in die Eyer gerührt, zuletzt auch die Mandlen darein gethan, eine Zeitlang anziehen lassen und nach dem Brodt in den Ofen. Man kann, wenn man will, nur ein Weiß vom Ey nehmen und ein wenig laue Milch. Man meynt, sie gehen nicht so auf. 1794.

500 g ungeschälte, gemahlene Mandeln, 320 g Grießzucker, 1 Kaffeelöffel Zimt, 1 Eßlöffel Zitronensaft, 2 Eiweiß.

Mandeln, Zucker, Zimt und Zitronensaft mit den zu Schnee geschlagenen Eiweißen vermischen. Mit einem Kaffeelöffel kleine Häufchen auf ein Blech geben. Diese von Hand leicht zusammendrücken, mit Grießzucker bestreuen und in schwacher Hitze in etwa 20 Minuten backen. Je nach Belieben runde Plätzchen ausstechen.

Christbrot

Man nimmt $^1/_2$ Pfund ohngeschellte Mandlen, stoße solche aber rein. Dazu 11 Loth Zucker mit einem Weißen vom Ey angemacht, aber recht geschwungen. Zu diesem allem gehören noch 2 starke Prissen verstoßenen Zimmet. Wenn sämtliches zu einem Teig angemacht ist, so macht man mittelgatige Kügelein, nicht zu klein, und formiert ein Brödtlein daraus. NB. Es muß den Abend zuvor gemacht werden und nicht streng gebachen. 1794.

500 g ungeschälte, gemahlene Mandeln, 320 g Grießzucker, 1 Kaffeelöffel Zimt, 1 Eßlöffel Zitronensaft, 2 Eiweiß.
Mandeln, Zucker, Zimt und Zitronensaft mit den zu Schnee geschlagenen Eiweißen vermischen. Mit einem Kaffeelöffel kleine Häufchen auf ein Blech geben. Diese von Hand leicht zusammendrücken, mit Grießzucker bestreuen und in schwacher Hitze in etwa 20 Minuten backen. Je nach Belieben runde Plätzchen ausstechen.

Form für Backwerk: Weibliches Kostümbild. 17. Jahrhundert

Croquando

1 Pfd. Zucker, $^1/_2$ Pfd. geschälte und grob gehackte oder in dünne Blättchen geschnittene Mandeln. Man koche den Zucker mit 1 Glas Wasser zum Faden, füge dann die Mandeln bei und röste sie bis der Zucker braun und wieder flüssig ist. Dann gieße man die Masse auf einen mit Öl oder Butter bestrichenen Marmorstein oder Blech, lasse sie etwas abkühlen, wälle sie dann aus und drücke sie in eine mit Butter bestrichene Melonen- oder andere Form; einzelne Stücke, die etwa zu sehr erkaltet sind, mache man wieder heiß. Man kann auch die Masse sogleich in die Form schütten und, wenn sie etwas abgekühlt ist, an den Enden herum andrücken. Nachdem der Croquando hart geworden, lege man ihn auf eine Platte und verziere ihn nach Belieben mit Zuckerblumen und Eiweißglasur. 1877.

Das Rezept ist für den heutigen Sprachgebrauch verständlich abgefaßt. «Croquantes» bedeuten eigentlich «Knusperkuchen»; sie sind besonders während der Herbstmesse beliebt. Die braunen Stengel werden nun aber meist mit Haselnüssen zubereitet.

Croquettes

1 Pfund Mandeln, ungeschält, $^1/_2$ Pfund Zucker, $^1/_2$ Pfund Mehl, 3 ganze Eier, alles auf's Nudelbrett zu einem Teig gemacht, dann ausgerollt wie Schenkeli, mit Eigelb angestrichen, in einem nicht zu heißen Ofen gebacken. 1871.

250 g Zucker, 8 Eigelb, 1 abgeriebene Zitronenschale, 1 Prise Zimt, 250 g grobgehackte Mandeln, 250 g Mehl.
Der Zucker wird mit dem Eigelb leicht schaumig gerührt, dann die restlichen Zutaten darunter kneten. Von diesem Teig werden auf dem mehlbestäubten Tisch runde Stengelchen ausgerollt, die man auf leicht gefettete Bleche setzt, mit Eigelb bestreicht und im heißen Ofen bäckt.

Croquettlein

$^1/_2$ Pfund Mandlen ohngeschellt verschnitten, $^1/_2$ Pfund Zucker, $^1/_2$ Pfund Mehl. Bis es dick genug ist 4 Eyer. 2 Gelbe von den Eyern zurückbehalten und die Croquan damit angestrichen. Sie werden ohngefehr wie kleine Schenkelein formiert und mit dem Ey angestrichen. 18. Jahrhundert.

250 g Grießzucker, 3 Eier, 250 g ungeschälte, in Streifen geschnittene Mandeln, etwas Zitronenschale, 250 g Mehl, 1 Eigelb zum Bestreichen.
Zucker und Eier zusammen schaumig rühren. Mandeln, Zitronenschale und die Hälfte des Mehls dazugeben. Das Ganze mit dem Rest des Mehls auf dem Brett zusammen-

wirken. Den Teig zu fingerdicken Rollen drehen, in 6 bis 7 cm lange Stücke schneiden. Diese Stücke auf ein bestrichenes Blech legen. Mit Eigelb bestreichen und in schwacher Mittelhitze (etwas weniger Unterhitze) 20 bis 25 Minuten hellbraun backen.

Dreikönigskuchen

Dreikönigskuchen nach einem modernen Rezept

500 g Milch, 50 g Hefe, 20 g Salz, 10 g Malz, 75 g Zucker, 1/2 Zitronenraps, 150 g (3) Ei, 175 g Butter, 75 g Mandelmasse (1/2 Zucker, 1/2 Masse für geriebene Mandeln), 1100 g Weißmehl, 150 g Sultaninen.

Salz, Hefe und Malz werden in der lauwarmen Milch aufgelöst, dann das Mehl und das Abgeriebene einer Zitrone dazugearbeitet. Ist dies geschehen, gibt man die geschmeidig gearbeitete Butter mit der Mandelmasse und den aufgeklopften Eiern darunter und knetet den Teig, bis er schön dehnbar und glatt ist. Zuletzt werden die in Wasser vorgeweichten, abgetropften Sultaninen noch leicht daruntergearbeitet. Der Teig wird in 4 Teigstücke zu 180 g (Mittelstück) und 32 Stücken zu 45 g (Kranzteile) abgewogen. Die Gärzeit dauert etwa 1 Stunde. Das Mittelstück und die Kranzteile sind straff aufzudrehen und auf leicht gefettete Bleche locker zusammenzusetzen. Die Figur (König) wird in ein Kranzteil, welches um das Mittelstück plaziert ist, gesteckt. Vor dem Einschießen streicht man die Gebäcke mit Ei an und bestreut das Mittelstück, eventuell auch die Kranzteile, mit weißen, gehobelten Mandeln. Die Königskuchen werden im mittelheißen Ofen gut ausgebacken (etwa 30 Minuten) und anschließend mit einer Krone geschmückt. Ergibt 4 Königskuchen zu 540 g.

Dreispitze

Von einem halben Pfund Butter und einem halben Pfund Mehl giebt es 12 Dreyspitze. Man hat einen runden Model in der Größe einer Tassenschaale, wenn der Teig ausgewahlt ist, so drückt man ihn aus. Legt dann die Fülle mitten auf jedes Stück, streicht sie mit einem Messer dreyeckicht, bestreicht den Teig mit einem Ey und schlägt ihn in 3 Ecken zusammen. Der Teig muß aber so gut über einander kommen, daß er die Fülle ganz bedeckt. Kehre dann die Dreyspitz um, lege sie auf ein Blech oder auf eine Tortenpfanne dicht neben einander, bestreiche sie mit dem gelben von einem Ey, sprenge ein wenig Zucker darüber und laß sie eine gute Viertelstunde backen. Nimm dann ein Messer, löse sie von einander und laß sie noch eine halbe Viertelstunde backen. 1811.

Teig: 125 g Butter, 125 g Zucker, 2 Eier, 250 g Mehl, 1 Prise Backpulver. Fülle: Konfitüre oder 100 g geriebene Mandeln, 100 g Zucker, 1 Löffel Kirsch, etwas Milch. Von Butter, Zucker, Eier, Backpulver und Mehl einen glatten Teig zubereiten. Diesen auswallen, zu runden Plätzchen in der Größe einer Untertasse ausstechen, etwas Fülle darauf streichen, die Ränder mit Eigelb bestreichen und die Plätzchen zu Dreiecken zusammenfalten. Die Plätzchen noch mit Eigelb bestreichen und im Backofen in etwa 15 Minuten in mittlerer Hitze backen. Zur Mandelfülle Mandeln und Zucker vermengen und mit Kirsch und etwas Milch zu einem festen Makrönliteig verrühren.

Eier auf Torten

3 Weiße vom Ey geschwungen, 1/2 Pfund Zucker nach und nach hineingerührt. Zuletzt Citronensaft und 2 Löffel voll Arack. Auf die Torten oder Bisquit gestrichen und getrocknet. 18. Jahrhundert.

1 Eiweiß, 160 g Puderzucker, 1 Teelöffel Zitronensaft, 1 Teelöffel Rum.
Alle Zutaten glattrühren. Ergibt 1,7 dl Glasur.

Einback

1 Pfund Zucker, 1 Pfund Mehl und 5 Eier, 1 Zitrone gerieben. Aus dieser Masse ein länglicher Wecken gemacht, mit dem Brot in Ofen getan und ein wenig gebacken. Alsdann herausgenommen, in Riemen verhauen und noch einmal gebachen. 1773.

2,5 dl Milch, 20 g Hefe, 1 Kaffeelöffel Salz, 50 g Zucker, 1 Ei, 600 g Mehl, 50 g Butter. Hefe und Zucker in der Milch auflösen, dann Salz, Eier und das Mehl beigeben und tüchtig kneten. Zuletzt noch die Butter darunterkneten. Etwa 1 Stunde zugedeckt stehen lassen, damit der Teig aufgehen kann. Dann zu einem Laib formen und in bebutterte Cakesform geben. Nochmals etwas aufgehen lassen, dann in mittlerer Hitze backen. Diesen sogenannten Einback einen Tag stehen lassen, dann in Scheiben schneiden und bei schwacher Hitze in dampffreiem Ofen beidseitig rösten.

Eisenküchlein nach einem Rezept von 1605

Eisenküchlein

Nimb Mandeln auffs kleinest gestoßen, so viel du wilt, thu wol gekloffte Eyer darein, das Gelb ist am besten; mach es nicht zu dünn. In ein Vierling Mandeln sind vier oder fünff Dotter genug. Rosenwasser das wol geschmack. So schwer der Zeug, so schwer der Zucker. Wirck den Teig mit schönem Meel auß, daß er sich wällen laßt, wall ihn in der Form des Goffereysen. Das Eysen, so es heiß ist, salbs mit einer Federn, nimb süßes Mandelöl, leg das mit Gewalt darauff, truck das Eysen zu, laß gemach bachen über gar wenig Fewr, oder stell es nur gegen dem Fewr. Wann du dann vermeinest, daß es an einem Orth genug habe, kehr das ander Orth des Eysens auch gegen dem Fewr. Darnach nimbs ab, leg eine andere auff, laß nit zu braun werden, du kanst es ein halb Jar behalten. 1605.

150 g Mandeln, 150 g Zucker, 4 Eigelb, 1 Löffel Rosenwasser oder Kirsch, 70 g Mehl. Die geschälten, gemahlenen Mandeln mit Zucker, Eigelb und Rosenwasser oder Kirsch vermengen und mit Mehl zu einem Teig kneten. Diesen dünn auswallen, Plätzchen in Größe des Bretzeleisens schneiden und die Plätzchen im eingefetteten Eisen hellbraun backen. Man kann das Gebäck ein halbes Jahr aufbewahren.

Englischbrot

5 Loth süße Butter, 5 Loth Zucker, 3 Eigelb, $^1/_2$ Muskatnuß, $^1/_2$ Citronenschale, 1 Loth Citronat, 2 Eßlöffel voll Rhum, 8 Loth Rosinen, 8 Loth Sultaninen (Weinbeeren ohne Kern), 4 Loth Mehl, 3 Eiweiß. Man rühre die Butter schaumig, arbeite dann den Zucker darunter, füge nach und nach die Eigelb und übrigen Bestandtheile bei, auch das Mehl, mische den festen Schnee der Eiweiß leicht darunter und fülle diese Masse wie Zwiebäcklein in eine mit Butter bestrichene, mit Mehl bestaubte lange Form oder Papierkapsel, backe sie bei ziemlich starker Hitze und schneide sie vor dem Gebrauch in nicht zu dünne Schnitten. Man kann diese Masse auch in lange Bisquitförmchen füllen. 1877.

90 g geschälte Mandeln mit Wasser gerieben, 120 g Butter, 150 g Zucker und 4 Eigelb zusammen gerührt, dazu 1 abgeriebene Zitrone, Muskatnuß, Zimt, 100 g Sultaninen und der Schnee von 4 Eiweiß mit 60 g Mehl untermeliert und in Kapseln gebacken.
Man glasiert au rhum und schneidet in fingerlange Stengelchen.

Eßblümlein

Nim von 6 Eyeren das Gelbe, 3 Loth Zucker, 6 Löffel voll Roswasser, Saltz, eines Eys groß frische Butter zerlassen und Gewürtz nach Belieben. Klopf alles wohl durcheinander. Dann riehr Mehl drein und wirck ihn. Wahle breitte Bletz eines Messerruckens dick, schneide aller Gattung Blümlein drauß. Es kann im Ancken oder Ofen gebachen werden. Soll beyd Weg zu essen sein. 18. Jahrhundert.

500 g Mehl, 250 g Zucker, 250 g Butter, Zitrone, 3 Eier.
Die Zutaten zu einem Teig kneten und fingerdick ausrollen. Mit einem Konfektausstecher ausstechen, mit Ei bestreichen und im Ofen oder in heißer Butter backen.

Fastenwähen

Eine ablängliche Fastenbretzel mit einem Kreuze in der Mitte. 1760.

500 g Milch, 20 g Salz, 10 g Malz, 50 g Hefe, 300 g Butter, 800 g Weißmehl.

Fastenwähen nach einem modernen Rezept

Den Hebel kühl stellen und etwa 3 Stunden gären lassen. Salz und Malz in der kalten Milch auflösen, damit den reifen Hebel aufgreifen und mit dem Mehl zusammen zu einem feinen Teig verarbeiten. Die Butter erst zuletzt dem gut entwickelten Teig beigeben. Den Teig etwa 1 Stunde im Kühlschrank ruhen lassen. Teigstücke von 30 bis 40 g abwägen, zuerst rundwirken und anschließend spindelförmig aufarbeiten. Die beiden Enden ziemlich spitz zulaufen lassen und darauf achten, daß der Schluß gerade und unten ist. Die so aufgearbeiteten Stücke auf einen gut mit Mehl gestaubten Laden absetzen und gären lassen. Bei knapper Gare läßt man die Fastenwähen an der Kälte abstehen. Bevor sie ganz erstarrt sind, drückt man mit der Handkante oder einem Holz längs eine Vertiefung ein und legt die Teigstücke ganz auf einen sauberen, ungestaubten Laden. Dort werden sie mit dem Spezialstempel abgedrückt. Die Fastenwähen dann mit Eigelb zweimal bestreichen und mit Kümmel bestreuen. Hierauf die Stücke ausziehen, so daß ein Quadrat entsteht, und auf Backbleche absetzen. Die Fastenwähen können auch direkt auf dem Herd gebacken werden. Der Ofen muß gut warm sein. Die Fastenwähen sind bei offenem Zug ohne Dampf, kurz, aber knusprig auszubacken. Ergibt 25 Fastenwähen.

Fenchelringlein

Nimm schön weiß rein Zuckerpulver 6 Loth, 1 Ey mit samt dem Gelben, nur das Weys von dreyen. Schlags wohl undereinander samt 1$^1/_2$ Quintlein Fenchel. Mischs undereinander. Rühre weiter von schönsten weißen Kornmehls darunder, biß es ein Teiglein gibt. Thu es herauß, würcks weiter mit dito Mehl, biß es ein zimlich trocken Teiglein gibt. Wahle und formiere allerhand Zweiffelstricklein darauß in Hustenzapflein Dicke. Pfetz sie oben auff mit dem gekrönleten Pfetzerlein, daß sie hübsch krauß werden. Bache sie in der Tartenpfannen, oben auf starker Feür als unden, sind gleich gebachen. 1. Der Teig muß nicht trocken außgewürkt werden, sonst nimts ihm die Kraft. 2. Mit dem Feür kans Anfangs unden stärker als oben seyn, biß sie ein wenig auffgetrieben sind. 3. Wen man will, kann man nur wenig mehr Zucker nehmen, sie sind nicht gar sieß. 17. Jahrhundert.

500 g Zucker, 4 Eier, 1 Prise Fenchel, 1 abgeriebene Zitrone, 1 Messerspitze Triebsalz, 500 g Mehl.
Den Zucker mit den Eiern schaumig rühren und mit den übrigen Zutaten zu einem Teig wirken (nicht kneten!). Mit Mehl etwa 5 mm dick ausrollen, in Model drücken oder ausstechen und auf schwach gefettete Bleche legen. Die Fenchelringli nun 5 Stunden stehen lassen und dann bei mittlerer Hitze backen.

Freiburger Torte

Nimm $^1/_2$ Pfund Mandeln, schäle und stoße sie mit einander, $^1/_4$ Zucker. Dann nimm von einer Citrone die Schalen darunter. Hernach nimm $^1/_4$ Pfund süße Butter und thue ihn in eine Casserolle. Wenn er zergangen ist, so thue obiges alles darein und röste es so lang, bis alles aneinander hängt. Als dann mache einen Boden von Spanischbrodtaig, wie zu einer andern Torte, streiche die Fülle darauf, schön glatt mit einem Messer. Mache vom Taig einen Ring darum und stich vom gleichen Taig Ausstecherlein aus und lege nach Belieben darauf, anstatt Gitter. 1843.

260 g feine Mandeln, 130 g Zucker, 1 abgeriebene Zitronenschale, 130 g Butter.
Die Butter wird in einer Pfanne flüssig gemacht, dann rührt man die übrigen Zutaten darunter und röstet die Masse kurze Zeit über dem Feuer. Danach wird die Masse in eine mit Blätterteig ausgelegte Tortenform gefüllt und sie bei mittlerer Hitze gebacken.

Gâteau de Lugano

$^1/_2$ Pfund Zucker, $^1/_2$ Pfund Mehl, $^1/_4$ Pfund süßen Anken, 6 Loth Mandlen, 3 gelbe Ey, Zimmet und Zitronen nach Belieben. Alles wohl durcheinander gewyrckt, ein kleiner Finger dick gewahlt, mit Mödel ausgedrückt, auf einem Blech mit Papier, mit süßem Anken angestrichen, gebacken. 1823.

250 g Zucker, 250 g Mehl, 125 g Butter, 100 g gemahlene Mandeln, 3 Eigelb, Zimt, Zitronenschale.
Die Butter schaumig rühren, Zucker, Eigelb zugeben, dann die Gewürze, Mandeln und das Mehl. Den Teig ½ cm dick auswallen, mit Förmchen Gutzi ausstechen und diese auf einem gebutterten Blech im mittelheißen Ofen backen.

Gâteau de Milan

Man nimmt 4 Eier. ½ Pfund süßen Ancken. ½ Pfund Zucker. 1 Pfund Mehl. Die Eier wohl verklopft. Der Zucker darunder gerührt und der Ancken nur dick verlassen. Darunter zuletzt das Mehl. Den Teig gewahlet und mit Mödlen ausgetruckt. Auf Schreibpapier gethan und mit dem Gelben vom Ei angestrichen, wann das Brot aus dem Ofen, eine Rebwelle verbrannt und wohl verkohlen lassen und dann gebacken. 1773.

250 g Mehl, 125 g Butter, 125 g Zucker, 1 Ei, 1 Eigelb, 1 Prise Salz, wenig abgeriebene Zitronenschale.
Butter und Zucker gut verrühren, die Eier beigeben und mit dem Mehl zu einem Teig vermischen. Kalt stellen, dann ausrollen und mit beliebigem Ausstecher ausstechen. Auf Bleche legen, mit Eistreiche (Eigelb mit wenig Milch vermischen) bepinseln und in ziemlich heißem Ofen backen.

Geduldstäfelein

4 Eierweiß zu Schaum geschlagen, ¼ Zucker, 5 Loth Semmelmehl, geriebene Citronen. Alles darein gerührt. Groß Tropfen aufs Papier oder Blech gemacht und bei gelinder Hitze gebacken. 18. Jahrhundert.

4 Eiweiß, 125 g Zucker, 90 g Mehl, ½ Zitronenschale.
Eiweiß zu Schnee schlagen. Zucker allmählich dazuschlagen, bis eine steife, glänzende Meringuemasse entsteht. Zitronenschale abreiben, mit Mehl unter Masse mischen. Blech mit Pergamentpapier belegen, befetten. Mit Spritzsack und glatter Tülle Tropfen aufspritzen. Über Nacht antrocknen lassen. Bei schwacher Hitze etwa 30 Minuten backen. Ergibt etwa 150 Stück.

Gefülltes Weißbrot

Nim zu einem 2rappenbrot ein rechte Handvoll Mandlen, schwell, schell und stoß sie mit ein wenig Roswasser an, nicht reiner als zu Macronen. Thu gestoßen Zucker daran, biß sieß genug ist, samt Rosinlin und Meertribel ein guthen Theil, wie auch von einem Ey das Weiß geklopft und darunder gemischt. Ich hab zu 2 Weißbrotfülle nur 1 Eyerweiß gebraucht. Dinnere dan die Fülle gar mit Milchraum, daß sie ist wie ein dinlechte Bapen. Underdessen nim das Ohrbrot, schneid den Mund dün oben drab und höhle das Brot sauber auß. Nim dan ein wenig Milch, mach sie bloß leywarm, kehr das Weißbrot samt dem Mund nur drin um, stels an ein Orth, laß vertropfen. Alsden schütt die Fülle drein, binds mit einem Faden creützweiß zu. Nim ein guten Theil Ancken in ein Öhrendipfeli, mach ihn heiß, laß ihn wieder überschlagen, leg das Brot drein, laß allgemach auff einer kleinen Kohlen backen, biß es hartlecht doch schön gelb ist. Aber kehr's offt umb, sonst wirdt's gleich zu braun. Zeich's dan auß, leg's in die Schißlen, wo es gehört, deck's zu. Laß ein wenig Ancken ins Dipflin, mach ihn heiß, thue wieder zimlich viel Rosinlin, kehr sie bloß ein wenig drin um, daß sie gar geschwellen. Schütt dan weißen Wein darzu und gestoßenen Zucker. Laß ein wenig kochen. Dan schütt's über das Brot, stel's auff ein Kohlpfannen und begeüß es noch ein Mahl, so ist genug. Du kanst in den Wein auch ein wenig gestoßen Zimmet thun, wan du willst. NB. Man kan auch ein gantz Ey nehmen. NB. Es ist besser, man nehme ein klein Ohrenschüsselin voll Milchraum und ein wenig Zuker und Roswasser. Laßt undereinander köhlen und gieß es über's gebachen Weißbrot und mit einem Löffel ein par Mahl beschittet. 17. Jahrhundert.

Form für Backwerk aus Holz: Getreideernte auf einem Landgut. 18. Jahrhundert

Form für Backwerk: Elegant gekleidetes Liebespaar, Offizier mit gezogenem Degen, tanzende Bauernpaare, Knabe mit drei Mädchen, Herr im Sonnenschein mit brennendem Kerzenlicht. 18. Jahrhundert

120 g feine Mandeln, 120 g Zucker, 120 g Butter, 8 Eigelb, 1 Kaffeelöffel Zimt, 1 abgeriebene Zitronenschale, 1 Messerspitze Muskat, 80 g Brot mit Wein befeuchtet, 4 Eiweiß.
Man nimmt ein Toastbrot oder ein Pariser Brot, schneidet es der Länge nach auf und höhlt es aus. Nun bereitet man die Füllung vor, indem man die Mandeln, den Zucker und die Butter schaumig rührt, dann nacheinander das Eigelb, das Gewürz, das weingetränkte Brot und den Eiweißschnee dazumischt. Das Brot wird mit dieser Masse gefüllt, zusammengebunden und bei mäßiger Hitze langsam ausgebacken.

Gehackte Kränzlein

1 Pfund geschelte Mandlen gehackt und durch ein Sieb gesiebt. Was nicht durchgeht, wieder gehackt, biß alles durch ist. Gehen sie alle durch, in ein Becken gelährt, 1/2 Pfund Zucker dazu, mit 2 Eyerweiß angemacht. Man kan ein wenig geriebene Citronen oder gestoßenen Zimmet darein thun. Dan tressiert und gebacken. Einen weißen Guß von Eyer und weißem Zucker angemacht und darauf gethan, mit rein gestoßenen Pistatien bestreüt; die Pistatien wan sie gehackt, müssen ein wenig gedrocknet werden. 1786.

500 g geschälte, gemahlene Mandeln, 250 g Zucker, 3 bis 4 Eiweiß, Zitronenschale und Zimt.
Die Zutaten zu einem Teig kneten. Diesen in einem Dressiersack zu kleinen Kränzlein drücken und in schwacher Hitze backen. Je nach Belieben mit einem Zuckerguß bestreichen und mit gehackten Pistazien bestreuen. Zum Zuckerguß 2 Löffel Puderzucker mit einigen Tropfen Eiweiß vermengen.

Genueser Schnitten

1/4 Pfd. Mandelmehl, 1/4 Pfd. Zucker mit Orangenblütenwasser reiben, bis es gut verrührt ist. 12 Loth Butter, 8 Loth Zucker und 8 Eigelb schaumig rühren, und diese beiden Massen zusammenmischen und danach 8 zu Schnee geschlagene Eiweiß darunter ziehen. Dies alles in rechteckige Förmchen (5 auf 10 cm) dressieren, 20 Min. in mittelwarmem Ofen ausbacken, heiß stürzen und, wenn erkaltet, mit Puderzucker überstreuen. 19. Jahrhundert.

10 Eigelb, 200 g Grießzucker, Zitronenschale, 100 g Mandelmehl, 100 g Mehl, 1 Kaffeelöffel Backpulver, Schokoladenglasur.
Eigelb, Zucker und Zitronenschale etwa 10 Minuten schaumig rühren. Mandelmehl, Mehl und Backpulver durch ein Sieb der Masse beifügen. Den Teig auf ein bestrichenes, viereckiges Backblech verteilen und den Kuchen in 30 Minuten bei mittelstarker Hitze hellgelb backen. Nach dem Erkalten mit der warmen Schokoladenglasur überziehen und in schiefe Vierecke schneiden.

Gleichschwertorte

1/2 Kilogr. Butter, 1/2 Kilogr. Zucker, 16 Eigelb, 1/2 Kilogr. Mehl, 1 abgeriebene Citronenschale, 12 Eiweiß, 1 Gläschen Rhum oder Cognac. Die Butter rühre man schaumig, rühre dann die Zucker, Citronenschale und Rhum darunter, nach und nach die Eigelb und fahre fort, ungefähr 15 bis 20 Minuten, zu rühren. Nach dieser Zeit siebe man das Mehl hinein, mische den festgeschlagenen Schnee der Eiweiß leicht darunter, fülle die Masse in die mit Butter bestrichene und mit Mehl bestaubte Form und backe die Torte sogleich in nicht zu heißem Ofen. Sobald sie gebacken ist, stürze man sie um, lasse sie erkalten, bestreue sie mit Vanille-Zucker oder glasire sie mit Vanille-Glasur und garnire sie nach Belieben. 1877.

150 g Butter, 150 g Zucker, 3 Eier, 1 Zitronenschale, 150 g Mehl, 1 Kaffeelöffel Backpulver.
Die Butter weichrühren, Zucker, Eigelb und Zitronenschale beifügen und gut schaumig schlagen. Das mit dem Backpulver vermischte Mehl abwechselnd mit dem steifen Eierschnee sorgfältig darunterziehen. Den Kuchenteig in eine kleine bestrichene bemehlte Springform füllen und in etwa 1 Stunde bei schwacher Hitze backen. Je nach Belieben kann das Backpulver weggelassen werden.

Goffern nach einem Rezept von 1790

Goffern

Zwey Becher Mehl, $1^1/_2$ Pfund süßen Anken, von 2 Citronen die Helscheten, 5 Loth Zimmet, Salz nach Vernunft, $1^1/_2$ Pfund Zucker. Mit der kalten Milch das Mehl angerührt, den Anken vergehen lassen, darein gethan samt den obigen Stucken. Alles durch einander gerührt, mit Milch gedünnert, bis es dünn genug ist, das Eisen mit einem frischen Speckschwärtlein angestrichen, Teig darein gestrichen und auf dem Feuer gebacken. 1790.

500 g Mehl, 250 g Butter, $^1/_2$ Zitronenschale, $^1/_2$ Teelöffel Zimt, $^1/_8$ Teelöffel Salz, 250 g Zucker, 4,5 dl Milch.
Butter schmelzen. Alle Zutaten zu einem glatten Teig verrühren. Eisen erhitzen, befetten. Löffelweise Teig auf Eisen geben. Etwa 40 bis 50 Sekunden backen. Ergibt etwa 130 Stück Einzelmotive (elektrische Eisen zu 4 Motiven).

Grättimannen nach einem modernen Rezept

Grättimannen

500 g Milch, 50 g Hefe, 20 g Salz, 10 g Malz, 50 g Zucker, 300 g Butter, 50 g (1) Ei, $^1/_2$ Zitronenraps, 1100 g Weißmehl.

Zutaten zu einem Teig verarbeiten. 2 Teigstücke zu je 800 g abwägen. Kopf und Körperteile formen und einschneiden. Mit dem Restenteig Mütze, Gürtel und Krawatte formen und den Grättima damit schön verzieren. Bei guter Gare mit Ei bestreichen und mit der Schere Augen, Nase und Körper einschneiden. Gewaschene Sultaninen einsetzen. Körper mit Hagelzucker bestreuen. Nicht zu warm backen. Ergibt 2 Grättimannen zu je 800 g.

Grießpappenfladen

Für ein Schilling Milch einen Grießpapen gemacht. Zu $^3/_4$ Pfund Grießpapen $1^1/_8$ Pfund geschellt und reingestoßene Mandlen. $^3/_8$ Pfund süßen Butter. $1^1/_2$ alten Schopen Rahm. $1^1/_2$ Pfund gestoßener Zucker. $^3/_8$ Pfund Trauben. $^3/_8$ Pfund Rosinlein und 15 Eier. Die Papen und Mandlen arbeitet man untereinander. Dann das Gelbe von den Eiern darunter. Hernach der Anken verlassen und dann den Rahm, das Weiße von den Eiern, zu Schaum geschwungen, darunter gethan. Zuletzt den Zucker, Rosinlein und Meertrauben. Diese Masse gibt 2 rechte Fladen in große Tarten Pfannen. 1773.

1 l Milch, $^1/_4$ Teelöffel Salz, 200 g Grieß, 4 Eier, 250 g gemahlene Mandeln, 80 g Butter, 1 dl Rahm, 200 g Zucker, 80 g Weinbeeren, 80 g Rosinen.
Milch mit Salz aufkochen. Grieß im Sturz einrühren. 15 Minuten kochen unter Rühren. Eier teilen. Eigelb mit Mandeln, Butter, Rahm, Zucker und Weinbeeren oder Rosinen unter Grieß mischen. Eiweiß zu Schnee schlagen, unter Masse ziehen. 2 Wähenbleche mit Pergamentpapier auskleiden, gut befetten. Masse darauf glattstreichen. Ofen auf gute Hitze vorheizen. Fladen 30 bis 40 Minuten backen. Auf Platte stürzen, Papier abziehen. Aufschneiden wie Torte. Bei Zimmertemperatur schmecken sie am besten.

Grießtorte

Ein Mäßlein Gries in einer Maas Milch gekocht, bis der Teig vom Löffel fällt. In eine Schüssel gethan und wenn er kalt ist, mit Eier und ein wenig Rahm oder Milch gedünnert. Fernere $^1/_4$ Pfund Rosinen darein, Zucker bis süß genug und eine Zitrone abreiben. Einen Boden von Spanisch Brotteig in die Form gelegt und obige Fülle darein. 1747.

Geriebener Teig von 200 g Mehl, 100 g Fett oder Butter, Salz, $^3/_4$ dl Wasser. Fülle: 1 l Milch, 1 Prise Salz, 150 g Grieß, 100 g Zucker, 50 g Butter, Zitronenschale, 50 g Sultaninen, 50 g gemahlene Mandeln, 2 Eier.
Den Teig auswallen und in eine bestrichene Form geben. Zur Fülle Milch, Salz, Butter, Zucker aufkochen, den Grieß einrühren und dicklich kochen. Noch Zitronenschale,

Eier, Sultaninen, Mandeln beifügen, die Masse auf den Teigboden geben und die Torte im heißen Backofen in etwa 30 Minuten backen.

Große S

$^1/_2$ Pfd. Butter, $^1/_2$ Pfd. Zucker, 3 bis 4 Eier, 1 Pfd. Mehl, Schale von einer halben Citrone, 1 Messerspitze Triebsalz (Armonium). Man bereitet den Teig auf gleiche Weise wie zu Schenkelein, rolle ihn in eine lange Rolle aus, schneide 1 Loth schwere Stückchen davon ab, rolle diese wieder in 2 fingerslange Stengelchen, indem man die beiden Enden spitz zurollt; lege dieselben schräg, doch nicht zu nahe, an einander auf ein Backblech, biege die beiden äußersten Spitzen ein wenig um, so daß sie ein S bilden, bestreiche sie mit Eigelb und backe sie bei ziemlich starker Hitze. 1877.

400 g Mehl werden mit 150 g Zucker, 150 g Butter, 4 Eiern, Salz, 1 Zitrone und 1 Messerspitze voll Triebsalz zusammengewirkt, hierauf Stücke von 12 cm Länge «S»-förmig auf Bleche gesetzt, etwas breit gedrückt, mit Ei bestrichen und heiß gebacken.

Gugelhopf

1 Pfund Mehl, $^1/_4$ Pfund süßen Anken, 4 à 5 Eier, $^1/_2$ Pfund Meertrauben und Rosinli. In ein Schoppen Milch ein wenig Zucker, 2 Eßlöffel voll Bierhebe. Der Anken in dem Becke, darin mans anmachen will, auf den Kohlen wohl verrüert. Der Zucker auch darin gethan. Mit ein wenig warmer Milch angerührt, 3 Löffel Mehl darin gerührt, mit einem Ei verdünnet und sofort einige Löffel Mehl und wieder ein Ei, bis die ganze Portion darin ist. Darnach die Milch gar darin und zuletzt die Bierhebe. Es muß nachher braf verschafft werden. Die Form, darin es kommt, muß wohl mit Anken ausgestrichen werden. Hernach tut man die Masse darin und läßt haben, sodaß, wenn man die Form halb voll macht, dieselbe wanns gehaben hat, ganz voll sein muß, ehe mans in Ofen tun. N.B. Das Mehl und die Eier und Milch muß alles nicht aus der Kälte kommen. 1773.

1,5 dl Milch, 20 g Hefe, 5 g Salz, 50 g Zucker, 1 Ei, 200 g Mehl, $^1/_2$ *abgeriebene Zitronenschale, 50 g Butter, 50 g Weinbeeren.*
In der Milch zuerst die Hefe und den Zucker auflösen, dann das Salz, das Ei und das Mehl dazugeben. Alles zu einem feinen geschmeidigen Teig kneten. Zuletzt noch die Butter darunterkneten. Zugedeckt etwa 1 Stunde bei Zimmertemperatur aufgehen lassen. Dann nochmals leicht kneten und in die mit Butter ausgestrichene Gugelhopfform geben. Wieder aufgehen lassen, dann bei guter Hitze backen. Wenn erkaltet, mit Puderzucker stauben.

Kupferne Gugelhopfform, auf dem Kranz mit zwei Nixen verziert. 18. Jahrhundert

Gute Apfeltorte

Man macht einen Pastetenteig, thut ihn in die Tartenpfanne. Alsdann nimmt man saure Äpfel, verschneidet sie klein und dünn, bedeckt den Boden wohl damit und thut es in den Ofen, bis die Äpfel weich sind. Indessen verklopft man 5 Eyer mit ohngefähr so viel Rum oder Milch als die Eyer sind. Man thut geriebenen Zucker darein, daß es wohl süß ist, wie auch 2 Preißen Zimmet, nach Belieben Zitronenschälleten, rein zerhackt. Man klopft diese Fülle wohl untereinander. Wenn die Äpfel weich sind und man die Tartenpfanne aus dem Ofen nimmt, so thut man die Fülle darein schütten und thut es geschwind wieder in Ofen. Man muß ein wenig Kohlen um die Pfanne thun, damit die Fülle besser aufgeht. 1794.

250 g Kuchenteig, 650 g saure Äpfel. Guß: 2 Eier, 40 g Zucker, $^1/_2$ *Teelöffel Zimt,* $^1/_2$ *Zitrone, 2 dl Rahm.*
Teig auswallen. Wähenblech damit belegen. Mit Gabel einstechen. Äpfel schälen, in Schnitze schneiden. Über Boden verteilen. Zitronenschale abreiben. Alle Zutaten für Guß zerquirlen. Bei guter Mittelhitze Torte mit Äpfeln 20 Minuten backen. Guß darübergießen. Weitere 20 bis 25 Minuten backen.

Gute Bretzel

Erstlich nemt 6 Eyer und etwan 4 Löffel voll Honig, ein wenig Saltz und Nägelein gestoßen. Wan man sie recht macht, so nimt man zu einem Ey ein Löffel voll Honignägeleinpulffer, so viel als man meint, das nöthig ist. Auch ein wenig Zimmet und riehrt es recht undereinander, bis das man den Teig recht kan trelen. Man muß ihn rund machen und wieder zusamen trucken. Nicht gar so lang, als das Goffereneisen ist, und so über einander legen. Mehl darein thuen, so viel man meint, das nöthig sey. 18. Jahrhundert.

250 g Mehl, 110 g Zucker, 100 g Butter, 2 Eier, 1 Prise Salz, 2 Eßlöffel Honig, 1 Prise Nägeli, Zimt.
Die Zutaten zu einem Teig kneten. Daraus etwa 25 cm lange Streifen schneiden und diese zu einer Bretzel zusammenlegen. Bei mittlerer Hitze gelb backen.

Gute Fastenkuchen

Rühre $^1/_2$ Pfund Butter wohl, schlage nach und nach 6 Eier darein, nimm 3 Löffel gewässerte Bierhefe, 6 Eierschaalen voll oder auch etwas mehr warme Milch und $^3/_4$ Pfund schönes weißes Mehl, auch etwas Salz dazu. Rühre es untereinander und lasse es wohl gehen. Bestreiche eine Form mit Butter, schütte den Teig darein, bestreiche ihn oben mit einem Ei, streue würflicht geschnittene Mandeln, Zucker etc. darauf und laß es in dem Ofen backen. 1747.

600 g Mehl, 200 g Butter, 4 Eier, 2 dl Milch, 10 g Salz, 25 g Preßhefe.
Von $^1/_4$ des Mehls wird mit Hefe und Milch der Vorteig gemacht, den man an der Wärme gehen läßt, bis er das Doppelte bis Dreifache seines ursprünglichen Umfangs erreicht hat. Die andern Bestandteile des Hefeteigs vermengt und durch Klopfen und Schlagen schön glattgearbeitet, dann den gegorenen Vorteig hinzugefügt und von neuem bearbeitet, bis sich das Ganze leicht und ohne Mühe von den Händen und der Schüssel ablöst. Man läßt den Teig nur leicht gehen, d.h. um etwa die Hälfte sich heben, faltet ihn wieder zusammen, formiert ihn zu runden Kuchen und legt ihn in Kuchenformen, bestreicht sie mit einem Ei, streue gewürfelte Mandeln und Zucker darauf und backe sie bei guter Hitze.

Form für Backwerk: Adam und Eva unter dem Apfelbaum. 17. Jahrhundert

Gute Fladen

Nim guten Eyerziger, presse in woll, daz daz Wasser woll davon laufe, nimb Weißbrot undt riers klein in sießer Milch. Laß weichen undt trucks dann woll auß undt rüers under den Ziger. Schlach Eyer darin, biß dünn genug wirdt, umb geschelt Mandel und Feigen. Zerschneids klein, nimb Mehrtrübel undt Rosinle, ruers alles undereinander. Thun Zucker darin, nach dem Du es gern sieüß hast. Saltz es, mach ein heißen Ancken, schütt in darin undt rüers woll durch einanderen. Mach einen Eyerboden undt schütts dann daruff. Bachs im Ofen oder Pastetenpfannen. 1592.

250 g Quark oder Ziger, 200 g Weißbrot, 1 Tasse heiße Milch, 4 Eier, 50 g geschälte, geriebene Mandeln, 50 g in Stückli geschnittene Feigen, 50 g Weinbeeren, 50 g Rosinli, 200 g Zucker, 1 Prise Salz. Teig: 200 g Mehl, 100 g Butter, 1 Ei, 1 Prise Salz, 100 g Zucker.
Ziger oder Quark ausdrücken, daß er trocken wird, das in Stückli geschnittene Brot in der heißen Milch einweichen und ebenfalls ausdrücken. Beides vermengen und die übrigen Zutaten beifügen. Von Mehl, Butter, Ei, Zucker, Salz einen Teig zubereiten. Diesen auswallen, in eine Form legen, die Masse darauf geben und den Fladen in mittlerer Hitze in etwa 30 Minuten backen. Je nach Belieben die Fülle ohne Teigboden in einer Gratinplatte backen.

Gute Küchlein

Man macht den Teig mit lauem Wasser an gar dick und streicht alsdan den Teig rings um die Schüssel, damit wen man Wasser darein schüttet, selbiger nicht zwischen den Teig und der Schüssel hinunder kommt. Hernach thut man in siedent

Wasser ein Stücklein Ancken und brüht den Teig mit an. Man schüttet aber das Wasser gleich wieder darab und thuts wieder auffs Feür. Indessen bis es siedet rührt man den Teig umeinander, allein als einen Weg. Auff solche Weyß müßt ihr den Teig neun Mahl brühen und als dan mit den Eyern verdüneren, bis er zum Bachen recht. Man muß ein groß Strüblein Trächter dazu haben. 18. Jahrhundert.

2 dl Wasser, 100 g Butter, 125 g Mehl, Salz, 15 g Zucker, 4 Eier, 1 abgeriebene Zitronenschale.
Die Butter mit Wasser, Salz und Zucker setzt man auf das Feuer. Wenn die Masse zu kochen beginnt, wird das Mehl hineingerührt, worauf sich die Masse vom Kesselrand ablöst und zusammenballt. Man nimmt den Kessel vom Feuer und rührt nacheinander die Eier dazu. Dann dressiert man runde oder lange Häufchen auf ein ungefettetes Blech und bestreicht sie mit einem Ei. Bei mittlerer Hitze backen.

Mandeltörtlein nach einem Rezept aus dem 18. Jahrhundert

Gute Mandeltörtlein

Ein Pfund Mandlen, 3/4 Pfund Zucker, rein gestoßen, mit 12 Gelb vom Ey 1/2 Stund gerührt. Das Weiße zu einem dicken Schaum geschwungen und leicht in das obige gerührt. In wohl angestrichenen Förmlein etwas Mehl als halb voll angefüllt. Mit reinem Zucker übersiebt. Nun bey gelinder Hitze backen lassen. Wenn man 1 Pfund Zucker nimmt, werden sie besser. Auch wenn man Rosinen in die Förmlein auf den Boden zettlet. Die Portion gibt 24 bis 26 Stück. 18. Jahrhundert.

250 g Blätterteig, 80 g Mandeln, 80 g Zucker, 2 Eier, 20 g Sultaninen. Glasur: 50 g Puderzucker, 1 Teelöffel Zitronensaft.
Teig auswallen. 9 Törtliförmchen auskleiden. Ränder befeuchten, leicht andrücken. Kühl stellen. Mandeln schälen, mahlen. Eier teilen. Eigelb mit Zucker schaumig rühren. Vom Eiweiß 1 Eßlöffel mit Puderzucker und Zitronensaft zur glatten Glasur mischen. Übriges Eiweiß zu Schnee schlagen. Mit Mandeln und Sultaninen zur Eigelbmasse mischen. Eischnee darunterziehen. Füllung in Förmchen verteilen. Glasur darüberstreichen. Bei Mittelhitze 30 bis 35 Minuten backen.

Gute Rahmtörtlein

Ein Schoppen Raum, 6 Loth Zucker, 1 Löffel voll Weißmehl, 2 ganze Eyer und von 4 das Gelbe, eine abgeriebene Citrone. Das Mehl mit dem Raum zart angerührt, die Eyer darunter, auf Feuer gerührt und kochen lassen, um nicht zu dick. Wenn es wieder kalt ist, in kleine Tärtlinförmlein in guten Teig geschüttet, Zucker darüber gesiebt und im Ofen bachen lassen. Sie werden ohne Zweifel besser, wenn man eine rechte Hand voll gestoßene Mandlen dazu nimmt und dann ein Ey weniger. Oder 1 Schoppen Raum, 3 gantze Eyer, 3 Löffel voll gestoßener Zucker kalt untereinander geklopft und in die Förmlein geschüttet. 3/4 Pfund Mehl, 1/2 Pfund Anken zum Teig gibt 36 Tärtlein. 18. Jahrhundert.

4 dl Rahm, 1 Eßlöffel Mehl, 1 Ei, 4 Eigelb, 1 Zitronenschale, 100 g Zucker, 50 g Mandeln. Teig: 250 g Mehl, 60 g Zucker, 1 Prise Salz, 125 g Butter, 1 Ei, 1 Eßlöffel Wasser. Aus Teigzutaten einen Mürbeteig zubereiten. Rahm mit Mehl glattrühren, aufkochen. Ei mit Eigelb zerquirlen, mit geriebener Zitronenschale und Zucker mischen. Rahm dazugießen. Wieder aufkochen, mit Mandeln mischen. Teig auswallen. 16 Törtliförmchen mit Teig auskleiden. Füllung verteilen. Bei Mittelhitze 30 bis 40 Minuten backen.

Gute Törtlein

Nimm aus 1 Weißbrod, aber aus einem großen, die Brosamen, schütte warme Milch darüber, soviel das Brod schlukt, nachdem man 2 Loth süße Butter in der Milch zerließ und verrührte. Nimmt alsdann 1/4 Pfund geschälte und zerstoßene Mandeln, 1/4 Pfund rein gestoßenen Zucker, 1/8 Pfund Rosinlein und 4 Eier, wovon das Weiße recht verklopft sein muß, und arbeite es tüchtig durch einander. Das Ganze giebt ungefähr 20 kleine runde Törtchen, die man in Förmlein backt. 1871.

120 g feine Mandeln, 120 g Zucker, 120 g Butter, 8 Eigelb, 1 Kaffeelöffel Zimt, 1 Prise Muskat, 80 g mit Wein befeuchtetes Weißbrot, 40 g geriebene Schokolade, 4 Eiweiß.
Mandeln, Zucker und Butter werden miteinander verrührt und dann nacheinander die übrigen Zutaten daruntermeliert. Am Schluß wird das zu Schnee geschlagene Eiweiß dazumeliert. Die Masse füllt man in kleine, geschmierte Förmchen und bäckt sie bei mittlerer Hitze.

Gute Torte

Nimb Mandlen, ein Handtvoll, undt schell sie undt stoß sie auff daz aller kleinst undt schlach Eyer dorunder noch Deinem Gefallen. Undt ein Schüssele voll Milchrhum undt thun Ancken in ein meschene Pfannen, undt laß den Ancken heiß werden, undt nimb ein halben Löffel voll Mäl undt thun es under den Ancken. Darnach nimb es alles, wie Du es eingemachet hast, undt thun es in den Ancken undt loß sieden, biß es fein dick wirdt. Magst auch Zucker dorin thun undt kleine Rosinle, undt thun es in den Dartenhafen, wie zu Mandeldarten, seye auch Zucker dorauff, laß sittig bachen. 1592.

100 g geschälte, gemahlene Mandeln, 4 Eier, 3 Löffel Rahm, 100 g Mehl, 100 g Butter, 100 g Zucker, 50 g Rosinli.
Die Butter schaumig rühren, Zucker, Eier, Rahm zugeben, dann Rosinli, Mehl mit $^{1}/_{2}$ Backpulver. Die Masse in einer bestrichenen Form backen bei schwacher Hitze in etwa 1 Stunde.

Häslein

$^{1}/_{2}$ Pfund ungeschellte Mandeln gestoßen, $^{1}/_{4}$ Pfund Zucker, 3 Eyer, $^{1}/_{2}$ Loth Zimmet und Nägelein gestoßen. Obiges durcheinander gewürkt und noch so viel Mehl dazu gewürkt, daß es sich formen läßt. Von $^{1}/_{8}$ Pfund Butter, $^{1}/_{4}$ Pfund Mehl, nebst ein wenig Salz, wird mit etwas Wasser ein Butterteig angemacht und ausgewallt, nach dem Muster abgeschnitten. Den Teig oben darauf zu einem Haas geformt und den Hasen mit etwas Chocolade, so mit ein par Löffel Früchtsaft gekocht ist, angestrichen und mit geschnittenen, geschellten Mandlen gespikt, bey mittelmäßiger Hitz gebachen. Wenn er kalt ist, so werden 2 Haasenbein eingestekt. Auf die Blatte gelegt, mit Peterli bestreüt. 1792.

250 g gemahlene Mandeln, 125 g Zucker, 3 Eier, 8 g Zimt, Nägeli, Mehl nach Bedarf.
Butterteig: 70 g Butter, 125 g Mehl, Salz, Wasser nach Bedarf.
Von Mandeln, Zucker, Eier, Gewürzen und Mehl eine Masse kneten und zu kleinen Häslein formen, evtl. mit Hilfe eines Mödelis. Den Butterteig aus Butter, Mehl, Salz, Wasser herstellen. Diesen Teig zu runden Plätzchen, oder ebenfalls Häschen, auswallen, die Mandelhäslein auf die Teighäslein setzen und je nach Belieben mit einem Schokoladeguß aus geriebener Schokolade, mit Fruchtsaft aufgekocht, bestreichen und mit Mandeln garnieren. Das Gebäck in mittlerer Hitze in etwa 20 Minuten backen.

Haselnußleckerli nach einem Rezept von 1877

Harte Zuckerbrot

1 Pfd. Zucker, 6 Eier, die abgeriebene Schale einer Citrone oder Vanille, 1 Pfd. Mehl. Man rühre die Eier, eines nach dem andern, in den Zucker und Citronenschale und fahre hernach fort zu rühren bis die Masse schaumig ist, siebe dann das Mehl langsam hinein und verrühre es gut, setze diese Masse löffelvollweise nicht zu nahe an einander auf ein mit Butter bestrichenes Blech, bestreue sie mit Zucker, lasse sie mehrere Stunden oder über nacht stehen und backe sie bei mittlerer Hitze. Von sehr feinem, gut getrocknetem Mehl können 2 Loth weniger genommen werden und lasse man dann die Zuckerbrötchen nur 2 Stunden stehen, ehe man sie bäckt. 1877.

5 Eier, 500 g Grießzucker, 400 g Mehl, Zitronenschale.
Eier, Zucker und die geriebene Zitronenschale 15 Minuten schaumig rühren. Das Mehl langsam zufügen, den Teig in einen Spritzsack mit glatter Tülle einfüllen und kleine

runde Plätzchen auf ein mit Butter bestrichenes und mit Mehl bestäubtes Blech ausdrücken. Die Brötchen mit Grießzucker bestreuen, bis zum andern Tag stehen lassen und in schwacher Hitze in 15 bis 20 Minuten hellgelb backen. Die Zuckerbrötchen müssen wie Änisbrötlein Füßchen bekommen.

Haselnußleckerli

12 Loth *(250 g)* rohe Haselnußkerne, 12 Loth *(250 g)* rohe Mandeln, 1 Pfd. *(400 g)* Zucker, 1 Loth Zimmt *(1 Kaffeelöffel)*, $^1/_2$ Glas *(1 Eßlöffel)* Kirschwasser, 4 bis 5 *(3)* Eiweiß, Zucker zum Streuen. Mandeln und Haselnüsse stoße man mit oder ohne Zucker sehr fein, lege sie samt dem Zucker auf das Wirkbrett und wirke sie mit den (nicht geschwungenen) Eiweiß und dem Kirschwasser zu einem Teig. Dann bestäube man das Brett mit Zucker, wälle den Teig federkieldick aus, drücke ihn in den Holzmodel zu 12 Stück und zerschneide sie. Dann lege man die Leckerli auf ein mit Butter bestrichenes Papier oder Blech nicht zu nah aneinander und backe sie langsam. Sobald sie aus dem Ofen genommen werden, bestreiche man sie mittelst eines Pinsels mit zum schwachen Faden gekochten Zucker, damit sie glänzend aussehen. 1877.

Hexenhäuschen nach einem modernen Rezept

Hexenhäuschen

Haselnußleckerliteig für Häuschen, Hag und Boden. 1,4 kg geriebene Haselnüsse, 1 kg Zucker, 50 g Zimt, 1 Zitronenschale, 4 Eier, 4 Löffel Aprikosenkonfitüre. Garnitur: kleine Mailänderli und Brunsli, Silberperlen, Fruits confits, Schokoladenvermicelles zum Garnieren, Zuckerglasur aus 50 g Puderzucker und etwas Eiweiß zum Ankleben der Gutzi, 200 g Zucker, braun geröstet, zum Zusammensetzen des Häuschens.

Zum Teig Haselnüsse, Zucker, Zimt, Zitronenschale, Eier und Aprikosenkonfitüre zusammen kneten. Den Teig etwa 1 Stunde zugedeckt ruhen lassen, dann 1 cm dick auswallen und mit dem Schnittmuster zu den verschiedenen Teilen des Häuschens ausschneiden. Die Vorderwand noch mit einem herzförmigen Fenster versehen. Den Restenteig zu einem ovalen Boden und zu Streifen für eine Gartenhecke verwenden. Alle Teile auf bestrichene Bleche legen, einige Stunden trocknen lassen und während etwa 20 Minuten backen. Nach dem Erkalten die Gutzi mit Zuckerglasur auf die beiden Dachhälften und Cellophanpapier hinter die Fensteröffnung kleben. Beim Zusammensetzen des Häuschens mit heißem braunem Zucker Vorder- und Seitenteile zusammenfügen und zuletzt die Dachhälften darauf kleben. Das Häuschen auf den gebackenen Boden stellen und je nach Belieben vom Restenteig noch einige Ergänzungen wie Gartenhecken, Bäume usw. anfertigen.

Himmelsgestirn

Nimm ein halbes Pfund ungeschälte Mandeln, reibe sie mit einem Tuche sauber ab und stoße sie fein. Thue ein halbes Pfund gesiebten Zucker hinzu und ein Loth fein gestoßenen Zimmet. Nimm das weiße von 3 Eyern, schwinge es zu einem dicken Schnee und rühre es darunter. Streue halb Mehl und halb Zucker auf ein Nudelbrett, lege den Teig darauf, wahle ihn einen guten Messerrucken dick und stich ihn mit blechernen Mödeln aus. Bestreiche dann ein Blech mit ein wenig frischer Butter, lege die Gestirne darauf und laß sie ganz langsam backen. 1811.

250 g ungeschälte, gemahlene Mandeln, 250 g Zucker, 15 g Zimt, 2 bis 3 Eiweiß, Mehl und Zucker zum Auswallen.
Mandeln und Zucker vermengen und mit den schaumig geschlagenen Eiweißen vermengen. Wenn nötig etwas Mehl dazugeben. Den Teig auf Zucker und Mehl messerrückendick auswallen und mit Model zu Gutzi ausstechen. Die Gutzi auf einem bestrichenen Blech ganz langsam in schwacher Hitze backen.

Hirschenhörnlein

Mach ein Teig als zu gewalten Küechlin undt thun vast viel Zucker darzu, daß vast sieüß werde, undt wirk in wie gewalten Küechlin Deig. Wall dann lang Riemlin, nach dem Du sie dann gern hast, und schnid die neben Rintzlindorken, undt wall sie auch. Mach zwey zusammen, wie zwey Hirtzenhörnlin, undt unden müeßen sie Fießlin han. Laß sie dann ein gut Weil ligen, ehe Du sie bachst, so werden sie hüpsch. Stell sie dann uffrecht in ein Platten undt mach ein hüpschen Krantz darumb. 1592.

250 g Mehl, 70 g Zucker, 1 Prise Salz, Zimt, 2 Eier, 2 Löffel Rahm, 15 g Butter, $^1/_2$ Kaffeelöffel Backpulver.
Zucker, Salz, Zimt, Eier, Rahm, flüssige Butter miteinander vermischen und mit Backpulver und Mehl zu einem Teig kneten. Diesen $^1/_2$ Stunde ruhen lassen, dann dünn auswallen und Riemchen schneiden. Je 2 Riemchen ineinanderschlingen oder auf Hölzchen aufrollen und das Gebäck schwimmend goldgelb backen. Oder:
200 g Mehl, 200 g Zucker, Zitronenschale, 2 bis 3 Eier.
Zucker, Zitronenschale und Eier gut rühren, dann das Mehl zugeben. Den Teig zu 1 cm dicken Rollen drehen, davon 5 cm lange Hörnchen formen und diese auf einem leicht bestrichenen Blech über Nacht trocknen lassen. Nachher im Backofen in schwacher Hitze in etwa 15 Minuten backen.

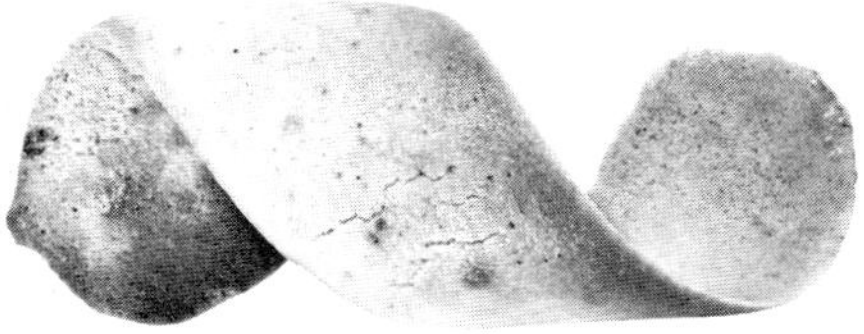
Hobelspan nach einem Rezept von 1871

Hobelspäne

Nimm 4 Eiweiß in eine Schüssel, schlage sie ein wenig schaumig, thue 9 Loth Zucker dazu, rühre ihn ein wenig. Dann thue 8 Loth Mehl und $^1/_2$ abgeriebene Citrone dazu. Dressiere hierauf die Masse vermittelst eines Weintrichters auf ein mit Butter gut bestrichenes Blech, streiche sie dann mit einem Messer ein wenig breit und backe sie ganz heiß; sie darf nicht gar zu braun werden. Wickle sie endlich auf ein Hölzchen. Will sie sich nicht mehr wickeln lassen, so wärmt man sie wieder ein wenig. Die Riemen mache man so lang als die schmälere Seite des Bleches ist. 1871.

300 g Staubzucker, 200 g Mehl, 5 Eiweiß, Vanille.
In den Schnee vom Eiweiß wird der Staubzucker, das Mehl und die Vanille meliert. Diese Masse mit ein wenig Milch oder Rahm verdünnen. Mit dem Dressiersack werden lange, dünne Streifen auf ein gefettetes Blech gegeben und rasch in einem heißen Ofen gebacken. Nach dem Backen windet man die Hobelspäne spiralförmig um ein rundes Stäbchen.

Von dem Honig/wie der best erkandt/zůbereyt/geleutert oder verscheumet/recht gesotten/vnnd mancherley/nach geschribnen Apoteckischen stücken/rechtmessig vermischet werden sol.

VNder vilen wunderbarlichen geschöpffen vnnd reichlichen gaben Gottes/welche er vnns durch sein miltigkeyt/güte vnnd väterlichen willen geben vnd verliehen hat/ist nicht das geringest/die wunderbarliche art/Natur/vnnd eygenschafft der Bienen oder Immen/welche/wiewol sie fast kleine thierlin seind/

Rezeptblatt für die Zubereitung von Honig. 1567

Höllenküchlein

Sind Geschenke, die ein Richter oder Beamter wider Eid, Ehre und Gewissen annimmt. 1760.

Honiglebkuchen

2 Pfund Honig, $^1/_2$ Pfund Zucker, 1 Pfund Mandlen, 1 Citrone, Zimmet, Kirschwasser, 2 Pfund Mehl. Wie der andere gemacht. 18. Jahrhundert.

500 g Honig, 125 g Zucker, 250 g Mandeln, $^1/_2$ Zitronenschale und -saft, 2 Teelöffel Zimt, 3 Eßlöffel Kirsch, 500 g Mehl.
Mandeln grob hacken. Im Honig 10 Minuten kochen. Alle Zutaten mischen, etwa $^1/_2$ cm dick auswallen. Gutzi in Rechtecke von $3{,}5 \times 5$ cm schneiden. Auf befettetes Blech absetzen. Bei Mittelhitze etwa 20 Minuten backen. Glasur: 50 g Zucker, 3 Eßlöffel Wasser zum Faden kochen. Gutzi damit bepinseln. Ergibt etwa 70 Stück.

Husarenbrot

3 Eyer recht geschwungen, $^1/_2$ Pfund reinen Zucker darein gerührt, $^1/_8$ Pfund grob gestoßene Mandlen oder das halbe von einer Citrone darein gerieben und Mehl, so viel als nöthig ist. Ein langer schmaler Wecken gemacht, ein wenig im Ofen gebacken, heraus genommen, verschnitten und wieder ein wenig gebacken. 1800.

3 Eier, 250 g Zucker, 70 g Mandeln, Zitronenschale, etwa 250 g Mehl, 1 Messerspitze Backpulver.

Eier und Zucker schaumig rühren, die grobgehackten Mandeln, Zitronenschale, Backpulver und Mehl beigeben. (Je nach Größe der Eier etwas mehr Mehl beifügen.) Den Teig zu einem Wecken formen und diesen auf einem bestrichenen Blech im mittelheißen Ofen in etwa 30 Minuten backen. Wenn erkaltet, Tranchen schneiden und diese auf einem Blech im warmen Ofen etwas rösten.

Form für Backwerk: Liebespaar in Modetracht. 17. Jahrhundert

Immennester

Verklopfe 4 Eyer, thue ein 1/2 Pfund frischzerlassene Butter, 3 oder 4 Löffel voll gewässerte Bierhefe, 3 Löffel voll kalte Milch und etwas Saltz darein. Rühre es wohl unter einander und so viel Mehl darein, bis es ein Teig zum auswallen giebt. Schneide lange schmale Stücke daraus, bestreiche sie mit Butter und bestreue sie mit Rosinen oder Meertrauben. Rolle jedes Stück auf, daß es wie eine Schnecke wird, bestreiche einen Dortenpfannenboden mit Butter, setze die aufgerollten Stücke darauf, lasse sie wie einen Gugelhopf gehen, schminke sie mit zerlassener Butter und backe sie im Backofen. 18. Jahrhundert.

Hefeteig: 3 dl Milch, 20 g Hefe, 50 g Zucker, 1 Ei, 1 gestrichener Kaffeelöffel Salz, 75 g Butter, 1/3 Zitronenschale.
Die Hefe in der Milch auflösen, Zucker, Ei und Salz beigeben, dann mit dem Mehl vermischen und zu einem Teig kneten, die Butter beigeben und nochmals etwas kneten, bis der Teig schön glatt ist. 1 Stunde in Raumtemperatur stehen lassen und in dieser Zeit zwei- bis dreimal leicht zusammenlegen. Dann den Teig rechteckig ausrollen und dünn mit flüssiger Butter bestreichen. Etwas Zucker sowie Sultaninen darauf streuen und der Länge nach zu einer Rolle aufrollen. In Stücke schneiden und diese mit der Schnittfläche nach oben in eine bebutterte Springform legen. Aufgehen lassen, dann mit Ei bestreichen und in mittlerer Hitze backen. Nach dem Backen sofort mit Zuckerglasur überpinseln und feingeschnittene geröstete Mandeln aufstreuen.

Jägertorte

Rühre 5 ganze und 4 gelbe Eier 1/4 Stund, gieb 3/4 Pfund ungeschälte gestoßene Mandeln, 3/4 Pfund Zucker, 1 Citronenschale und den Schnee von obigen 4 Eiern dazu. Rühre es noch eine Weile, fülle es in dick mit Butter bestrichene Formen und backe es bei mäßiger Hitze. 1843.

390 g feine Mandeln, 390 g Zucker, 5 Eier, 4 Eigelb, 4 Eiweiß, 1 abgeriebene Zitronenschale.
Man rührt die Eier, das Eigelb, die Mandeln und 250 g Zucker schaumig. Die restlichen 140 g Zucker schlägt man mit dem Eiweiß zu einem Schnee und meliert diesen zu obiger Masse. In geschmierte Cakesformen füllen und bei mittlerer Hitze backen.

Kaiserkuchen

1/2 Kilogr. geschälte Mandeln, 375 Gr. Zucker, 375 Gr. gewaschene, im Ofen getrocknete Rosinen, 8 Eier, die abgeriebene Schale einer Citrone. Man stoße Zucker und Mandeln zusammen, rühre diese Masse nebst 6 Eigelb und 2 ganzen Eiern, Citronenschale 1/2 Stunde, füge dann die Rosinen bei und menge zuletzt den festen Schnee der 6 Eiweiß leicht darunter. Eine tiefe Tortenform bestreiche man mit süßer Butter, bestreue sie mit Mehl, belege den Boden mit einem runden, weißen, mit Butter bestrichenen Papier, fülle die Masse hinein und backe sie 1 Stunde im heißen Ofen. 1877.

500 g Mandeln, 8 Eier, 375 g Zucker, 1 Zitronenschale, 125 g Mehl, 375 g Sultaninen. Mandeln schälen, mahlen. 2 ganze Eier und 6 Eigelb mit Zucker schaumig rühren. Zitronenschale abreiben. Eiweiß zu Schnee schlagen. Alle Zutaten mischen. In befettete Form einfüllen. Bei Mittelhitze etwa 1 Stunde backen.

Kastanientorte

3/4 Kilogr. Kastanien, 250 Gr. Zucker mit etwas Vanille, 10 Eier. Man mache in jede Kastanie einen Querschnitt durch die Schale, schwelle sie in viel Wasser weich, löse sie sehr rein aus beiden Schalen und treibe sie durch ein Sieb. Dann rühre man die Eigelb nach und nach in den Zucker, rühre es $^{1}/_{2}$ Stunde zu einer schaumigen Masse, füge die durchgetriebenen Kastanien dazu, mische zuletzt den festgeschlagenen Schnee der Eiweiß darunter und fülle die Masse in die mit Butter bestrichene und mit Mehl bestaubte Form. Die Torte muß in einem nicht zu heißen Ofen 1 Stunde gebacken werden und wird, wenn sie kalt ist, mit Vanilleglasur glasirt. 1877.

1 Päckli Blätterteig. Fülle: 1 Büchse zu 250 g Kastanienpüree, 50 g Zucker, 2 dl Wasser, 2 dl Rahm, $^{1}/_{2}$ Paket Vanillin, 2 bis 3 Löffel Aprikosenkonfitüre, Marrons glacés und 1 dl Rahm zum Garnieren.
Den Blätterteig zu drei gleichmäßig runden Böden auswallen, mit einer Gabel stupfen und im heißen Ofen in 15 bis 20 Minuten backen. Nach dem Erkalten die Böden mit Gelee und Fülle bestreichen, exakt aufeinander setzen und den obersten Boden bzw. den Deckel mit geschlagenem Rahm, Kastanienfülle und Marrons glacés hübsch garnieren. Zur Fülle das Püree mit einem Zuckersirup aus Zucker, Wasser und Vanillezucker gut verrühren und zuletzt den geschlagenen Rahm darunterziehen. Bei Verwendung von frischen Kastanien etwa 500 g verwenden. Diese mit einem Schnitt versehen, im Wasser weich kochen, schälen und durchs Passevite treiben.

Katzenzünglein

16 Weiße zu Schnee, 1 Pfund Staubzucker, 1 Liter Rahm, $^{5}/_{4}$ Pfund Mehl. Vanille. 19. Jahrhundert.

5 Eiweiß, 250 g Mehl, 2,5 dl Rahm, etwas Vanillezucker, 250 g feinster Grießzucker. Unter die zu steifem Schnee geschlagenen Eiweiße nach und nach abwechslungsweise das gesiebte Mehl und den geschlagenen, vanillierten Rahm mischen. Zuletzt den Zucker sorgfältig mit der Masse vermengen. Diese durch den Spritzsack mit glatter Tülle auf gebutterte Bleche zu fingerlangen Streifen spritzen. Die Katzenzungen in ziemlich heißem Backofen in etwa 10 bis 12 Minuten hellgelb backen.

SUESSA ANKA.
Wer Butter hat und gutes brodt,
Der leidet keine hungers-noth.
Ankenverkäuferin im alten Basel. 1749

Kirschenpfannkuchen

2 Wecklein, in $^{1}/_{2}$ Maas siedender Milch verschnitten, eingebrüht. Wenn es kalt ist, recht verrührt. 3 Löffel voll Mehl darunter und 6 oder 7 Eyer. Alles wohl miteinander verschafft. Dann 2 Pfund Kirschen dazu. Der Teig muß mehr dick als dünn seyn. Dann wohl in einem eisernen Hafen heiß werden lassen. Die Masse davon geschüttet und unten und oben Feuer, mehr oben auf den Deckel als unten, sonst zieht er nicht recht auf und verbrennt unten. Man kann ihn auch im Zwischenofen machen. 18. Jahrhundert.

150 g Weißbrot, 2 dl Milch, 1 Eßlöffel Mehl, 4 Eier, 60 g Zucker, 500 g Kirschen. Brot fein schneiden. Mit kochender Milch begießen. Zu Mues zerstoßen. Eier teilen, Eigelb mit Zucker schaumig rühren, Eiweiß zu Schnee schlagen. Kirschen waschen, entstielen. Alles mischen und in einem gut befetteten Wähenblech bei Mittelhitze 40 Minuten backen oder in der Bratpfanne 4 Pfannkuchen backen.

Kleine Äpfelcharlotten

Kleine mit Butter bestrichene und mit Hagelzucker bestreute Förmchen lege man mit Blätterteig aus, fülle einen Eßlöffel voll dick eingekochtes Apfelpuré hinein, bestreiche das Bord mit Eigelb und lege ein Deckelchen von demselben Teig darauf, welches man an den andern Teig andrückt, damit die Äpfel beim Backen nicht heraus sieden. Nachdem sie bei starker Hitze gebacken (wobei sich der gestreute Zucker braun färbt, indem er schmilzt), stürze man sie sogleich um, damit der geschmolzene Zucker in den Förmchen nicht hart werde und dem zu Folge die Charlotten fest kleben. 1877.

250 g Blätterteig, 100 g Zucker, 250 g Äpfel, $^{1}/_{2}$ Zitrone, 2 Eßlöffel Zucker, 2 Eßlöffel Sultaninen.

Förmchen sehr gut befetten. Zucker hellbraun rösten, in Förmchen verteilen. 2/3 des Teigs auswallen. 8 Plätzli ausstechen. Förmchen damit auslegen. Restlichen Teig auswallen, 8 Deckel ausstechen. Förmchen kühl stellen. Äpfel schälen, Kerngehäuse entfernen, in feine Scheibchen schneiden. Zitronenschale abreiben. Saft mit Zucker, Äpfeln und Schale 3 bis 5 Minuten dämpfen. Sultaninen beigeben. Füllung in Förmchen verteilen. Mit Deckel bedecken. Ränder gut andrücken. Bei guter Hitze während etwa 20 Minuten backen. Sofort stürzen.

Gebäckmodel: Zwei kämpfende Widder, Wickelkind, Einhorn, Lamm mit Lämmchen. 18. Jahrhundert

Kleine Gugelhöpflein

Nemt 1 Schoppen Milch, 4 Eyer, ein halb Pfund schön weiß Mehl, 4 Loth Zucker, 1 Vierling süßen Butter. Laßt den Ancken in der Milch auff dem Feür zergehen, hernach auch den Zucker. Als dann rühre das Mehl darein, wan die Milch auffgegan ist. Hernach nemts ab dem Feür und klopfft es, bis es kalt ist. Hernach klopfft die Eyer darunder und thut's auff ein mit Butter beschmiertes Babir. Thut sie in Ofen, wan ungefehr das Brodt ein halb Stund drinen ist. 18. Jahrhundert.

2 dl Wasser, 100 g Butter, 125 g Mehl, 15 g Zucker, Zitrone, Salz, 4 Eier.
Man setzt die Butter mit dem Wasser, Salz und Zucker auf das Feuer. Wenn die Mischung aufzukochen beginnt, rührt man rasch das Mehl hinein. Die Masse wird sich dann vom Kesselrand ablösen und zusammenballen. Man nimmt den Kessel vom Feuer und läßt ihn eine Minute stehen. Nun rührt man nacheinander die Eier dazu, dies gibt eine weiche, dressierfähige Masse. Man dressiert runde, kleine Häufchen auf ein ungefettetes Blech, bestreicht sie mit Ei und backt sie bei mittlerer Hitze.

Krauttorte

Item nimb gut binetsch Kraut, daz jung ist, leg ein Weyßbrotbrosinen in gute Milch, die da dick seye von Rhum. Loß weichen. Darnach schneidt daz Kraut klein, nach der Lenge. Röst es in Ancken. Darnach schütt die Milch mit dem Weyßbrotbrosinen auch drein. Rürs woll, daß sich das Weißbrot gar zertrib. Thun drey Eyer dorin, auch Zimmet, Zucker, Pfeffer undt frischen Ancken. Darnach schütt es auff den Dartenboden undt beseys mitt Rosinle. Magst auch das Gäl vom hartgesottenen Eyeren druff legen undt also bachen. Es soll kein Deckel haben. 1592.

500 g Spinat, Mangold oder Kohl, 2 Löffel Paniermehl, 1 dl Milch, 1 Löffel Butter, 3 Eier, Salz, Zimt, etwas Zucker, Pfeffer, 1 Löffel Rosinli, evtl. 1 feingehacktes, hartgekochtes Eigelb.
Das Paniermehl in der Milch einweichen und das Kraut, fein geschnitten, in der heißen Butter dämpfen. Dann beides mengen und die verklopften Eier, Zimt, Zucker, Pfeffer, Salz und Rosinli beifügen. Die Masse auf einen Kuchenboden geben, die feingehackten Eigelbe darüberstreuen und den Kuchen im heißen Backofen in etwa 30 Minuten backen.

Kruschbrot

1/2 Pfund Zucker, 1/2 Pfund gestoßene aber nicht geschellte Mandlen, 1/2 Loth Zimmet, 1 Löffel voll Kirschwasser und 2 Weiße vom Ei. Alles unter einander gemacht. Sollte es zu naß sein, ein Stäuble Mehl darin, mit Model ausgedrückt und bey gelinder Hitze gebachen. 18. Jahrhundert.

250 g feingemahlene Mandeln, 250 g Zucker, 1 Messerspitze Zimt, 1 Löffel Kirsch, 1 bis 2 Eiweiß.
Zu einer festen Masse zusammenkneten und mit Zucker 1 cm dick ausrollen. In Holzmodel ausdrücken und auf bebuttertes Blech absetzen. Einige Stunden antrocknen lassen, dann in mittlerer Hitze kurz backen. Sie sollen im Innern noch weich sein.

Kuchen de Mme Bornèque

Nimm 1/4 Pfund Zucker, 1/4 Pfund feines Mehl, 1/4 Pfund Butter, 1/4 Pfund rein gestoßene Mandeln, 2 Eier und die halbe Schale einer Zitrone mit dem Reibeisen abgerieben. Menge alles und thue es auf eine Tortenpfanne. Wenn es genug gebacken ist, so legt man, indem man es aus dem Ofen nimmt, Früchte oder Eingemachtes darauf. Diese Portion gibt einen artigen Kuchen. 1871.

130 g Zucker, 130 g Mehl, 130 g Butter, 130 g gehackte Mandeln, 2 Eier, 1 abgeriebene Zitronenschale.
Alle Zutaten zusammen kneten und bei mittlerer Hitze in einer Tortenform backen. Wenn der Tortenboden erkaltet ist, belege man ihn mit Früchten.

Kümmikuchen nach einem Rezept aus dem 18. Jahrhundert

Kümmikuchen

22 Loth Mehl, 6 Loth Butter, ein Löffel Bierhefe. Milch ohngefehr 1 Schoppen, lauwarm in das Mehl gerührt. Den Butter auch ein wenig vergehen lassen. Von diesem noch genommen für die Form anzustreichen. Ein wenig Saltz. In einer Schüssel recht geschafft. Die Bierhefe zuletzt. In eine Form gethan, mit Papier zugedeckt, doch daß es nicht an den Teig kommt. Dann gehen lassen. Ehe man es in das Öfelein thut, mit Milch angestrichen und Saltz und Kümmin darauf. 1877.

500 g Mehl, 100 g Butter, 1 Beutel Hefe, 4 dl Milch, 1 Teelöffel Salz.
Hefe gemäß Anleitung auf Beutel vorbereiten. Milch erhitzen, Butter darin schmelzen. Alle Zutaten gut vermischen. Um das Doppelte aufgehen lassen. Große Cakeform befetten. Teig einfüllen. Mit 1 Eßlöffel Milch bestreichen, mit Salz und Kümmel bestreuen. Bei guter Mittelhitze 40 Minuten backen.

Lange Zuckerbrötlein

In eine Waagschalen 9 Eier gelegt, und wägt so schwer gesiebt und gestoßener Zucker. 4 Eier davon gethan und gesiebt Semmelmehl, so schwer gewogen, als die restierenden 5 Eier. 12 Lot Mandlen rein gestoßen, 9 Lot Zucker und noch 1 Ei. Und von diesen 10 Eieren thut man das Weiß in ein Becke und schwingt es zu einem dicken Schaum. Mit dem Gelben rührt man die Mandlen an und schwingt sie dann unter den Eierschaum. Darnach den Zucker und zuletzt das Mehl, nur mit einem Löffel gerührt, bis alles recht durcheinander. Man kann auch Zitronen Scheleten darein reiben, welches sehr lieblich. Das Pfund kommt auf 8 Schilling, der Zucker zu 11 Schilling gerechnet. 1773.

4 Eigelb, 4 Eiweiß, 80 g Zucker, 60 g Mehl, 60 g Kartoffelmehl.
Die Eigelbe mit 40 g Zucker schaumig rühren. Die Eiweiße mit 40 g zu Schnee schlagen. Dann zuerst einen Drittel des Schnees unter die schaumigen Eigelbe rühren, dann das Mehl und Kartoffelmehl zusammen abgesiebt einrühren. Zuletzt den restlichen Schnee mit größter Sorgfalt daruntermischen. Mit dem Spritzsack 1 cm dicke und 10 cm lange Stangen auf Papier spritzen, diese mit Zucker überstreuen und in guter Hitze backen.

Linzer Torte

12 Loth *(140 g)* Mandeln, 12 Loth *(140 g)* Zucker, 1 Loth *(1 Messerspitze)* Zimmt, $^3/_4$ Pfd. *(140 g)* Mehl, $^1/_2$ Pfd. *(140 g)* süße Butter, 3 *(1)* Eier, *(1 Kaffeelöffel Zitronensaft)*. Das Mehl lege man in einem Ring auf das Wirkbrett, in die Mitte die ungeschälten gestoßenen Mandeln, Zucker und Zimmt; mache in deren Mitte wieder eine Vertiefung, in welche man die Eier schlägt und sie hernach mit einem Messer zerklopft. Ist die Butter nicht sehr weich, so wirke man sie mit ein wenig Wasser glatt, lege sie in die Eier und verarbeite das Ganze von der Mitte aus zu einem Teig, den man $^1/_2$ Stunde an einen kühlen Ort legt. Derselbe wird nun in 2 Theile getheilt, die eine Hälfte wälle man auf Zucker (nicht auf Mehl), zu einem ziemlich dicken, runden Boden aus, den man auf einem Backblech nach einer Platte rund schneidet. Von dem übrigen Teig wälle man ein Stück, ebenfalls auf gestreuten Zucker, sehr dünn aus und schneide davon schmale lange Bändchen. Den Boden belege man federkieldick mit dick eingekochten Himbeeren, einen kleinen Rand freilassend, den man mit Wasser bestreicht; lege die Bändchen gitterartig über die Himbeeren, streiche den Rand nochmals mit Wasser an,

schneide die etwa vorstehenden Bändchen ab, rolle den übriggelassenen Teig mit den Händen gut fingerdick aus, lege ihn als Rand ringsum auf die Torte, bestreiche denselben und die Bändchen mit Eigelb und backe die Torte im heißen Ofen. 1877.

Löffelbiskuits

Siehe: Lange Zuckerbrötlein

Magdalenakuchen

Thue in eine irdene Casserole ein $^1/_4$ Pfund frische Butter samt einem $^1/_2$ Pfund Weißmehl, rühre beides zusammen bis die Butter zergangen und das Mehl recht damit vermengt ist. Nimm es dann vom Feuer, thue 3 ganze Eyer darein und ein Pfund fein gestoßenen Zucker. Den Saft oder die Schale von einer Zitrone fein zerschnitten. Rühre alles wohl durcheinander. Sollte der Teig zu dick sein, so schlage noch ein Ey dazu. Bestreiche ein Blech mit frischer Butter, thue den Taig darauf und laß es ohngefähr eine Stunde im Öfelein, bis es schön gelb ist, backen. 1843.

130 g Butter, 260 g Mehl, 3 Eier, 320 g Zucker, 1 abgeriebene Zitronenschale.
Die Butter mit dem Mehl über dem Feuer verrühren, dann den Kessel vom Feuer nehmen und nacheinander die andern Zutaten dazumischen. Die Masse in eine gefettete Cakesform füllen und bei mittlerer Hitze etwa 50 Minuten backen.

Gebäckmodel: Engel einen Zweig und einen Blumenkorb tragend. Ende 17. Jahrhundert

Magenbrot

Nimm 8 Loth rothe Mandeln und stoße sie, 3 geriebene Eier, 11 Loth Zucker, $^3/_4$ Zimmt und Nelken, eine abgeriebene Citronenschale. Rühre alles wohl untereinander, verdünne es hierauf mit 5 bis 6 Eiern, siebe alsdann 5 Loth Mehl hinein und lege in die Mitte Butter und verarbeite alles wohl. Als dann fülle bestrichene Formen damit und backe es in starker Hitze. 1871.

120 g feingehackte Mandeln, 3 gekochte und feingehackte Eier, 160 g Zucker, 1 Prise Zimt, 1 Prise Nelken, 1 Zitronenraps, 5 Eier, 75 g Mehl, 30 g Butter.
Alle Zutaten werden zu einem sehr weichen Teig geknetet und in gefetteten Formen gebacken.

Mailänderli

Siehe: Gâteau de Milan.

Makronen

Ein Pfund Mandlen geschelt und rein gestoßen. $^3/_4$ gesiebten Zucker mit einander wohl verdruckt, das Weiß von 4 oder 5 Eiern, nach dem groß zu Schaum geschwungen und unter den Teig gerührt und nach dem Brot gebacken.
Bittere Makronen: Mandlen $^3/_4$ Pfund und dito $^1/_4$ bitre Mandlen, geschelt und extra rein gestoßen. $^3/_4$ gesiebter Zucker. Von 4 Eiern das Weyße zu Schaum geschwungen und die Mandlen samt dem Zucker zart angerührt und auf Schreibpapier Makrönlein geformt und nach dem Brot in Ofen gethan. 1773.

150 g gemahlene Mandeln oder Haselnüsse, 150 g Zucker, 2 Eiweiß. Zusammen tüchtig rühren, dann 100 g Zucker und evtl. noch etwas Eiweiß beigeben, bis eine spritzfähige Masse entsteht, die ganz leicht breit laufen darf. Halbkugeln auf Papier spritzen und mit wenig Zucker überstreuen. Bei mittlerer Hitze backen. Wenn erkaltet, das Papier netzen und die Makronen davon ablösen.
Bittere Makronen: wie Makronen, aber statt 150 g Mandeln: 120 g Mandeln und 30 g bittere Mandeln.

Makronenring

$^1/_2$ Pfund geschälte und fein gestoßene Mandlen, $^1/_2$ Pfund Zucker, das Weiße von 5 bis 6 Eiern zu hartem Schnee geschlagen. Die Mandlen und Zucker $^1/_4$ Stund mit einander den gleichen Weg gerührt und nach $1/4$ Stund mit dem Eierklar. Eine nicht allzu große schon gebrauchte Casserolle stark mit Butter bestreichen, so wie eine tiefe Tasse, die umgestürzt in die Mitte gestellt und auf welche ein kleines Gewicht gelegt wird, damit sich nicht etwas von der Masse darunter ziehe. So eben wie möglich wird nun der Teig in die Casserolle vertheilt und in einem nicht all zu heißen Öfeli gebacken. Diese Portion giebt einen großen Ring. 1747.

260 g geschälte, feingeriebene Mandeln, 260 g Zucker, 6 Eiweiß.
Die Eiweiße mit etwas Zucker zu steifem Schnee schlagen, Mandeln und Zucker daruntermelieren. In eine Ringform abfüllen und bei schwacher Hitze langsam backen.

Form aus Holz. Herr mit Stock.
18. Jahrhundert

Mandarinen

$3/8$ Haselnußkern mit 3 Eyerweiß gerieben. Mit 18 Loth Zucker, ein Citron und etwas Zimmet vermischt. Mit der kleinen Kuglen geformt, etwas blatt gedruckt. Dann nihmt man ein paar Löffel Roswasser und gestoßenen Zucker darunter, bis es etwas dik wird. Dieß wird denn auf die runden Brödli gestrichen. Auf Papier mit mittelmäßiger Hitz gebachen. Man kann auch Kränz daraus formieren. 1792.

500 g gemahlene Haselnüsse, 300 g Zucker, 3 Eiweiß, Zitronenschale und Zimt.
Haselnüsse, Zucker, Gewürze und Eiweiße mischen. Von dieser Masse Kugeln formen, diese etwas platt drücken, mit einem Guß aus Puderzucker und Rosenwasser oder Puderzucker und Eiweiß bestreichen. Die Kugeln in schwacher Hitze in etwa 15 Minuten backen.

Mandelbrot

Ein $1/2$ Pfund Mandeln, ein $1/2$ Pfund Zucker, das Weiße von einem Ei, die Rinde von einer Zitrone rein geschnitten, untereinander gerührt und mit Mödelein ausgestochen. 18. Jahrhundert.

500 g geschälte Mandeln, 400 g Puderzucker, 3 Löffel Orangenblütenwasser, 100 g Puderzucker, Zuckerglasur mit Vanillegeschmack.
Die gut getrockneten Mandeln mit den 400 g Zucker zweimal durch die Mandelmühle treiben. Dann diese Masse mit dem Orangenblütenwasser anfeuchten und sie in einer breiten Pfanne langsam erwärmen, bis sich die Masse durch Rühren zu einem Teig zusammenballt und nicht mehr klebt. Den Teig auf das Wirkbrett nehmen und mit den übrigen 100 g Zucker zusammenkneten und etwas erkalten lassen. Den Teig auf wenig Puderzucker $3/4$ cm dick auswallen, mit dem Holzmodel Leckerli aufdrücken und diese genau ausschneiden. Das Mandelbrot (Marzipanleckerli) auf gebuttertem Blech bei mittelstarker, gleichmäßiger Hitze in etwa 5 bis 8 Minuten backen. Sie sollen oben weiß und unten hellgelb sein. Die weißen Leckerli in noch heißem Zustand mit der Vanilleglasur dünn überstreichen.

Mandelherz

$5/4$ Pfund Mandlen geschellt und gestoßen. 30 Lot gesiebter Zucker. 15 Eier. Von einer halben Zitronen die Schalen gerieben. Die Mandlen und Zitronen rührt man mit dem Gelben von den Eiern zart an, dann schwingt man das Weiße zu einem Schaum und rührt es auch darunter, und zuletzt den Zucker. Dann gießt man diese Masse mit einem großen Löffel in die Herzformen, welche mit süßem Anken wohl angestrichen seyn müssen, und bacht sie im Ofen, nachdem das Brot eine Viertelstund darin ist. Gibt sechs Stuck. 1773.

4 Eigelb, 4 Eiweiß, 150 g Zucker, 120 g Mehl, 100 g feingemahlene, geschälte Mandeln, 50 g Butter, aufgewärmt, $1/2$ abgeriebene Zitronenschale.
Die Eigelbe mit 100 g Zucker schaumig rühren. Die Eiweiße mit 50 g Zucker zu steifem Schnee schlagen. Beide Massen unter Beigabe von Mehl und den Mandeln sorgfältig mischen. Zuletzt die flüssige Butter beigeben. In bebutterte Herzform abfüllen und bei mäßiger Hitze backen. Wenn erkaltet, mit Puderzucker stauben oder mit einer Glasur überziehen.

Mandelkranz

Man schneidet $^1/_2$ Pfund abgezogene Mandeln so dünn als möglich, nimmt 12 Loth geriebener Zucker, 2 Nuß groß Butter, thut es mit den Mandeln in eine Pfanne und rührt es auf dem Feuer, bis die Mandeln braun sind. Nimmt dann einen umgekehrten Zinnteller, bestreicht ihn mit ein wenig Butter, breitet die Mandeln in der Geschwindigkeit darauf herum. Doch so, daß sie an einander kleben. Man kann auch die Mandeln stoßen, Zimmet darunter thun, und auf gleiche Art machen. 18. Jahrhundert.

200 g geschälte Mandeln, 200 g Puderzucker, 30 g Butter.
Die frisch geschälten Mandeln in feine Stäbchen schneiden und ausgebreitet in warmem Ofen trocknen lassen. Die trockenen Mandeln mit dem Zucker in eine Pfanne geben und auf dem Feuer unter ständigem Rühren erhitzen, bis der Zucker geschmolzen und hellbraun ist. Dann die Butter darunterrühren und das Ganze auf ein bebuttertes Blech ausschütten. Mit einem Spatelmesser einige Male kehren, damit sich die Masse gleichmäßig etwas abkühlt, dann um einen mit Butter bestrichenen Ausstecher oder einen andern runden Gegenstand einen Kranz formen. Den Kranz in einer gut verschließbaren Dose aufbewahren, damit er trocken bleibt.

Mandellebküchlein nach einem Rezept aus dem 18. Jahrhundert

Mandellebküchlein

Nemt 1 Pfund Mandlen rein gestoßen, 1 Pfund gesiebten Zucker, 2 Weiße vom Ey, von einer Citronen die Schelten zerieben. Dieses alles in einen Mürsel undereinander gestoßen und, anstatt Mehl in die Model gesiebt, Zucker zum anstrucken. Die Blech, darauff man sie bachen will, müssen gar dück mit Mehl bestreüt sein, man muß sie nach dem Brodt im Ofen bachen. Ungefehr in einer Viertelstund sind sie genug. Wer aber Schocola liebt, der nimt 2 Loth geriebenen Schocola, 2 Loth gesiebten Zimet zu obiger Materi darunder. 18. Jahrhundert.

200 g Mandeln, 200 g Zucker, 1 Eiweiß, $^1/_2$ abgeriebene Zitronenschale.
Mandeln, Zucker, Eiweiß und Zitronenraps miteinander reiben und etwa 5 mm dick ausrollen. Den Teig in Formen oder Model drücken und einige Stunden trocknen lassen. Danach nur schwach backen und noch warm mit einer Zuckerglasur überstreichen. Zuckerglasur: Ein Eiweiß mit etwas Staubzucker verrühren.

Mandelmakronentörtlein

100 g weiße Mandeln (nicht zu fein) und 100 g Zucker, mit 2 Eiweiß reiben. $^1/_2$ Zitronenraps, 100 g Zucker, 25 g Mehl, 1 Teelöffel Reismehl einrühren und ganze Masse kräftig mit Spatel rühren. In Förmli mit Zuckerteig einfüllen und bei mittlerer Hitze backen. Ergibt etwa 18 bis 20 Stück.

Mandelringlein

Die Mandlen geschellet und der Länge nach dünn geschnitten. Das Weiße vom Ey wohl geklopffet und Zucker nach Belieben darein geriehrt. Die Mandlen mit angefeüchthet. Hernach thue sie nach Figuren, wie du willst, auff ein mit frischem Butter bestrichenes Bapier, bache in temperierter Hitz im Ofen. Wan sie gebachen, so klopfft man das Weiße vom Ey und Zucker durch einander und streicht sie mit an und thut sie noch ein wenig in Ofen. 18. Jahrhundert.

2 Eiweiß, 100 g Zucker, 200 g gehobelte Mandeln.
Das Eiweiß wird mit dem Zucker leicht schaumig gerührt, danach werden die Mandeln dazu meliert. Mit einem Löffel kleine Häufchen auf ein leicht gefettetes Blech dressiert und schwach gebacken.

Mandeltörtlein

Ein Pfund geschälte Mandeln rein gestoßen, 1 Pfund reingestoßener Zucker oder auch nur $^3/_4$ Pfund, 12 Eier. Die Mandeln und den Zucker mit dem Gelben von den

Form aus Holz: Dame mit davor kniendem Galan, der ihr ein Strumpfband löst, und drei Meerungeheuer. 18. Jahrhundert

Eiern zart angerührt, eine Tasse voll Rahm darein gethan, das Weiße von den Eiern zu einem dicken Schaum geschwungen und erst wenn man den Teig bald in die wohl mit Butter ausgestrichenen Formen füllen will, leicht in denselben gerührt. Der Ofen muß nicht zu warm sein. 18. Jahrhundert.

75 g geschälte, feingemahlene Mandeln, 75 g Zucker, 4 Eigelb, 4 Eiweiß, 50 g Mehl, 50 g warme aufgelöste Butter.
Mandeln und 50 g Zucker mit Wasser zu einer streichfähigen Masse vermischen, dann mit den Eigelben zusammen schaumig rühren. Die Eiweiße mit 25 g Zucker zu einem festen Schnee schlagen und diesen mit der Butter und dem Mehl unter die schaumig gerührte Masse ziehen. In kleine, mit Butter ausgestrichene Backförmchen abfüllen und in mittlerer Hitze backen. Nach dem Backen aus den Förmchen nehmen und in Zitronenglasur tunken. Zum Abtropfen auf ein Gitter stellen.

Maultäschlein

$^1/_2$ Pfd. Zucker, 8 Eigelb, die abgeriebene Schale einer Citrone, $^1/_2$ Pfd. Mehl, 6 Eiweiß. Man rühre ein Eigelb nach dem andern in den Zucker und die Citronenschale, siebe dann das Mehl unter Rühren hinein, mische den fest geschlagenen Schnee der Eiweiß darunter und fülle die Masse in den Spritzsack, an welchen man ein enges Röhrchen steckt. Ein weißes Papier wird auf das Backblech gelegt, die Masse in länglichter Form (in der Mitte schmal, an den beiden Enden etwas breiter) darauf dressirt, mit Zucker bestreut und bei schwacher Hitze gebacken. Man kann sie auch rund aufsetzen. 1877.

500 g Zucker mit 6 Eiern und 2 Eigelb werden zusammen schaumig gerührt, dann Zitrone und 450 g Mehl einmeliert. Man dressiert runde, talergroße Biskuits auf Wachsblech, besiebt sie mit Zucker, trocknet 1 Stunde lang und bäckt bei mittlerer Wärme.

Milchbrot

4 Pfund Semmelmehl. 1 Pfund süßen Anken. $^1/_8$ Pfund Zucker. 28 Rappen Milch, auch nur für 7 Rappen, je nachdem das Mehl gut ist. 2 kleine Löffel gewaschene Bierhebe. 1 Lot Salz. 1773.

5 dl Milch, 30 g Hefe zum «Hebel»; 1 l Milch, 60 g Salz, Diamalt, 225 g Butter und das nötige Mehl zu einem nicht zu festen Teig flott durchschaffen.
Nicht zu stark anhaben lassen, in 35 bis 40 g schwere Stücke abteilen, rund aufschleifen, auf Tuch setzen und aufgehen lassen. Sie werden dann geschnitten oder abgedrückt. Der gleiche Teig ist geeignet für alle verschiedenen Modelbrote oder Toastbrot.

Milianischer Kuchen

$^1/_2$ Vierling Butter ganz verrührt, 3 Eyer recht verklopft, $^1/_4$ Zucker recht mit den Eyern verrührt, $^1/_4$ Mehl mit ein wenig Vanille darunter. In die Form gethan, die Form mit Butter angestrichen und mit Mehl besprengt. Viel Zucker darüber gestreut und vergehen lassen. Dann bei gelindem Feuer gebacken. 1843.

250 g Mehl, 125 g Zucker, 125 g Butter, 2 Eier, 1 abgeriebene Zitronenschale.
Die Zutaten zu einem festen Teig wirken und mit Mehl ausrollen. Ausstechen oder kleine Stücke ausschneiden und bei mittlerer Hitze backen.

Mohntorte

Man treibe 10 Dötter, 12 Loth Zucker, 8 Loth fein gestoßener Mohn 1 Stunde ab. Gebe Zimmet, Gewürznälken, Lemonischahlen, 2 Loth Mandeln, eben so viel feine Semmelbröseln und von 8 Klareyern den Schnee, und back es wie eine Brodtorte. 18. Jahrhundert.

5 Eigelb, 100 g Zucker, 60 g Mohn, gemahlen, Zimt, Nelken, Zitronenschalen, 40 g gemahlene Mandeln, 40 g Paniermehl, 4 Eierschnee.

Eigelb, Zucker, Gewürze, Mandeln und Paniermehl vermengen. Zuletzt den Eierschnee darunterziehen. Die Tortenmasse in einer gebutterten Form in schwacher Hitze in etwa $^3/_4$ Stunden backen.

Musgatzungen

1 Pfund Zucker rein gesiebt, 1 Pfund Mandlen rein gestoßen. Dießes auff dem Würckbrett zusammen gemacht, in den halben Theil ein Zittrone geriben, in den anderen $1^1/_2$ Lod Zimmet gestoßen. Hat also weiße Praune geben, sie sind schön worten. 1736.

250 g Zucker, 250 g geriebene Mandeln, 1 bis 2 Eiweiß, Zitronenschale und Zimt. Zucker, Mandeln und Eiweiß gut kneten. Die Masse teilen, die eine Hälfte mit Zitronenschale, die andere Hälfte mit Zimt würzen. Kleine Kugeln formen und im schwach erwärmten Ofen etwa 10 Minuten backen. Je nach Belieben die Masse als Marzipan zubereiten, d.h. nicht backen und ohne Eier zubereiten, dafür Zucker und Mandeln gut kneten, evtl. etwas Kirsch oder Rosenwasser beifügen.

Muskazinlein

Nim 1 Pfund Mandeln, 1 Pfund Zucker, 2 Loth Zimmet, 1 Loth Nägelin, 6 Eyer wohl zu Schaum verklopft. Den Zimmet und Nägelin verstoßen und daran gerührt. Der Zucker muß mit den Mandlen zerstoßen werden und alsden auch darin gerührt. Sodann von dem schönsten weißen Mehl, so viel als nötig. Doch so wenig man dazu nimmt, so viel besser wird es. Und dan thut man sie, in Formen ausgedrückt, auf ein Blech. Und wan des Brod schon eine Weil im Ofen ist, thut man das Blech auf das Brod stellen und siehet fleißig dazu, daß sie nicht verbrennen. 1786.

500 g Mandeln, 500 g Zucker, 30 g Zimt, 15 g Nägelipulver, 5 bis 6 Eier, 150 g Mehl. Mandeln, gemahlen, Zucker, Gewürze gut vermengen und mit den Eiern und dem Mehl zu einem Teig kneten. Je nach Größe der Eier mehr oder weniger Mehl verwenden. Der Teig soll sehr fein und nicht zu dick sein. Darauf den Teig auswallen, mit Förmli Gutzi ausstechen oder mit einem Löffel kleine Portionen auf ein bestrichenes Blech setzen und diese im schwach erwärmten Backofen in etwa 15 Minuten backen.

Gutzikiste aus getriebenem Kupfer, die zum Aufbewahren von Backwaren diente. 1699

Napfkuchen

30 Loth Butter, wovon die Formen geschmiert werden, 2 Pfund Mehl, 7 Eyer, 4 Oberköpfe Milch, 1 Oberkopf Bierhefe, $^3/_4$ Pfund Meertrauben, 6 Loth Zucker. Man kann auch Mandeln in die Form streuen. Der Teig wird eine gute viertel Stunde gewährt. 18. Jahrhundert.

1 kg Mehl, 500 g Butter, 7 Eier, 375 g Sultaninen oder Meertrauben, 100 g Zucker, 1 bis 2 Tassen Milch, 60 g Hefe.
Von diesen Zutaten einen Hefeteig zubereiten. Von der Butter nimmt man etwas weg, um die Form einzufetten. Je nach Belieben geschälte ganze Mandeln in die Form geben. Den gut geklopften Hefeteig in die Form einfüllen, an der Wärme haben lassen und in mittelstarker Hitze in etwa $^3/_4$ Stunden backen.

Neujahrwecken

Ein Becher Weißmehl, 1 Pfund süßen Butter. Zu Nacht muß man ein Hebelein machen, des Morgens der Butter in der Milch vergehen lassen. Unter das Mehl knettet. Wans gearbeytet, gleich formiert und auf Papier gethan und gehen lassen, biß mans in Ofen thut. 1736.

500 g Mehl, 1 Löffel Salz, 60 g Butter, 30 g Hefe, 2 dl Milch, 1 Eigelb zum Bestreichen. Zum Hefeteig Mehl und Salz vermischen, die Hefe mit etwas Milch anrühren. Die restliche Milch und die Butter zusammen erwärmen, alles vermengen und gut kneten. Den Teig zugedeckt an der Wärme haben lassen. Zu einem Wecken formen und diesen auf einem leicht bestrichenen Blech nochmals haben lassen. Je nach Belieben den Wecken mit Eigelb bestreichen und in mittlerer Hitze in etwa 40 Minuten backen.

Nonnenfürzlein

Eine Gattung kleiner Leckerbrötchen in der Größe eines halben Guldens von Mandeln, Zimmet und Zucker. 1760.

250 g Mehl, 125 g Grießzucker, 125 g Butter, 1 Ei, 1 bis 2 Eßlöffel Wasser. Zur Fülle: 150 g geschälte, gemahlene Mandeln, 120 g Grießzucker, 1 Schale feingeschnittenes Orangeat, 1 Ei, 2 Eßlöffel Wasser. Zum Bestreichen: 1 Eigelb. Zum Bestreuen: 1 Löffel Hagelzucker.
Butter weich rühren, mit Zucker, Ei und Wasser vermengen und mit dem Mehl zu einem Teig zusammen wirken. Den Teig 5 mm dick ausrollen, mit einem größeren runden Ausstecher Scheiben ausstechen und mit je einem Kaffeelöffel Mandelfülle belegen. Die Teigscheiben am Rande mit Wasser befeuchten und zu Krapfen zusammenlegen. Das Gebäck am Rand mit einer Gabel verzieren, mit Eigelb bestreichen und mit wenig Hagelzucker bestreuen. Die Krapfen auf bestrichenem Blech in mittelstarker Hitze in 20 bis 30 Minuten gelb backen. Fülle: Die Zutaten in einer Schüssel mit dem Löffel gut vermengen.

Robinson Crusoe, der Held aller Bubenträume. 19. Jahrhundert

Nürnbergerlein

Man nimt $2^1/_8$ Pfund Honig oder eine alte $^1/_2$ Maß, welches ebensoviel. $^1/_4$ Pfund Zucker reingesiebt. $^1/_2$ Pfund Mandlen geschellt. $^1/_4$ Pfund Zitronen. $^1/_4$ verzuckerte Pomeranzenschalen. Dieses zusammen groblecht geschnitten, wie auch eine Zitronen und eine kleine Pomeranzen reinlecht geschnitten. 4 Lot Zimmet. $^1/_2$ Lot Negelein. 1 Quintlein Imber. 1 große Muskatnuß, groblecht gestoßen. 2 Eßlöffel voll Kirschwasser. $2^1/_2$ Pfund Semmelmehl. Lasse den Honig auf dem Feuer aufgehen, thue die Mandlen darin, lasse sie auf gelindem Feuer einwenig darin rösten dann rühre den Zucker auch darein. Wann er darin, so richte diese Brühe in ein Becke an, rühr ein paar Hand voll Mehl darin. Darnach das Gewürtz und dann das übrig Mehl, bis an $^1/_2$ Pfund, welches man behaltet zum Auswürken. Wann der Teig im Becke wohl gerührt und geklopft ist, so thut man wohl Mehl auf ein Brett, nimmt den Teig darauf und bricht ihn in lauter Stücklein einer halben Hand groß. Knetet die Mümpfel wieder zusammen und bricht ihn wiederum, solches bis 4 Mal wiederholt. Dann ist der Teig tüchtig in die Mödel zu drucken. Diese Massa gibt 10 Dotzend Lebküchlein, wo man 2 Lot Teig zu einem nimmt. Man kann den Teig ausdrucken, sobald er angemacht ist, aber erst den anderen Tag backen. Zum Guß über diese Quantität Lebküchlein braucht man ein Viertel Pfund weißen Zucker, nicht wohl gewogen. Um sie zu backen, zündet man eine Rebwellen ein, wenn das Brot aus dem Ofen und laßt sie wohl verkohlen, wie zu den Zuckerbroten. Die Lebküchlein werden auf eisene Blech, so wohl mit Mehl überstreut, gelegt, ein Messerrucken weit voneinander. Und wenn sie gebacken seynd, so schneidt man sie nicht voneinander, bis sie verzukert seynd. N.B. Anstatt den Zucker in den Honig zu schütten, ist besser, denselben in das Becke zu thun, darin man den Taig anmachen will und den Honig darüber heiße anzurichten. Das macht, daß der Honig ehnder dick wird und weniger Mehl braucht. 1773.

250 g Honig, 175 g Zucker, 375 g Mehl, 125 g gehackte Mandeln, 125 g gehacktes Zitronat und Orangeat, 4 g Triebsalz (Ammoniumbikarbonat), 1 Gläschen Kirsch, 10 g Zimt, 1 Messerspitze Nelkenpulver, Muskat.
Honig und Zucker bis vor das Kochen erhitzen. Mandeln, Orangeat, Zitronat und das Gewürz beigeben und in das auf dem Tisch zu einem Ring geformte Mehl schütten. Etwas erkalten lassen, dann vermischen und zuletzt, wenn der Teig sich noch lauwarm anfühlt, das im Kirsch aufgelöste Triebsalz darunterkneten. Den Teig etwa 1 cm dick ausrollen, in Vierecke schneiden und auf bebuttertem Blech backen. Solange die Leckerli noch heiß sind, mit Zuckerglasur (Staubzucker und Wasser) bepinseln.

Nunnenbrot

Nim vom allerfrischten und besten sießen Anken 1 Pfund und 4 Löffel voll des besten Roswassers, nehmlich auff den Fierlig 1 Löffel voll. Laß den Anckhen mit dem Roswasser rührend nur vergehen, aber nit kochen. Nim vom schönsten Semmelmähl so viel man gedenkt zue netzen mit dem Anckhen. Thue rein gesibten Zucker unders Mehl, sambt ein klein wenig Sultz, daß recht süeß wird. Rühr's und wirck's, biß der Ancken auff gebraucht und's vom Mehl trockhen genug zu wahlen oder formieren. Wenn's alsdann gleich allso warm, ein jedes Bröthli oder Förmli mit Zucker bestreyen oder darinn herumb wahlen, aber gar geschwind, denn der Zucker mueß glantzig machen wie Mackronen. Wan's kalt ist, so laßt sich nicht mehr formieren. Mach das Blech ein wenig warmlecht, salb's mit einem Knollen frischen Anckhen an, nur ein wenig, leg's weitlecht von einander, sonst brechen sie zusammen. Leg die Blech auffs Brodt, so bald's Brodt ein wenig kan leiden. Es ist gleich gebachen. NB. Man kann so viel Zucker ins Mähl thuen als man will, macht's gern ein wenig sieß. 17. Jahrhundert.

375 g Butter, 125 g Staubzucker, 500 g Mehl, Vanille und Salz.
Die Zutaten zu einem Teig wirken (nicht kneten) und davon Kugeln formen. Diese Kugeln werden im Zucker gerollt und bei mittlerer Hitze gebacken.

Ochsenaugen

Nimb fünf Eyer mit dem Weiß und Gälb. Klopfe solche wohl mit einem Bäsenlein. Gestoßenen Zuckher $^1/_2$ Pfund. Das schönste waiße Mähl $^5/_4$ Pfd. Saurteig ungefor einer Nuß groß, der macht solches nicht hübscher auffgehn. Item so Du willst, kannst auch ein wenig gantz Änis darin thun. Ein wenig Rosenwasser. Mache einen Taig daraus, formiere runde Küchlein, setz solche auff Obladen oder nur auf Schreibpapier, bach selbige mit gutem Feur, doch oben mehr als unden. Auch das Gefeür auf keinen kupfern Däller, sondern nur in die Marzipan Pfannen. Von unden mit gelinder Kohlen, so werden sie gar hoch, hüpsch und gutt. 18. Jahrhundert.

100 g Butter, 1 Ei, 125 g Zucker, 1 Zitronenschale, 250 g Mehl, Aprikosenkonfitüre, Eigelb zum Bestreichen.
Butter, Zucker und Ei schaumig rühren, Zitronenschale und Mehl zugeben und die Masse zu einem Teig kneten. Diesen eine $^1/_2$ Stunde ruhen lassen. Nachher 3 bis 4 mm dick auswallen und zu Plätzchen und Ringli ausstechen. Die Ringli mit Eigelb bestreichen, je nach Belieben Hagelzucker darauf streuen und beides, Ringli und Plätzli, im mittelheißen Ofen in etwa 15 bis 20 Minuten backen. Nach dem Erkalten die Plätzli mit Konfitüre bestreichen und die Ringli darauf setzen.

Gebäckmodel: Spielleute, Husaren, Bauer und Bäuerin. 18. Jahrhundert

Ofenküchlein

Ein alter Schopen Milch. 12 Loth süßer Anken. 6 Loth Zucker. 2 Löffel Ros Wasser. Laß es mit einander in einer Pfanne ob dem Feuer aufgehen. Dann rühre $^1/_2$ Pfund Semmelmehl wohl darin und arbeite es wohl auch ob dem Feuer, biß es kalt. Dann nimmt man 7 bis 8 Eier, rührt sie eines nach dem andren darin, auch ein wenig Salz. Dann streich Schreibpapier mit süß Anken oder ein Blech mit einer Speckschwarten an und geüß einer Nuß groß darauf und back sie schön gelb. Wann das Brot aus dem Ofen ist, thut man noch ein Korb Wellen verbrennen. 1773.

2 dl Milch, 75 g Butter, 1 Prise Salz, $^1/_2$ Kaffeelöffel Zucker zusammen aufkochen. Dann 150 g Mehl beigeben und auf dem Feuer kurz abrösten. In eine Schüssel geben und etwa 4 Eier nach und nach beigeben.
Auf bebuttertes Blech runde Tupfen spritzen und in guter Hitze backen. Wenn die Ofenküchlein aufgegangen sind und etwas Farbe angenommen haben, die Ofentüre nur so weit öffnen, daß der Dampf entweichen kann. Wenn erkaltet, aufschneiden und mit geschlagenem Rahm füllen. Mit Puderzucker stauben.

Ofenküchlein in Formen

$^1/_2$ Pfund süßen Ancken mit einem Schoppen Milch auf dem Feuer vergehen lassen. Wann es fast kalt ist, rühret man $^1/_2$ Pfund Semmel Mehl damit zart an. Schlägt

6 frische Eyer und thut 2 Loth Zucker darein. Darnach füllt man wohl angestrichene Förmlein halb voll und backt sie bey gelinder Hitz im Ofen. 18. Jahrhundert.

2 dl Milch, 100 g Butter, 100 g Mehl, 1 Kaffeelöffel Zucker, 1 Prise Salz, etwa 3 Eier. Mit diesen Zutaten eine Ofenküchleinmasse herstellen. Mit dem Löffel bebutterte Tartelettenförmchen zur Hälfte füllen und in mittlerer Hitze backen. Wenn gebacken, aus den Förmchen nehmen. Vor dem Servieren den Deckel abschneiden, den Boden mit beliebigen Früchten füllen, Schlagrahm daraufspritzen und den Deckel darauflegen. Mit Puderzucker übersieben.

Osterfladen

20 Eier, 1/2 Maas Rahm, 2 Pfund Zucker, 1 1/2 Pfund Mandeln, 5 Paar Zigerlin, welche über Nacht in einer Servieten wohl vertropft sein. 1/2 Pfund Trauben, 1/2 Pfund Rosinlein, 1/2 Pfund süßer Butter. Erstlich rührt man die Mandeln und den Zucker wohl unter einander. 2. Rührt man die Eier darin weiß und gelbs. 3. Den Anken verlassen, aber nicht heiß. 4. Die Zigerlin. 5. Die Trauben und Rosinlein. 6. Den Ruhm. Zu dem Teig 3/4 Pfund Mehl, 1/2 Pfund Anken. 1773.

125 g Reis, 1 l Milch, 1 Prise Salz. Die Milch mit dem Reis langsam einkochen und, wenn erkaltet, durch ein Sieb drücken. 100 g feingemahlene, geschälte Mandeln, 100 g Zucker, 3 Eier, 3 Eigelb, zusammen schaumig rühren, mit dem Reis vermischen und den Schnee von 3 Eiweiß mit 30 g Zucker darunterziehen.
Eine Wähenform mit Blätter- oder Kuchenteig auslegen, mit der Gabel stupfen und auf den Boden Weinbeeren streuen. Die Masse einfüllen und in mittlerer Wärme backen. Wenn erkaltet, mit Puderzucker stauben.

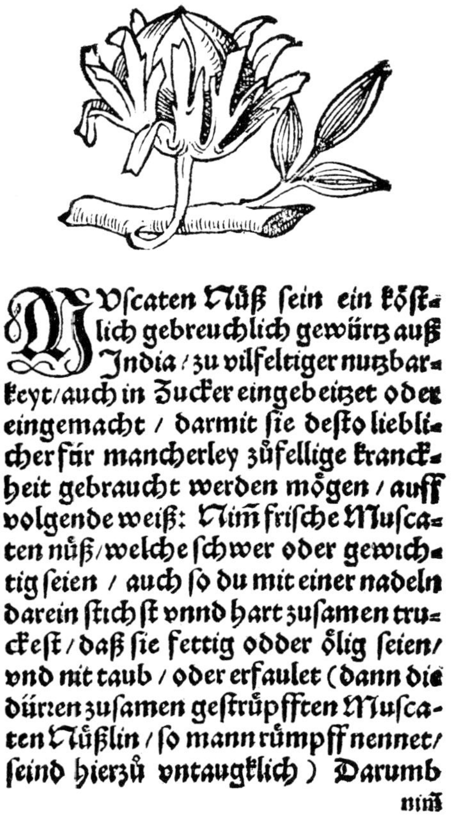
Muscaten Nüß sein ein köstlich gebreuchlich gewürtz auß India / zu vilfeltiger nutzbarkeyt / auch in Zucker eingebeitzet oder eingemacht / darmit sie desto lieblicher für mancherley züfellige kranckheit gebraucht werden mögen / auff volgende weiß: Nim frische Muscaten nüß / welche schwer oder gewichtig seien / auch so du mit einer nadeln darein stichst vnnd hart zusamen truckest / daß sie fettig odder ölig seien / vnd nit taub / oder erfaulet (dann die dürren zusamen geschrüpfften Muscaten Nüßlin / so mann rümpff nennet / seind hierzü vntauglich) Darumb nim

Anleitung zur Behandlung der Muskatnuß. 1567

Pantoffeln

Mach ein Deig wie zu einer Darten, wirk in vast woll, daz er vest werdt undt wall am breiten Teig nitt zu dünn. Formir in zu einer Bantoflen, dahinden schmal undt davornen breit, undt schlach in uff, als hoch Du in haben wilst, undt thun Fülle darin, wie Du sie haben wilst von Biren oder Öpflen, Gewirtz undt Rosinle. Undt wall dann ein Deig rund umb zu dem Übergschüch undt schneid die Schnids darin mitt dem Redle undt mach ein gantzen Deig undt machs uff dem Bantoffel. Nim dann Eyerdotter, klopf in woll undt bestreich sie mitt. Undt so sie nun woll gemacht sindt, so soll man sie bachen in einem Bachofen undt söllen vergült werden. 1592.

1 geriebener oder Blätterteig, 500 g Äpfel oder Birnen, fein geschnitten, 50 g Rosinli, 2 Löffel Zucker, Zimt, Zitronenschale.
Den Teig dünn auswallen, eine Form bestreichen, den Teig in Pantoffelform hineinlegen, die Früchte, Beeren und Gewürze darauf geben, am Rande befeuchten und einen Teigdeckel darüberkleben. Das Gebäck mit Eigelb bestreichen und im heißen Backofen in etwa 30 Minuten backen.

Pfaffennüßlein

Nimm 2 1/2 Pfund Zucker, 2 Pfund gut Semmelmehl und 8 Eyer, die werden mit einem Besenlin ein halb Viertelstund wohl geschwungen. Hernach den Zucker, so gesiebt sey, muß darein gethan und ferner miteinander geschwungen. Die Schelleten von 1 Citronen klein geschnitten, auch den Saft darein gedruckt. 1 Lot Zimmet, 1/2 Lot Muscatblust oder Mußkatnuß, 1/2 Lot Pfeffer und Imber, 3 Tropfen Rosenholzöhl. Wan man sie bitter haben will, 1/2 Pfund bittere oder süße Mandlen. Obiges Recept ist besser befunden worden, wann so viel Mehl am Gewicht, als Zucker genommen wird. 1786.

250 g Zucker, 2 Eier, etwas geriebene Muskatnuß, 1/2 Kaffeelöffel Zimt, 1 Messerspitze Nelkenpulver, 75 g feingeschnittenes Zitronat, etwas Pfeffer, etwas Ingwer und Rosenholzöl, 125 g geschälte, gemahlene Mandeln (evtl. einige bittere Mandeln), 250 g Mehl.

Die Zutaten, mit Ausnahme des Mehls, in einer Schüssel gut verrühren. Dann das Mehl nach und nach zufügen und alles zu einem Teig zusammen kneten. Aus dem 1 cm dick ausgerollten Teig kleine, runde oder ovale Nüßchen ausstechen und auf ein gebuttertes Blech legen. Die Nüßchen je nach Belieben etwas ruhen lassen und dann im schwach erwärmten Ofen in etwa 15 Minuten backen. Gibt man etwas Backpulver zu, gehen sie schöner auf.

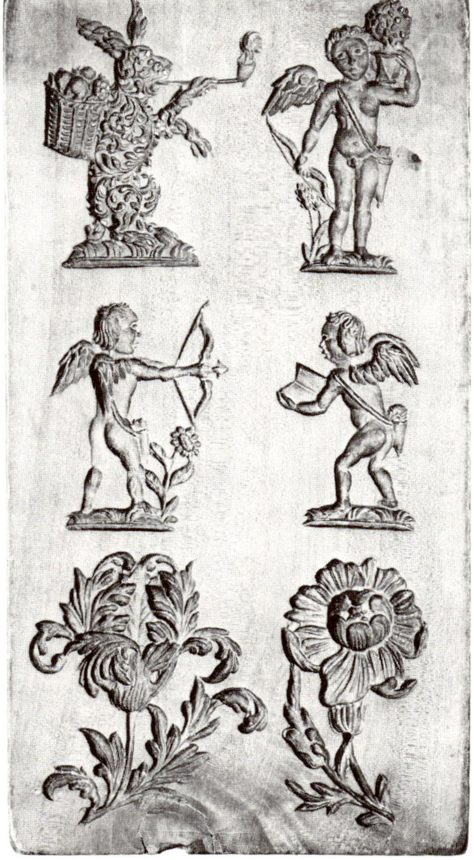

Gebäckmodel: Osterhase, Amoretten und Blumen. 18. Jahrhundert

Pfefferküchlein

Nemt 8 Eyer, 2 Pfund Mähl, $1^1/_2$ Pfund Zucker, 2 Loth Zimmet, ein schöne Cittronen mit Schellen und Safft, ein $^1/_2$ Loth Pfeffer und Imber, $^1/_2$ Loth Muscatnuß und Blust, 1 Quintlein Nägelein, $^1/_2$ Pfund Mandlen, Cardamönlein. Die Mandlen müssen rein gestoßen seyn und die Cittronen rein zerschnitten. Das übrige alles mit einander zerstoßen. Als dan in den Teig thun. Man kan sie formieren, wie man will und auff ein Babir, das ein wenig Mehl hat, in Ofen thun. 18. Jahrhundert.

4 Eier, 525 g Mehl, 380 g Zucker, 1 Kaffeelöffel Zimt, 1 Messerspitze Pfeffer, 1 Messerspitze Ingwer, 1 Messerspitze Muskat, 1 Prise Nägeli, 1 Zitrone, abgeriebene Schale mit Saft, 130 g feingehackte Mandeln, 5 g Backpulver.
Alles zusammen kneten, sehr dünn ausrollen (2–3 mm) und ausstechen. Auf gemehltem Papier bei mittlerer Hitze backen.

Pfirsichtorte

Nim dürr Pfersichschnids, thun halb Wein undt halb Wasser daran, laß sieden. Wens schier genug ist, so thun ein Löfel voll Zimmet daran undt 2 Löfel voll Zucker. Laß sieden, das ein kurtz Brüe bleib. Thun ein Knollen Ancken in ein Wasser und saltz ein wenig. Nimb dan Mel undt ein oder zwey Eyer dorin undt, so daz Wasser sieden will, so heb die Feiste oben ab undt thuns auch ins Mel undt wircks woll, undt mach ein Dartenhafen darauß. Darnach leg ein Lege Pfersich, dann beseys mit Rosinle, Zimet undt Zucker, je ein Lage auff die ander. Mach ein verschnittenen Deckel dariber undt bachs dornoch, undt wens anfacht harten, so schütt die Brüe darin. Die Pfersich gesotten sind, oben zum Deckel in. Nimb auch der Bruye undt bestreich den Deckel darmitt, daß er brun werde. 1592.

140 g dürre Pfirsiche, 1 Tasse Wasser, 1 Tasse Wein, etwas Zimt, 2 Löffel Zucker. Teig: 250 g Mehl, 1 Kaffeelöffel Salz, 125 g Butter, 1 Ei, 50 g Rosinli, Zimt und Ingwer. Die Pfirsiche, evtl. Aprikosen, einweichen und in Wasser und Wein, Zimt und Zucker weich kochen und erkalten lassen. Von Mehl, Salz, Butter, Ei einen Teig zubereiten. Diesen ausgewallt in eine bestrichene Form legen. Die Pfirsiche, Rosinli, Zimt und Ingwer darübergeben und vom Restenteig einen Deckel oder ein Gitter darübergeben. Diesen mit Eigelb bestreichen oder nach der halben Backzeit (beim Gitter) etwas Pfirsichbrühe hineingießen. Die Torte in mittlerer Hitze in etwa 30 Minuten backen.

Polnische Waffeln

Ein Löffel Butter wird sehr stark gerieben, bis sie weiß wird. Indem man in diese eines nach dem andern, doch stufenweise und immer reibend, 6 Eyergelb, 6 Löffel Rahm und 6 Löffel Mehl hineingerührt. Dann noch 2 Löffel Zucker und nach Belieben Zitronenschale. Zuletzt wird das Weiße der Eyer zu Schaum oder Schnee geschlagen, in den Taig gemischt, im Eisen, das nur wenig geschmiert sein soll, auf Kohlen gebacken. 1843.

50 g Butter, 6 Eigelb, $^3/_4$ dl Rahm, 100 g Mehl, 50 g Zucker, 1 abgeriebene Zitronenschale.
Zucker und Butter schaumig rühren. Nach und nach die 6 Eigelb und den Rahm beigeben. Zuletzt 6 zu Schnee geschlagene Eiweiß und das Mehl melieren. Davon nußgroße Stücke im Bretzeleisen über gelindem Gas- oder Kohlenfeuer schön gelb backen.

Pommes en chemise

Gute, weichkochende saure Äpfel werden geschält, die Butzen mit einem Austechröhrchen ausgeschnitten, die Höhlung mit Zucker und Zimmt gefüllt. Dann wälle man von Blätterteig runde Pletzchen aus, lege je einen Apfel darauf und umhülle ihn gut mit Teig; die Stelle, wo derselbe zusammengeklebt ist, lege man aufs Blech, bestreiche die in Teig gehüllten Äpfel mit Eigelb, bestreue sie mit Hagelzucker und backe sie in nicht zu heißem Ofen, damit die Äpfel schön weich werden. 1877.

250 g Blätterteig, 4 Äpfel zu etwa 150 g, ½ Zitrone, 50 g Zucker, 40 g Haselnüsse, gemahlen, 30 g Sultaninen, 20 g Butter.
Äpfel waschen, Kerngehäuse ausstechen. Zitrone abreiben, Saft auspressen. Schale, Saft, Zucker, Nüsse, Sultaninen mischen, in Äpfel einfüllen. Butterflöckli darauf verteilen. Teig auswallen. 4 Quadrate von 15 cm schneiden. Äpfel darin einpacken. Mit Teigresten garnieren. ½ Stunde kalt stellen. Mit Eigelb bepinseln. Bei guter Hitze 30 bis 40 Minuten backen

Portugieser Torte

10 Eyer, 1 Pfund Butter, 1 Pfund gestoßener Zucker, 1 Pfund Mehl, 1 Citrone. Die Eyer abgeschlagen, das Weiße in einen Kessel, das Gelbe in eine irdene Schüssel. Den Zucker mit den Dotter gerührt, bis er recht weiß und dick ist. Die Butter schmelzen lassen. Wann das Eyerweiß mit dem Besen recht dick geschlagen ist, so wird die geschmolzene Butter in die gelben Eyer und den Zucker meliert, eine Citrone darin abgerieben. Das Mehl darunter gethan und hernach das Eyerweiß sorgfältig darunter gerührt. In eine flachen Form, die ein wenig mit Butter geschmiert, eingefüllt und langsam ausgebachen. 1792.

5 Eier, 250 g Butter, 250 g Zucker, 250 g Mehl, Zitronenschale.
Die Eier teilen und das Eigelb mit Zucker rasch schaumig schlagen. Die Butter schmelzen und abkühlen lassen. Dann Zitronenschale unter die Zuckermasse geben und sorgfältig flüssige Butter, Mehl und Eierschnee zufügen. Die Tortenmasse in einer bestrichenen Backform in etwa 1 Stunde bei kleinem Feuer backen. Je nach Belieben 1 Kaffeelöffel Backpulver beifügen.

Prophetenkuchen

1 Pfund Mehl schlecht gewogen, 14 Loth Butter, 6 Loth Zucker, 3 Eydotter, 5 Löffel Milch. Nachdem die Butter ins Mehl gepflickt und wohl vermischt, so werden die übrigen Zuthaten dazu gethan und alles wohl durchgeknetet. Dann aufgewählt und mit einem Kuchenrädchen in Stücken geschnitten und mit Zucker und Zimmt bestreut. 18. Jahrhundert.

225 g Butter, 100 g Zucker, 5 bis 7 Löffel Milch, 3 Eigelb, 500 g Mehl.
Die Butter verrühren, Zucker, Eigelb und Milch dazugeben und zuletzt das Mehl. Einen glatten Teig kneten. Diesen auswallen, mit einem Rädchen zu Gutzi in der Größe eines Leckerlis oder fingerlangen und fingerdicken Stengeli schneiden, diese mit Zucker und Zimt bestreuen und im mittelheißen Backofen in etwa 15 Minuten backen.

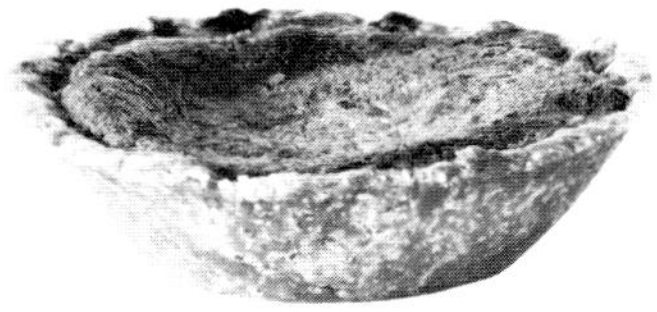
Rahmtörtlein nach einem Rezept von 1773

Rahmtörtlein

Man nimmt ½ Maß Rahm, ½ Pfund Mandeln, ½ Pfund Zucker, das Gelb von 6 Eiern. Mit den Mandeln und Zucker wohlgerührt, von 6 Eiern das Weiß geschwungen und zuletzt samt dem Rahm daruntergerührt. Man macht ein dünn gewahlten Teig in die Tarten Pfanne und gießt es darein, doch erst wenn man es will, in Ofen tun. Auch der Schaum und Rahm muß erst alsdann darein, sonst zieht es Wasser. Zum Teig nimmt man 1 Pfund Semmelmehl, ½ Pfund Anken. 1773.

4 Eier, 100 g Zucker, 50 g feingemahlene, geschälte Mandeln, 4 dl Rahm.
Eier und Zucker gut verrühren, dann die Mandeln und den Rahm beifügen. Kuchenblech mit Blätter- oder Kuchenteig auslegen, gut stupfen, die Füllung hineingeben und bei guter Hitze 20 bis 25 Minuten backen.

Reisfladen

Zu einem Pfund Reis $^1/_2$ Pfund Mandlen, ein $^1/_2$ Pfund Rosinlein, $^1/_8$ Pfund süßen Ancken, einen Schoppen Rum und 6 große Eyer. Der Reis muß zu einer dicken Pappe eingekocht seyn. Wenn man aber keinen Teig in die Form thun will, so nimmt man zu einem Pfund Reis $^1/_2$ Pfund Mandlen, $^1/_2$ Pfund Zucker, 2 Loth süßen Ancken, $^1/_4$ Schoppen Milchrum und in allweg 6 Eyer und $^1/_2$ Pfund Rosinlein. 1794.

250 g Camolino-Reis, 1,5 l Milch, 125 g Mandeln, gemahlen, 125 g Sultaninen, 30 g Butter, 100 g Zucker, $^1/_8$ Teelöffel Salz, 1 Eßlöffel Rum, 3 Eier.
Reis in Milch 20 Minuten kochen. Eier teilen. Außer Eiweiß alle Zutaten unter den heißen Brei mischen. Auskühlen lassen. Eiweiß zu Schnee schlagen, daruntermischen. Blech mit Pergamentpapier auslegen, befetten. Pro Blech mit 30 g gemahlenen Mandeln bestreuen. Reis darauf verteilen. Bei Mittelhitze 30 bis 40 Minuten backen. Stürzen, Papier abziehen. Ergibt 2 Stück.

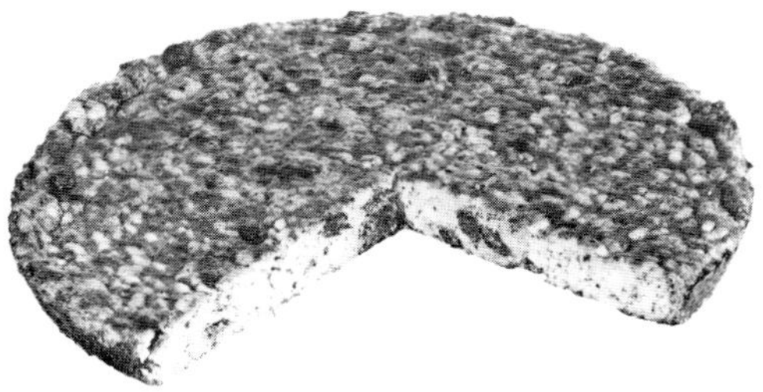
Reisfladen nach einem Rezept von 1794

Reistorte

Man thut 6 Loth Reis mit Wasser zusetzen, ein $^1/_2$ Maas alter Wein, $^1/_2$ Pfund Zucker, eine Zitrone zu Scheiben geschnitten. Schüttet siedig Wasser darüber und thut sie in Reis kochen, bis sie lind genug. Dann thut man sie wieder daraus und läßt den Reis kochen, bis er dick genug. Dann läßt man es kalt werden, macht ein guter Teig und schüttet es darauf. Die Zitronen darauf gelegt und dann zugedeckt und gebacken. 1794.

1 Zitrone, 3 dl Wasser, 3 dl Weißwein, 100 g Camolino-Reis, 250 g Zucker, 250 g Kuchenteig.
Zitrone in dünne Scheiben schneiden. In Wasser 3 Minuten kochen. Scheiben herausnehmen. Wein und Reis zufügen. 20 Minuten kochen, Zucker zufügen, unter ständigem Rühren noch weitere 10 Minuten kochen. Kuchenteig auswallen. Wähenblech damit auskleiden. Teig einstupfen. Reis darüber verteilen. Zitronenscheiben darauf legen. Bei Mittelhitze etwa 30 Minuten backen.

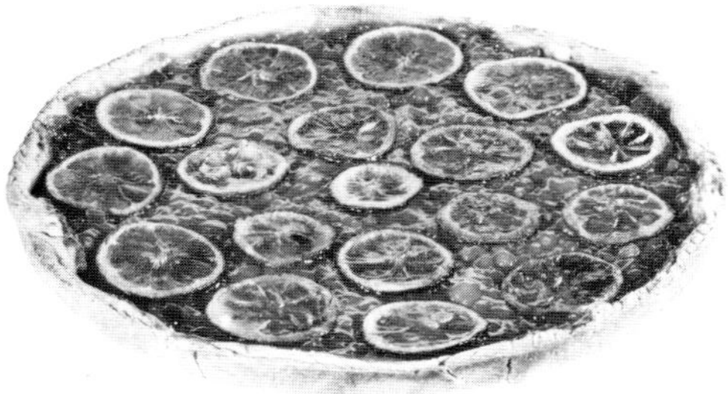
Reistorte nach einem Rezept von 1794

Ringlein

$^1/_4$ Pfund Zucker, $1^1/_2$ Vierling Mehl, ein wenig mehr als $^1/_2$ Vierling Butter, 2 Eyer, eine Prise Salz. Die Eyer verrührt, dann den Zucker darin gethan. Die Butter vergehen lassen, dann auch darin gerührt, dann das Mehl aufs Wärmbrett genommen und die Ringlein gemacht. Mit dem Gelb vom Ey angestrichen und im Ofen gebacken. 18. Jahrhundert.

70 g Butter, 2 Eier, 125 g Zucker, 1 Prise Salz, 185 g Mehl, Schale von 1 Orange.
Butter, Eier, Zucker schaumig rühren. Orangenschale abreiben. Mehl und Salz dazusieben. Mischen. Masse in Spritzsack mit gerader Tülle einfüllen. Ringlein von etwa 5 cm spritzen. Etwa 10 Minuten backen. Ergibt etwa 50 Stück.

Rosinleintorte

Eine Form aufrichten, solche ein wenig stehen lassen, wenn man Zeit dazu hat, damit sie ein wenig hart werden kann. Hernach nimmt man gewaschene und erlesene Rosinlein, schwelt sie, thut sie in ein Beky, laßt sie kalt werden. Hernach laßt man sie im Ofen ausbachen, überstreut sie mit Zucker und stellt sie auf. Man kann Roswasser dazu thun. 1796.

Ein Kuchenblech wird mit einem guten Zuckerteig ausgelegt. Rosinen werden gewaschen und mit Wasser aufgekocht. Die erkalteten und abgetropften Rosinen werden auf das Blech gelegt und mit etwas Zucker und Zimt bestreut. Mit Zuckerteig zugedeckt und bei mittlerer Hitze gebacken.

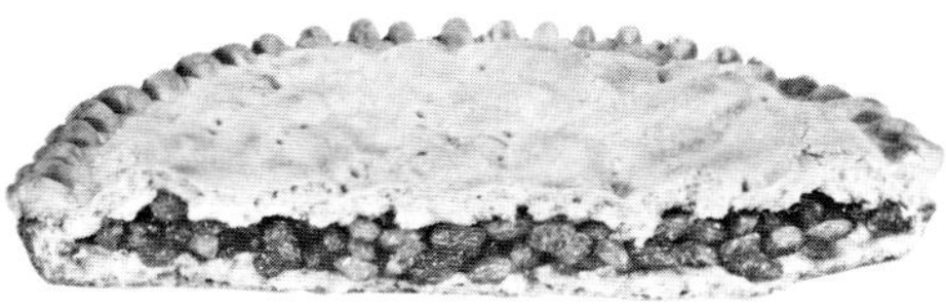
Rosinleintorte nach einem Rezept von 1796

Rotes Zuckerwerk

Erstlich nemt 1 Pfund Mehl, 5 Fierling Zucker, 2 Loth Imber, 2 Loth Zimmet, 2 Loth Polis und 4 Eyer und 4 Löffel voll Bier und ein wenig Butter. Diß alles undereinander gemischet und ein festen Teig daraus gemacht, als dan in Mödelein getruckt. Das Blech mit Butter geschmieret und in einer Tartenpfannen gebachen. 18. Jahrhundert.

125 g Mehl, 125 g Biskuitbrösel, 125 g Butter, 75 g Zucker, 20 g Sandelholzpuder, Zimt, 1 abgeriebene Zitronenschale, 2 Eigelb.
Alle Zutaten zu einem Teig kneten, 5 mm dick ausrollen, ausstechen, mit Ei bestreichen und heiß backen.

Runde Zuckerbrötlein

6 Eier. Gesiebter Zucker, so schwer als 5 Eier, und Semmelmehl, so schwer als 4 Eier. Das Weiß von den 6 Eiern zu Schaum geschwungen. Hernach das Gelbe auch wohl geklopft und unter das Weiße geschwungen. Dann der Zucker. Zuletzt das Mehl bloß darein gerührt und mit Kaffeelöffelein auf Schreibpapier gethan und das Papier in Ofen. 1773.

3 Eier, 200 g Zucker, 200 g Mehl, $^1/_2$ abgeriebene Zitronenschale.
Eier und Zucker leicht aufwärmen, dann schaumig rühren. Das Mehl sorgfältig daruntermischen. Von dieser Masse Tupfen von beliebiger Größe auf bebutterte Bleche spritzen. Mit Zucker überstreuen, einige Stunden stehen lassen, bis sich eine dünne Kruste gebildet hat, dann in mäßiger Hitze backen.

Form aus Holz: Bajazzo ein Horn blasend, nebenher ein kleiner Bajazzo laufend. 18. Jahrhundert

Rupfkuchen

Nimm $1^1/_2$ Pfund Mehl, 1 Schoppen Milch und $^1/_8$ Pfund Butter, die man auf dem Feuer in der Milch vergehen läßt, 3 Eier und 2 Löffel Bierhefe. Den Teig lasse in der Schüssel halb gehen. Thue ihn dann in die Form, laß ihn noch ein wenig gehen, schneide recht Butter darauf und streue geschälte und in die Länge geschnittene Mandeln, Zucker und Zimmet darauf. Diese Portion füllt ein langes und ein rundes Blech. 1871.

300 g Mehl, 100 g Butter, 1 Ei, 5 g Salz, 15 g Zucker, 15 g Preßhefe, 3 dl Milch.
Die Preßhefe wird in der Hälfte der Milch aufgelöst, mit 100 g Mehl zu einem Teig vermengt. In diesem «Vorteig» beginnt die Hefe, durch gelinde Wärme angeregt, sofort zu keimen, so daß der Vorteig in verhältnismäßig kurzer Zeit das Doppelte bis Dreifache seines ursprünglichen Umfangs erreicht. Jetzt werden die andern Bestandteile vermengt und durch Klopfen, Schlagen, Kneifen (Pfetzen) schön glattgearbeitet, dann der gegorene Vorteig hinzugefügt und von neuem bearbeitet, bis sich das Ganze leicht und ohne Mühe von den Händen und der Schüssel ablöst. Man läßt den Teig nur leicht gehen, d.h. um etwa die Hälfte sich heben, faltet ihn wieder zusammen, formiert ihn zu runden Kuchen und legt sie in Kuchenformen. Nachdem sie nur wenig aufgegangen sind, überstreut man sie reichlich mit Butterflocken, Mandeln, Zucker und Zimt. Bei mittlerer Hitze backen.

St-Honoré

Zuckerteig: 200 g Mehl, 100 g Butter, 1 Prise Salz, 1 Ei, 80 g Zucker. Brühteig: 3 dl Wasser, 1 Prise Salz, 60 g Zucker, 100 g Butter, 150 g Mehl, 3 bis 4 Eier, 1 Zitronenschale. 2 bis 3 Löffel Himbeergelee zum Bestreichen, 100 g Zucker zum Rösten, einige gehackte Pistazien, 2 dl Rahm zum Garnieren. Franchipanecreme: 3 dl Milch, 60 g Mehl, 60 g Zucker, 2 Eigelb, 1 Päckchen Vanillezucker, 1 Kaffeelöffel Butter.
Zum Zuckerteig Mehl, Zucker, Salz und das Ei zu einem Teig verarbeiten, dann auswallen und ohne Rand in eine gefettete Springform legen. Mit der Gabel gut durchstechen. Zum Brühteig Wasser, Salz, Zucker und Butter aufkochen, das Mehl rasch hineinrühren, bis ein glatter Teig entsteht. Wenn etwas ausgekühlt, ein Ei nach dem

Der Beck.

Zu mir rein/wer hat Hungers not/
Ich hab gut Weiß vnd Rücken Brot/
Auß Korn/Weitzen vnd Kern/bachen/
Gesaltzn recht/mit allen sachen/
Ein recht gewicht/das recht wol schmeck/
Sem̃el/Bretzen/Laub/Spuln vñ Weck/
Dergleich Fladen vnd Eyerkuchn/
Thut man zu Ostern bey mir suchn.

Blick in eine spätmittelalterliche Backstube. 1568

andern darunterklopfen. Nun wird mit dem Spritzsack von diesem Teig ein Rand auf den Zuckerteigboden gespritzt und vom Restenteig auf ein Blech kleine Häufchen. Beides wird bei mittlerer Hitze etwa 30 Minuten gebacken. Zur Franchipanecreme das Mehl mit der Milch unter stetem Rühren aufkochen und die Butter zugeben. Die Eigelbe mit Zucker und Vanillezucker verklopfen, darunterrühren und sofort anrichten. Beim Zusammensetzen der Torte die Küchlein (nur das Köpfchen) in flüssigen braunen Zucker tauchen und mit gehackten Pistazien bestreuen. Den Tortenboden mit Gelee bestreichen, die erkaltete Creme daraufstreichen und die Küchlein verteilen (am Rande sehr satt). Das Ganze mit Rahm garnieren.

Sandtorte

250 Gr. Zucker, 12 Eigelb, 10 Eiweiß, 250 Gr. süße Butter, die abgeriebene Schale einer Citrone, 250 Gr. Mehl. In den Zucker und Citronenschale rühre man ein Eigelb nach dem andern, indem man jedes wieder besonders verrührt, füge, wenn die Masse schaumig ist, nach einer starken halben Stunde die flüssige, aber nicht warme Butter bei, dann das gesiebte Mehl, mische zuletzt den festen Schnee der Eiweiß leicht darunter und backe sie. 1877.

250 g Butter, 250 g Zucker, 4 Eier, 1 Zitronenschale, 125 g Kartoffelmehl, 125 g Mehl, $^{1}/_{2}$ Paket Backpulver.
Die Butter schaumig rühren, Zucker, Zitronenschale und die Eier zugeben und etwa $^{1}/_{2}$ Stunde weiterrühren. Nachher die Mehle und das Backpulver darunterziehen und die Masse in bestrichener, mit Mehl bestäubter Springform im Backofen in schwacher Hitze in etwa 1 Stunde backen. Die erkaltete Torte mit Puderzucker bestäuben.

Sauere Kirschentörtlein

4 Pfund saure Kirschen, die Steine ausgemacht. Kochend Wasser darüber geschüttet, in einem Tuch vertropfen lassen, aber nicht ausgedrückt. 1 Pfund Zucker verschäumt einkochen lassen, doch nicht zu viel. Dann die Kirschen darein gethan und noch $^{1}/_{2}$ Stunde miteinander kochen lassen. 18. Jahrhundert.

1 kg saure Kirschen, 500 g Zucker, Törtlibödeli, 2 dl Rahm.
Kirschen waschen, entsteinen. Mit Zucker etwa 25 Minuten kochen. Erkalten lassen. In fixfertige Bödeli einfüllen. Pro Törtlein 2 Eßlöffel mit steifem Rahm garnieren. Ergibt etwa 18 Törtlein.

Schießer S

250 g Zucker und 1 dl Wasser zum schwachen Ballen kochen (heiße Zuckerlösung). 1 dl Eiweiß zu Schnee schlagen und 60 g Zucker einrühren und dieses dem flüssigen Zucker beigeben. Dann 125 g beste, etwas herbe flüssige Kuvertüre (Pralinéschokolade) einrühren. Zu S dressieren und sofort bei schwacher Hitze backen. Anstelle von Kuvertüre kann auch flüssiger Kakao oder Kakaopulver verwendet werden. In diesem Falle trocknen lassen und bei kaltem Ofen (schwacher Hitze) backen. Ergibt ein Dauergebäck (etwa 18 bis 20 Stück).

Schimmliges Brot

So nym Pirckensamen, der zwischen der tzwaier unser lieben Frauen Tag sej abgenommen, und derre in wol ab an der Sonnen. Und behallt dan, und wann Du in nutzen willst, so thue sein ein wenig darein des Nachtes in das Urhab. Dornach und Du ainen Taig knitest, so wirt das Prot nit schimlig oder grab. 1460.

Schmelzbrötlein

6 Eier, 6 Eier schwer Zucker, 4 Eier schwer süße Butter, 3 Eier schwer Mehl. Die Butter verrührt und dann das Eigelb mit dem Zucker noch recht darunter gerührt,

dann das Mehl und zuletzt das geschwungene Eiweiß. Am schönsten und besten werden sie, wenn die Brödli in einem Bäcker Ofen gebacken werden. Am Zucker abgeriebene Zitronenrinde darf auch nicht fehlen, oder fein gehackt. 1871.

6 Eigelb, 300 g Zucker, 200 g Butter, 1 abgeriebene Zitronenschale, 150 g Mehl, 6 Eiweiß.
Das Eigelb wird mit der Butter, 200 g Zucker und dem Zitronenraps schaumig gerührt. Die restlichen 100 g Zucker schlägt man mit dem Eiweiß zu einem festen Schnee und meliert ihn zu dem Eigelb. Am Schluß das Mehl unter die Masse gemischt. Die fertige Masse füllt man in kleine, geschmierte Förmlein und bäckt sie bei mittlerer Hitze.

Form aus Holz: Dame das Porträt eines Mannes betrachtend, Schäferin und Königin. 18. Jahrhundert

Schmelzbrot

1/2 Pfund Zucker, 6 Eyer. Thue es in eine Schüssel. Rühre es um eine 1/4 Stunde. Alsdann thue ein 1/2 Pfund Butter vergehen lassen und darein gethan und 1/4 Pfund Mehl. Schütte den Teig in wohlangestrichene Formen. 18. Jahrhundert.

1 Ei, 100 g Zucker, 1,5 dl Wasser, 1 Zitrone, 200 g Mehl, 1 Prise Salz, 1 Teelöffel Triebsalz (6 g), 50 g Butter.
Ofen auf Mittelhitze vorheizen. Förmli befetten. Ei, Zucker und Wasser schaumig rühren. Zitronenschale abreiben, Saft auspressen. 1 Teelöffel Schale und 1 Teelöffel Saft unter schaumige Masse rühren. Mehl, Salz und Triebsalz zusammen sieben. Butter schmelzen. Alles sorgfältig miteinander mischen. Förmli bis zur Hälfte mit Teig füllen. Vor dem Backen erkalten lassen. Brötli bekommen sonst keinen «Hupf». Backen während 30 Minuten. Ergibt 14 Stück.

Schokoladenbrot

Ein Pfund ohngeschälte Mandlen rein gestoßen, 28 Loth Zucker, 4 Eyer weiß geschwungen, 5 Loth Chocolade. Der Zucker unter die Eyer gerührt, darnach die Chocolade, ohngefähr 2 Quintlein Zimmet, zuletzt die Mandlen. Wenn es zu dick ist, so kann man ein wenig Milch darunter rühren. 1 Stund anziehen lassen, mit Zucker ausgedruckt und gebacken. 1794.

250 g ungeschälte, gemahlene Mandeln, 250 g Grießzucker, 50 g geriebene Schokolade, 1 Messerspitze Zimt, 1 Prise Nelkenpulver, 2 Eiweiß, Hagelzucker.
Die Zutaten in einer großen Schüssel miteinander vermischen und zu einem Teig zusammen kneten. Diesen etwa 1/2 cm dick auswallen und zu Monden ausstechen. Die Monde im Hagelzucker wenden und auf ein bebuttertes und bemehltes Backblech legen. Im schwach erwärmten Backofen bei gleicher Hitze in etwa 30 Minuten backen. Sie müssen inwendig noch weich sein. Dann die gekochte Zuckerglasur darüberstreichen und die Leckerli mit einem scharfen Messer auseinanderschneiden. Zum Trocknen auf Drahtteller legen.

Schokoladenlebküchlein

5/4 Pfund Mandlen, 1 Pfund Zucker, 4 Loth Zimmet, 8 Loth Chocolaten. Die halben Mandlen geschelt, alle rein gestoßen. Alles zusammen mit einer Tassen frisch Wasser angemacht. In Model mit Zucker bestreut ausgedruckt und auf einem Blech im Ofen gebacken. 18. Jahrhundert.

250 g Puderzucker, 250 g ungeschälte, gemahlene Mandeln, 3 Löffel Wasser, Zitronenschale, 15 g Zimtpulver, 50 g geriebene Schokolade, Zuckerglasur, etwas Vanillezucker.
Zucker, Mandeln und Wasser zusammen in einer breiten Pfanne langsam erwärmen, bis sich die Masse zu einem Teig zusammenballt. Dann die Schokolade, den Zimt und die Zitronenschale zugeben. Die Masse auf das Wirkbrett nehmen und gut zusammen kneten. Auf wenig Mehl etwa 1 cm dick auswallen. Mit dem bemehlten Holzmodel Lebküchlein aufdrücken und diese mit einem Messer genau zerteilen (es gibt etwa 30 Stück). Die Schokoladenlebküchlein in ganz schwach erwärmtem Backofen

bei gleichmäßiger Hitze in etwa 20 Minuten backen. Nach dem Erkalten die Lebküchlein mit einer mit Vanille abgeschmeckten Zuckerglasur dünn überziehen.

Schokoladenschaum

Zwei Weiß von Ey recht geschwungen. 8 Loth Choquelade und 4 Loth Zucker gerieben und darein gerührt und mit einem Café-Löffel auf ein Papier gelegt. 18. Jahrhundert.

2 Eiweiß, 65 g Zucker, 50 g Schokoladepulver.
Eiweiß zu Schnee schlagen. Langsam Zucker dazuschlagen, bis eine glänzende, steife Meringuemasse entsteht. Schokoladepulver daruntermischen. Pergamentpapier befetten, auf Blech legen. Mit Teelöffel Häufchen auf Papier absetzen. Bei schwacher Hitze in vorgewärmtem Ofen etwa 20 bis 25 Minuten backen. Ergibt etwa 35 Stück.

Schwarzbrottorte

$^3/_4$ Pfund Mandeln mit 3 Eiern rein gestoßen, 2 Loth Brot-Rinde gedörrt, gestoßen und mit $^1/_2$ Schoppen alten Wein angefeuchtet, 1 Pfund Zucker zu dem vorigen gestoßen und mit 20 Eiergelb 1 Stund lang gerührt. 2 Loth Pomeranzenschalen, 2 Loth Citronat, 12 Gewürznelken, 2 Loth Zimmet, für 6 Kreuzer Muskatblüthen, 12 Eierweiß zu einem festen Schnee geschlagen, darunter gerührt und also bald in den Ofen gestellt. 18. Jahrhundert.

250 g Brot, 4 dl Weißwein, 6 Eier, 250 g Zucker, 250 g Mandeln, gemahlen, 30 g Orangeat, 30 g Zitronat, $^1/_8$ Teelöffel Nelken, 1 Teelöffel Zimt, 1 Prise Sternanis.
Brot in 1-cm-Würfeli schneiden. Wein erhitzen, darübergießen. Brot fein verstoßen. Eier teilen. Eigelb mit Zucker schaumig rühren. Orangeat und Zitronat grob hacken. Eiweiß zu Schnee schlagen, alles mischen. In befettete Form einfüllen. Bei Mittelhitze etwa 1 Stunde backen.

Schwarzwälder Torte

250 g Zucker, 125 g Butter, 125 g Schokolade, $^1/_2$ dl Wasser, 125 g Mehl, 6 Eier, 1 Kaffeelöffel Backpulver. Fülle: 4 Löffel Konfitüre, 4 dl Schlagrahm, 4 Löffel Zucker, 1 Löffel Kirsch, 2 Löffel Kakao, 100 g Schokoladenspäne.
Die Butter, den Zucker und die Eigelbe vermengen und gut schaumig schlagen. Wasser und Schokolade in ein Pfännchen geben, auf schwacher Gasflamme schmelzen und etwas abgekühlt der luftigen Masse zugeben. Zuletzt das Mehl mit dem Backpulver und den Eierschnee beifügen. Den Teig in eine bestrichene, mit Mehl bestäubte Springform einfüllen und in etwa 1 Stunde in schwacher Hitze backen. Den erkalteten Kuchen dreimal durchschneiden und auf die unterste Lage Weichselkirschenkonfitüre oder sonst eine rote Konfitüre, auf die mittlere braunen und auf die oberste Schicht weißen Schlagrahm streichen. Die drei Schichten aufeinander setzen, den zusammengesetzten Kuchen ringsum mit braunem Schlagrahm überziehen und Oberfläche und Rand mit Schokoladenspänen bestreuen. Zur Fülle Schlagrahm, Zucker und Kirsch vermengen, davon $^3/_4$ der Masse mit Kakao braun färben und den Rest weiß lassen. Zur Herstellung der Schokoladenspäne Tafelschokolade mit einer Raffel (evtl. Röstiraffel) raffeln. Die Torte je nach Belieben mit Marzipanfiguren garnieren.

Sisot-frais nach einem Rezept von 1871

Sisot-frais

$^3/_4$ Pfund Zucker, $^1/_2$ Pfund Mehl, 6 schöne Eier, 12 Loth Butter und etwas Zitronenschale abgerieben. Der Zucker mit dem Eiergelb gerührt, dann das geschwungene Eiweiß, das Mehl und zuletzt der gerührte Butter. 1871.

1 abgeriebene Zitronenschale, 250 g Zucker, 10 Eigelb, 200 g Butter, 8 Eiweiß, 250 g Mehl.
150 g Zucker mit dem Zitronenraps und den 10 Eigelb schaumig rühren, dann die flüssige Butter dazumelieren. Die restlichen 100 g Zucker mit dem Eiweiß zu einem

Schnee schlagen und zu der obigen Masse melieren. Am Schluß auch noch das Mehl unter die Masse melieren. Die Masse in geschmierte Formen abfüllen und bei mittlerer Hitze backen.

Spanischbrotteig

Anderthalb Pfund Mehl, $1^1/_2$ Pfund Anken ins frisch Wasser gelegt, sauber gewaschen, ausballt, daß das Wasser daraus geht, das Mehl, so dick man kann, trocken gemacht, den Teig gewahlt, so lang und so breit man kann. Den Anken in 3 Theil vertheilt, den einten Theil in den Teig zu kleinen Stücklenen verlegt, überlegt und wieder ausgewahlt. Das zum dritten Mal, den Teig halbiert, doch das Untertheil größer als das Obertheil. 1790.

400 g Butter, 500 g Mehl, 2 Eier, 1,5 dl Wasser, 1 Kaffeelöffel Salz.
Die Butter kalt stellen, dann in nußgroße Stücke schneiden. Mit dem Mehl, Wasser und Salz zu einem Teig vermischen. Darauf achten, daß die Butterwürfel möglichst erhalten bleiben. 10 Minuten im Kühlschrank ruhen lassen. Anschließend zu einem etwa 2 cm dicken langen Rechteck ausrollen. Die beiden Teigenden gegen die Mitte legen, dann die beiden Teighälften übereinanderlegen, so daß vier Teiglagen entstehen. Dies ist in Abständen von 5 bis 10 Minuten noch dreimal zu wiederholen, wobei der Teig zwischen dem Ausrollen immer wieder in den Kühlschrank gestellt wird. Den kühlen, gut abgestandenen Teig 2 mm dick ausrollen, in Quadrate von 6 cm schneiden und auf benetztes Blech legen. Mit Ei bestreichen und mit einem spitzen Messer übers Kreuz von einer Ecke zur andern leicht einschneiden. Nach 20 Minuten in heißem Ofen backen.

Gebäckmodel: Liebespaar, von einem Herz umschlossen. 17. Jahrhundert

Springerlein

Siehe: Änisbrötlein.

Straßburger Küchlein

8 Löffel voll Semmelmehl, 8 Eyer. Das Mehl mit den Eyern angerührt. 5 Loth süßen Butter in einem Schoppen Milch vergehen lassen und in den Teig gerührt. Auch ein wenig Salz darzu gethan. So dann Förmlin, wie große Tourtelin, wohl mit süßem Ancken angestrichen und halb voll gemacht und schön gelb gebachen. Gibt 16 Stück. 1800.

200 g Mehl, 6 Eier, 80 g Butter, 4 dl Milch, 1 Prise Salz.
Das Mehl salzen, mit der Milch und den Eiern anrühren und zuletzt die geschmolzene, abgekühlte Butter zugeben. Den Teig in bebutterte Förmchen halbvoll einfüllen und in schwacher Hitze in etwa 20 Minuten backen.

Süße Lebküchlein

Ein Maas Honig, ein Vierling frischer Anken. Laß es mit ein ander warm werden. Nim für ein Schilling Podäsche, schütt ein Trinck-Glaß voll frisch Wasser darüber und laß es über Nacht stehen. Secht es oben ab und schütt es auch in den Honig, rühr es unter einander. Darnach thu zwey Loth erlesenen Änis, zwey Loth Imber und ein Loth Zimmet darein. Rührs mit gutem Kernen-Mehl an, mach den Teig nicht so gar dick, doch daß er sich laßt in die Mödel trucken. 1747.

500 g Honig, 160 g Zucker, 30 g Gewürze (Zimt, Nelken, Muskat, Anis), 2 Zitronen (Saft und abgeriebene Schale), 10 g Pottasche, 5 g Triebsalz, 50 g Kirsch, 625 g Mehl. Wie «luftige Lebkuchen» zubereiten.

Sunneredli

1 Pfund Weißmehl, $1^1/_2$ Vierlig Butter, 1 Prise Salz, 1 nußgroßes Stück Preßhefe, etwa $1^1/_2$ Kaffeetassen Milch.
Mehl und Butter zerreiben, Salz und Hefe in der Milch auflösen und zusammen zu

einem Teig aufgreifen. Nach 30 Minuten zu 5 mm dicken Fastenwähchen aufarbeiten. Vor dem Backen mit Ei bestreichen und mit Kümmel und Salz bestreuen.

Tarta Mora

Man macht einen Blätterteig an $^3/_4$ weiß Mehl, 9 Eigelb, 5 Eßlöffel Wasser, 3 Eßlöffel Blunn. Macht daraus einen Teig an der Härte der Butter, läßt ihn ruhen und wallt ihn mit $^3/_4$ Pfund Butter aus. Davon 6 bis 8 dünne Böden gebacken, das andere aufeinander gelegt, mit Vanillecrème oder Himbeergelee gefüllt. Den obersten Boden kann man glasieren oder mit Schlagrahm garnieren oder auch nur mit Zucker bestreuen. 1871.

Aus Blätterteig rollt man 6 dünne, runde Böden aus. Die gebackenen Böden werden mit Vanillecreme oder Himbeergelee bestrichen und aufeinandergesetzt. Den obersten Boden kann man glasieren, mit Rahm garnieren oder mit Staubzucker bestreuen.

Teigaffen

Nennen wir ein übel gerathenes, talkichtes und blasses Gebäck. 1760.

Teigwecklein

Man macht einen Teig von 15 Loth Mehl, 12 Loth Butter. Das Mehl wird mit Milch angerührt, die Butter dareingethan, der Teig mit Zucker ausgewahlt. Man macht eine Fülle darein. Zu dieser Portion $^3/_8$ Pfund Mandeln feingestoßen. 2 Weiße vom Ei damit angerührt und auf jedes Wecklein ein Kaffeelöffel gethan und umgeschlagen. 19. Jahrhundert.

1. Teig: 200 g Butter, 300 g Zucker, 2 Eier, 2 Eigelb, 500 g Mehl. 2. Füllung: 100 g gemahlene Mandeln oder Haselnüsse, 75 g Zucker, 1 Eiweiß und etwas Wasser zu einer ziemlich festen Masse vermischen.
Butter, Zucker, Eier und Mehl zu einem Teig vermischen. Im Kühlschrank abstehen lassen, dann 3 mm dick ausrollen und runde Plätzli (Durchmesser etwa 5 cm) ausstechen, in die Mitte einen halben Kaffeelöffel Füllung geben und den Teig darüberlegen, so daß Halbmonde entstehen. Die runde Seite gut andrücken, damit sie sich beim Backen nicht öffnen können. Mit Ei bestreichen und bei mittlerer Hitze backen.

Gebäckmodel: Basilisk zum Ausdrücken von Zürcher Tirggeln. 16. Jahrhundert. Das älteste bekannte Rezept für Tirggel, die der Basler Volksmund als «schlechte Basler Leckerli» bezeichnete (!), ist im Basler Kochbuch der Magdalena Platter von 1592 überliefert...

Tirggelein

Nim Honig, wie viel Du willst machen, und verschaum ihn dann. Thu ein Becher voll Wein auch drin und stoß Koriander, nur groblecht, Imber und Musgatnuß und Zimet und ein wenig Pfeffer, es soll auch nur grob gestoßen sein. Thus als in Honig undt rürs under einander. Dann mach ein Deyg darauß mitt Roggenmäl. Dann würcks woll und reibs woll auff eim Disch undt schlach in woll. Dann mach Dirckelin druß. Man sols nur mitt der Handt zertriben. Bachs in eim Ofen auff eim Brett. Undt wann sie schier gebachen sindt, so wäschs fir undt fir mitt rotem Wein, so werden sie braun. Hast sie gern räß, so thun viel Gwürtz drin. 1592.

1 Tasse Honig, 1 dl Rotwein. Gewürze: Koriander, Ingwer, Muskat, Zimt, Pfeffer, fein gemahlen, 500 g Mehl.
Honig, Rotwein, Gewürze aufkochen. Wein etwas abkühlen lassen, das Mehl, wenn möglich Roggenmehl, zugeben und auf dem Tisch einen festen Teig kneten. Wenn nötig mehr oder weniger Mehl zugeben. Den Teig ganz dünn auswallen. Dirkel oder Gutzi ausstechen oder ausdrücken und diese auf Mehl im schwach erwärmten Ofen in etwa 15 Minuten backen. Von Zeit zu Zeit mit etwas Rotwein, der mit etwas Zucker versüßt wird, darüberstreichen, damit sie schön braun werden.

Torteletten

Man kocht Compoten. Zu so Torteletten braucht man einen spanischen Brodteig von einem halben Pfund Butter und einem halben Pfund Mehl. Man wahlt ihn aus so dick als ein Messerrücken, legt die Form zu den Torteletten darauf und schneidet ihn rund, jedoch ein wenig breiter als die Form ist. Man thut dann den Teig in die Mödel; man muß aber Sorge haben, daß man den Teig nicht drückt, denn sonst geht er nicht auf. Hernach legt man in jede Tortelette eine Compote und läßt sie in einer Tortenpfanne oder in einem Öfelein backen. Wenn sie gebacken sind, so gießt man auf jede Tortelette ein wenig Gallerte, daß sie über die Compote zusammengeht. Auf diese Art werden alle Torteletten gemacht, die mit eingemachtem Obst gefüllt werden sollen. 1811.

Blätterteig, Kompottfrüchte, evtl. Aprikosen, Pfirsiche, Kirschen, Zwetschgen usw., Fruchtgelee.
Den Blätterteig auswallen und Tortenförmchen damit auslegen. In jedes Teigförmchen gibt man abgetropfte Kompottfrüchte und bäckt sie dann im heißen Backofen in etwa 15 Minuten. Sind sie erkaltet, wird eine Fruchtgallerte oder ein passender Fruchtgelee darübergestrichen. Man kann auch Mandeltörtchen herstellen. Zur Fülle 150 g gemahlene Mandeln mit 100 g Zucker und Zitronenschale vermengen und mit einem verklopften Ei und einigen Löffeln Rahm vermischen, evtl. 1 Löffel Kirsch oder Rum beigeben.

Totenbeinlein

125 g Tafelbutter, 200 g Mandeln, 250 g Zucker, 4 Eier, 1/2 Löffel Zimt, 500 g Mehl.
Die Mandeln schälen, die Butter schaumig rühren, Eier und Zucker beigeben und die Masse etwa 10 Minuten rühren. Den Zimt, die ganzen Mandeln und das Mehl daruntermischen. Den Teig leicht kneten, zu einem 5 cm breiten und 3 cm hohen Rechteck formen, dieses an der Kälte während 30 Minuten ruhen lassen. Von der Masse etwa 5 mm dicke Stengelchen schneiden. Die Totenbeinchen auf einem gebutterten Blech in mittelheißem Ofen in etwa 20 bis 30 Minuten hellgelb backen.

Treuherzige Ringe

Nehmet 4 Eyer, 4 gutte Löffel voll Zucker, ohngefehr eines Eys groß süßen Butter, zerlassen, Mehl nach Nothdurfft. Allein mercket wohl, daß ihr den Teig nicht mehr wircket, wan ihr ihn auß der Schüssel nehmet, sondern gleich ohne vieles Mehl formieret und in Ofen fahret. 18. Jahrhundert.

250 g Mehl, 100 g Zucker, 150 g Butter, 2 Eier.
Die Zutaten zu einem Teig kneten, ausrollen, Ringe ausstechen und heiß backen.

Türkenbund nach einem Rezept von 1794

Türkenbund

Man nimmt um 2 Rappen Milch, 3 Eyer, 1/2 Pfund süßen Ancken, 2 Löffel voll Bierheb, ein wenig Saltz, Zucker nach Belieben, 1/4 Pfund Rosinen und Meertrauben. Die halbe Milch mit dem Butter übers Feuer gethan, vergehen lassen und in die kalte Milch geschüttet. 1 Pfund Semmel Mehl mit der Milch hart angerührt und die Eyer wohl geklopft in den Teig. Die Form wohl mit süßem Ancken angestrichen und den Teig, wenn er wohl gearbeitet ist, in die Form geschüttet, aber um halb voll und ohngefähr 5/4 Stund gehen lassen, bis die Form schier voll ist. 1794.

2,5 dl Milch, 3 Eier, 250 g Butter, 1 Beutel Trockenhefe, 1/2 Teelöffel Salz, 100 g Zucker, 125 g Sultaninen, 500 g Mehl.
Trockenhefe gemäß Anleitung vorbereiten. Milch erhitzen. Butter, Salz und Zucker zufügen. Zerquirlte Eier und Hefe zugeben. Mit Mehl zu einem glatten Teig verarbeiten. Um das Doppelte gehen lassen. Form befetten, mit Paniermehl ausstreuen. Nach Belieben mit geschälten, ganzen Mandeln auslegen. Masse einfüllen, wieder gehen lassen. Bei guter Mittelhitze 20 Minuten backen. Hitze auf schwache Mittelhitze reduzieren. Weitere 40 Minuten backen.

Vanillezuckerbrot

$1/2$ Pfund Zucker, 3 ganze Eyer und 12 Loth Mehl und etwas Vanille oder Citronen abgerieben. Die Eyer müssen in einer Schüssel wohl verklopft und mit dem Zucker lange gerieben werden. Dann nach und nach das Mehl hineingerührt und in ganz kleinen Heüfchen auf ein Blech gebacken. Nicht zu dicht aneinander gesetzt, weil sie auseinander laufen. 18. Jahrhundert.

250 g Zucker, 3 Eier, Vanillezucker oder Zitronenschale, 200 g Mehl.
Zucker, Eier und Gewürz gut schlagen. Nachher das Mehl zugeben. Auf einem bestrichenen Blech kleine Häufchen setzen und diese im mittelheißen Ofen in etwa 15 Minuten backen. Nicht zu nah nebeneinander setzen, da sie ein wenig auseinandergehen.

Oblateneisen, Mariä Verkündigung darstellend. 1606

Waffeln

Drei Löffel Mehl, 6 Löffel Rahm geschwungen, 1 Löffel Zucker. Mache einen Teig daraus. Wann das Eisen heiß, so schmier es wohl mit einem Stücklein süßen Ancken in ein Tüchlein gebunden, als dann thue von dem Teig darin und kehre das Eisen um, ehe du es auf das Feuer zum backen thust. 1773.

200 g Mehl, 75 g Zucker, 75 g Butter, 1 Prise Salz, 1 Prise Vanillezucker, wenig Zitronenschale, 2 Eier.
Butter und Zucker schaumig rühren, dann die Eier und die anderen Zutaten darunterrühren. Mit dem Mehl zu einem Teig vermischen. Kalt stellen, dann 5 mm dick ausrollen, runde Plätzchen ausstechen und diese im Waffeleisen backen.

Waffelntörtlein

1 Maß Raum zum Raummilch geschwungen. 2 Eyer, $1/8$ Pfund Zucker damit verrührt, $1/8$ Pfund süßen Anken damit vergehen lassen. $1/2$ Pfund Semmelmehl. Alles wohl untereinander gemacht. Die Raummilch darein gerührt. Bei wohl angestrichenen Formen bey gelinder Hitz im Ofen backen lassen. Wer es liebt, kann an Zucker abgeriebene Citronenscheleten darein thun. 18. Jahrhundert.

1,2 dl geschlagener Rahm, 100 g Puderzucker, 125 g Mehl, 3 Eiweiß, Vanillezucker.
Zucker, Mehl und Vanillezucker miteinander vermischen, die Eiweiße zu Schnee schlagen und beides gleichzeitig unter den Rahm ziehen. Mit dem Spritzsack kleine Tupfen auf bebuttertes mit Mehl leicht gestaubtes Blech spritzen und in mittlerer Hitze backen. Sie sollen außen herum ein hellbraunes Rändchen bekommen.

Wasseränisbrötlein

$1\,1/2$ Pfd. Zucker, stark $1/2$ Schoppen Wasser, 1 Eßlöffel voll erlesenen Anis, $7/4$ Pfd. Mehl. Mehl und Zucker sollen ebenfalls gut ausgetrocknet und gesiebt sein. Den Zucker nebst Anis verrühre man einige Minuten mit dem Wasser, schaffe das Mehl darunter und wirke es noch ein wenig auf dem Brett. 1877.

1 dl Wasser, 450 g Puderzucker, 500 g Mehl, 1 Löffel Anis.
Wasser, Zucker und Anis zusammen rühren, bis der Zucker aufgelöst ist, dann das Mehl nach und nach zugeben und alles zu einem glatten Teig zusammen kneten. Die übrige Zubereitung wie bei den Änisbrötlein mit Eiern.

Wassertorte

$1/2$ Pfund gestoßenen Zucker mit 6 Eigelb gut gerührt, ferner $1/2$ Pfund feingestoßene Mandeln dazu und mitgerührt. 6 Loth süße Butter läßt man an der Wärme vergehen und mischt denselben langsam unter die Masse, so dann die zu Schnee geschlagenen Eiweiß und zuletzt ein kleines Glas voll lauwarmes Wasser. Die Form wird mit einem Teig belegt und, so wie die Fülle bereitet, im Ofen gethan. Auch muß derselbe gut erwärmt sein. 1747.

260 g Zucker, 6 Eigelb, 260 g feingeriebene Mandeln, 90 g Butter, 6 Eiweiß, 90 g Mehl, 1 dl Wasser.
Zucker, Eigelb und Mandeln schaumig rühren. Flüssige Butter langsam daruntermischen, das zu Schnee geschlagene Eiweiß daruntermelieren und zum Schluß das Wasser und das Mehl sorgfältig darunterziehen. Die Masse wird in eine mit Teig belegte Kuchenform geschüttet und bei mäßiger Hitze gebacken.

Weiße Lebkuchen

Verklopfe 4 Eier. 1 Pfund Zucker gesiebt und darin gethan. $^1/_2$ Pfund Mandlen, reinlecht geschnitten. Auch $^1/_4$ Pfund Zitronaden und die Scheleten von einer Zitronen gleichfalls darein geschnitten. 4 Lot Zimmet. $^1/_2$ Lot Negelein, groblecht gestoßen. und zuletzt tut man 1 Pfund Mehl darein, bis der Teig recht ist in die Mödel zu drucken und zu backen. Man muß die Leckerlein, wann sie gebacken, weil sie noch warm, ab dem Blech machen, sonst gehen sie nimmer mehr ab. 1773.

4 Eier, 500 g Zucker, 500 g Mehl, 100 g feingemahlene, geschälte Mandeln, 100 g feingehacktes Zitronat, $^1/_2$ abgeriebene Zitronenschale, 2 Messerspitzen Zimt, 1 Messerspitze Nelkenpulver.
Eier und Zucker verrühren, dann mit den übrigen Zutaten zu einem Teig vermischen. Zugedeckt etwas ruhen lassen, dann etwa 5 mm dick ausrollen, viereckige Stücke schneiden, mit Ei bestreichen und in mittlerer Hitze auf bebuttertem Blech backen.

Der Krämer.

Ich bin ein Krämer lange jar/
Kompt/vnd kaufft hie mancherley Wahr/
Als Brüch/Pfeiffen/vnd Schlötterlein/
Item/Würtz/Zucker vnd Brentn Wein/
Spiegel/Schelln/Käm/nadl vñ Harbät/
Leckkuchn/Nestel vnd Brillen gnannt/
Die Krämerey mancherley Wahrn/
Erfand lieber Pater vor jarn.

Neben allerlei Gebrauchsartikeln hält der Krämer auch Zucker, Gewürze und Lebkuchen feil. 1568

Wiener Brötlein

Man nimmt $^1/_2$ Pfund Butter, $^1/_2$ Pfund Mehl, 2 Eyer, 3 Löffel voll Nidlen, 1 Prise Saltz. Dies wird zusammen in eine Schüssel gethan und mit den Händen – nachdem sie gewaschen (!) – in einen Teig zusammen geknettet. Hernach wird der Teig ausgewahlt, mit dem Model ausgestochen, mit dem Messer ein wenig gestupft, damit der Teig keine Blasen zieht, mit etwas Zucker bestreut und gebacken. 1794.

$^1/_2$ geriebene Zitronenschale, 125 g Butter, 125 g Zucker, 1 Ei, 2 Eßlöffel Rahm, 1 Prise Salz, 250 g Mehl. Glasur: 100 g Puderzucker, 1 Eßlöffel Zitronensaft.
Butter, Zucker und Ei schaumig rühren. Alle Zutaten zu glattem Teig verarbeiten. Teig kühl stellen. Teig viermal auswallen. Rasch arbeiten, sonst wird der Teig zu weich. 3 mm dick auswallen. Brötli in Rechtecke von 3,5 × 5 cm schneiden. Auf unbefettetes Blech absetzen. Mit Gabel einstechen als Garnitur. Bei Mittelhitze sofort 15 bis 20 Minuten backen. Glasurzutaten mischen. Brötli damit bepinseln. Ergibt etwa 60 Stück.

Windbeutelein

4 Löffel voll Semmelmehl, 4 Eyer recht verklopft und das Mehl zart angerührt, $^1/_8$ Pfund süßen Ancken vergehen lassen und ein Schoppen Rum auch darin gethan. Zucker nach Belieben. Die Förmli mit süßem Ancken angesalbt und nur halb füllen. 1800.

80 g Butter, 200 g Zucker, 4 Eier, 300 g Mehl, 1 dl Rahm, 1 Kaffeelöffel Backpulver. Die Butter schaumig rühren, Zucker zugeben, weiter rühren, dann die übrigen Zutaten beifügen. Den Teig in kleine bebutterte Förmchen halbvoll einfüllen und in schwacher Hitze in etwa 20 Minuten backen.

Zimtbrot

Ein Pfund Mandeln geschält, sauber getrocknet, mit 2 Eyer-Weiß rein gestoßen, ein Pfund rein gesiebter Zucker, 4 Loth Zimmet rein gestoßen, 24 Nägelein auch gestoßen, unter die Mandeln und Zucker gethan, 2 Eyerweiß geschwungen und darunter gerührt, Zucker auf ein Brett gezettelt, den Teig darauf gewahlt und mit sturzenen Formen ausgedruckt, auf Schreibpapier gethan und gebacken. Wer will, kann nach Belieben Citronen abreiben und darunter thun. 1790.

Form für Backwerk: Mann, Hose und Unterrock tragend, Mann vor einer Wiege kniend, Mann und Frau um die Hose streitend, Schäferin mit Lamm, Schäferin mit Lamm, Mann und Frau Abschied nehmend. 18. Jahrhundert

500 g Mandeln, gemahlen, 4 Eiweiß, 500 g Zucker, 2 Teelöffel Zimt, $^1/_4$ Teelöffel Nelken, $^1/_2$ Zitronenschale, gerieben. Glasur: 100 g Puderzucker, 1 Teelöffel Kirsch, 1 Eßlöffel Wasser.
Eiweiß zerquirlen. Alle Zutaten zu einer Masse verarbeiten. Auf Zucker 75 mm dick auswallen. Pergamentpapier befetten, Blech damit belegen. Gutzi in Rechtecke von 3 × 5 cm schneiden. Auf Blech absetzen. Bei schwacher Hitze 30 Minuten backen. Kann auch über Nacht getrocknet werden. Dann 10 Minuten backen. Glasurzutaten glattmischen. Gutzi damit bepinseln. Ergibt etwa 80 Stück.

Zimtkröpflein

Mach ein Teig von 4 Eyergelb, 1 Löffel voll Zimmet, 1 Löffel voll süßen Raum und 1 Löffel voll Zucker, würke es wohl mit Semmelmehl, dann wahle den Teig dünn aus. Zur Fülle: $^1/_4$ Pfund Mandlen, mit Roswasser gestoßen, 1 Lot gesiebter Zucker mit 1 oder 2 Ey angerührt, doch daß es nicht zu dünn wird. Fülle die Kröpflin und bache sie im Ancken oder Ofen. Die, so in Ofen kommen, kan man vorher mit dem gelben von Ey anstreichen. Man kan beyde Sorten auch erst anstreichen, wan sie gebachen und noch warm sind. Nemlich zu erst mit Eyer, und dan streüt man Staubzucker und feingestoßener Zimmet undereinander gemacht, leicht darüber. 1786.

4 Eigelb, 1 Löffel Zimt, 2 Löffel süßen Rahm, 1 Löffel Zucker, 250 g Mehl. Fülle: 125 g Mandeln, gemahlen, 1 Löffel Zucker, 1 Ei.
Von Eigelb, Zimt, Rahm, Zucker und Mehl einen Teig zubereiten. Wenn nötig noch etwas Milch zugeben. Zur Fülle Mandeln, Zucker, Ei vermengen. Den Teig dünn auswallen, runde Plätzchen ausstechen, 1 Löffel Fülle darauf geben, zu Kräpfli zusammenkleben und mit Eigelb bestreichen. Das Gebäck in der heißen Butter schwimmend oder im Backofen, in mittlerer Hitze, in etwa 15 Minuten backen. Nach dem Backen mit Puderzucker, evtl. mit Zimt vermischt, bestreuen.

Zimtsterne

1 Pfd. rohe Mandeln, 1 Pfd. Zucker, 4 Eiweiß, 2 Loth Zimmt, Citronenschale. Die Mandeln stoße man fein, rühre Zucker und Eiweiß $^1/_2$ Stunde, thue davon auf die Seite zum Anstreichen, rühre in das Übrige die Mandeln, Zimmt und Citronenschale, nehme den Teig auf das Wirkbrett und wälle ihn auf Zucker schwach kleinfingerdick aus, drücke mit einem Blechförmchen Sterne aus, setze sie auf ein Backblech, bestreiche sie mit dem zurückgehaltenen Zucker und Eiweiß (Glasur) und backe sie bei mittlerer Hitze. 1877.

3 Eiweiß, 500 g Grießzucker, 500 g ungeschälte, gemahlene Mandeln, 1 Kaffeelöffel Zimt, 2 Eßlöffel Zitronensaft, Glasur.
Die Eiweiße zu Schnee schlagen und mit den übrigen Zutaten zu einem Teig vermengen. Diesen auf Zucker 1 cm dick ausrollen, zu Sternen ausstechen und diese auf gebuttertem Blech in schwacher Hitze in etwa 15 bis 20 Minuten backen. Die Zimtsterne entweder vor dem Backen mit Eiweißglasur oder nach dem Backen mit Zitronenglasur bestreichen.

Zimtwaffeln

Zu 1 Pfund weißem Mehl $^1/_2$ Pfund Zucker, $^1/_2$ Pfund sießen Ancken, 2 Loth Zimmet, die Scheleten von 1 Citrone, 4 Eyer. Der Butter muß verlassen werden und in den Teig. Hernach kleine Kuglen davon gemacht und im Eisen gebachen. Man kann nach Belieben geschelte Mandlen darin stoßen. 17. Jahrhundert.

250 g Mehl, 110 g Zucker, 100 g Butter, 2 Eier, 1 Kaffeelöffel Zimt, 1 abgeriebene Zitronenschale.
Alle Zutaten werden zu einem Teig geknetet, davon kleine Kugeln gemacht und zwischen einem Waffeleisen über einer Gasflamme oder einem offenen Feuer gebacken.

Zitronenbisquits

Nim ein Vierling Mandlen, wohl gestoßen. Ein Vierling Zukher mit Zitronensafft genetzt. Den Zukher, die Mandlen darunder und ob einer Kohlen wohl abgetrockhnet. Darnach in ein Schüssel geschlagen, zwey Eyer darein gerüehret. Wenn's kalt ist, ein Vierling Zukher darunder und mit Mehl wohl ausgewürkhet, daß es ist wie ein Schenkhelteig. Darnach in ein Gachierförmlein gethan und gebachen mit geringer Hitz. 18. Jahrhundert.

150 g feine Mandeln, 250 g Zucker, 1 abgeriebene Zitronenschale mit Saft, Eiweiß. Die Zutaten mit dem Eiweiß zu einer dickflüssigen, dressierfähigen Masse verrührt und wie runde Makronen auf Papier dressiert. Mit Puderzucker bestäubt und bei mittlerer Hitze backen.

Zitronenbrötlein

Man nimmt 1/4 Pfund Zucker zu einem Weißen vom Ey, klopft es auf einen zinnenen Teller mit einer Gabel recht untereinander, reibt von einer Citrone die Schelleten und klopft sie auch darunter. Thut es dann auf Papier wie Zuckerbrot. Das Öfelin muß nicht gar warm seyn. Wenn man will, kann man auch nur 1/2 Vierlig Zucker und 1/2 Vierlig Choquelade nehmen. 18. Jahrhundert.

125 g Zucker, 1 Eiweiß, 1 Zitronenschale, gerieben.
Eiweiß zu Schnee schlagen. Alles gut mischen. Pergamentpapier befetten. Teelöffelweise kleine Häufchen absetzen. Bei schwacher Hitze etwa 40 Minuten backen. Ergibt 32 Stück.

Zitronenkröpflein

Nim ein halb Pfund Zukher, ein halb Pfund Mandlen, halbgestoßen, halb geschnitten. Zwo Citronen Schelleten würflecht geschnitten. Netz den Zukher mit Zitronen Safft an, thue die Mandlen darzu. Trokhne es ob einer Kohlen ab. Wan sie kalt seind, Kröpflein darauß gemacht und auf Papier gebachen. Wen sie kalt seind, ein Zitronenguß darauf gemacht. 18. Jahrhundert.

160 g Mandeln, gemahlen, 160 g Zucker, 1 abgeriebene Zitronenschale und Saft, 4 Eiweiß.
Man schlägt die Eiweiße zu Schnee und meliert die andern Zutaten darunter. Diese Masse in kleine, mit Zuckerteig ausgelegte Förmchen füllen und bei mittlerer Hitze backen.

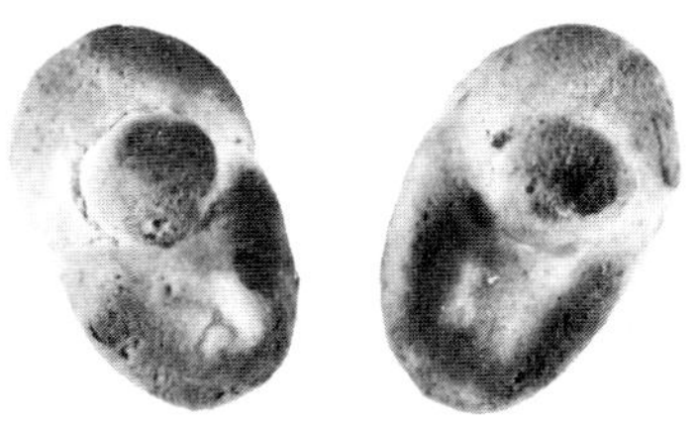

Zofinger Pantöffelein nach einem Rezept von 1747

Zofinger Pantöffelein

1/4 Pfund Zucker rein gesiebt, gestoßen. 1/4 Pfund Mantlen rein gestoßen. Zitronen oder Zimmet. 2 Weiß von Ey darunder gerührt. Ein Bastenteig gemacht, etwas wehnig Zucker darunder. Rümly geschürten Bantöffely gemacht, sie ausgestrichen, auf ein Blech gethan, in dem Offen gebachen. 1747.

250 g feine weiße Mandeln, 370 g Staubzucker, Eiweiß.
Die Zutaten kneten und nach Bedarf mit Eiweiß verdünnen. Die Masse muß dick bleiben, jedoch dressierfähig. Mit einem Dressiersack mit glatter Tülle kleine Pantöffelein auf ein leicht gefettetes Blech dressieren, antrocknen lassen und heiß, jedoch nur kurze Zeit, backen.

Zofinger Teig

5/4 Pfund Mehl, 1 Pfund süße Butter, in ein Halbschoppenglas ein Hochfüßlein Kirschwasser mit Wasser angefüllt, dann alles untereinander gemacht und etlichmahl gewahlt. 1843.

325 g Mehl, 260 g Butter, 25 g Kirsch, 1 Prise Salz.
Das Salz im Kirsch auflösen und mit dem Mehl und der Butter zu einem Teig kneten. Dies gibt einen sehr mürben Kuchenteig.

Zuckerhippen

Für 2 Rabben kalte Milch mit weißem Mehl angerührt, 1 biß 2 Eyer wohlverklopft, verstoßenen Zimmet, $^1/_2$ Citronen rein geschnitten, 3 Lot süßen Butter, laß ihn vergehen, $^1/_4$ Pfund gesiebten Zucker, ein wenig Salz. Alsdan die Milch nach und nach darein gerührt, das Mehl und Butter auch drein. Es muß nicht dicker seyn, als ein Kindlinpappen. Wen sich nicht grümmen läßt, noch ein Ey dazu. Das Eisen mit Speckschwarten jedesmahl überfahren, daß es gern abgeht. 1786.

30 g Butter, 2,5 dl warme Milch, 25 g Zucker, 3 Eier, 150 g Mehl, 1 Prise Salz, Zimt, Zitronenschale.
Von diesen Zutaten einen Teig zubereiten. Ein Bretzeleisen erhitzen, einfetten, je 1 Löffel Teig darauf geben und Bretzel backen. Noch warm zu Hippen aufrollen. Lassen sich die Bretzel nicht krümmen, gibt man noch 1 Ei dazu.

Pasteten Wähen

Bay

Man nimmt gute Milch, Mehl und frische Butter in beliebiger Menge. Arbeitet einen dicken Teig daraus. Wallet ihn nicht gar einen viertel Zoll oder ein paar Linien dick aus. Überlegt damit eine irdene Platte, welche zuvor mit Butter bestrichen worden ist. Darauf werden gereinigte Äpfelschnitze gelegt, dann mit der gleichen Masse, wie am Boden, zugedeckt. Jetzt werden sie samt der Platte in einen geheitzten Ofen gethan, so sind sie sehr bald fertig und gar. 1823.

Teig: 250 g Mehl, 1 Prise Salz, 125 g Butter, 1 dl Milch. Fülle: $^1/_2$ kg Äpfel, Zucker nach Bedarf.
Von Mehl, Salz, Butter und Milch einen Teig zubereiten. Die Äpfel rüsten und in feine Scheibchen schneiden. Die Hälfte des Teigs auswallen, eine bestrichene Form damit auskleiden, die Apfelscheiben mit etwas Zucker darauf geben und mit dem Restenteig einen Deckel darauf setzen. Den Bay im mittelheißen Backofen in etwa 30 Minuten backen.

Form aus Holz: Liebespaar in prächtigen Gewändern. 17. Jahrhundert

Gerührte Pastete

Ein Pfund Butter, rühre es wohl ab. 12 Eyer, zu einem jeden Ey ein Löffel voll Mehl. Etwa 4 Löffel voll noch dazu. Nimm $^1/_2$ Schoppen sauren Raum. Solte es nicht dünn genug seyn, so nimt man noch etwas Milch dazu. Nimm ein kupfernes oder irdnes Geschirr, welches rund und der Boden flach seyn muß, mit einem handbreiten Ramf. Bestreiche dieses wohl mit Butter, mache von dem Teig einen Boden, etwa einen Finger dick. Das Fricassé gekocht aus der Sauce heraus genommen und kalt werden lassen. Lege es alsdan in die Mitte des Bodens auf einen Haufen, gieße den übrigen Teig darüber, saltze es auch ein wenig. Muß etwa eine Stunde gebacken werden. 18. Jahrhundert.

100 g Butter, 6 Eier, 6 Eßlöffel Mehl, 1 dl Milch, 400 g Kalbsragout. Sud: 1 Zwiebel, 1 Karotte, 1 Lorbeerblatt, 2 Nelken, 1 l Wasser, $^1/_2$ Teelöffel Thymian, 4 Pfefferkörner, 1 Teelöffel Salz, 2 Zweige Petersilie.
Sudzutaten aufkochen. Fleisch etwa 1 Stunde ziehen lassen, nicht sprudelnd kochen! Eine 2-l-Auflaufform befetten. Butter flüssig machen. Mehl, Eier und Milch glattrühren. Butter zufügen. $^2/_3$ des Teigs in Form geben. Fleisch ohne Saft darüber verteilen. Restliche Teigmasse darübergeben. Bei guter Hitze 40 bis 50 Minuten backen.

Käsekuchen

Man rührt 6 ganze Eyer in einer Schüssel recht untereinander, schüttet nach und nach eine wohlgemessene $^1/_2$ Maas Milch darein, schneidet $^1/_2$ Pfund guten alten Käs dazu, bestreicht eine Form mit Butter, belegt sie überall mit Weißbrotschnitten, thut auf jede Schnitte ein kleines Stückchen Butter, schüttet die Masse über das Brodt. Der Käs muß sehr dünn und klein zerschnitten sein, damit man ihn überall gut vertheilen kann und backt ihn im Ofen. 1843.

6 Eier, 7 dl Milch, 250 g Käse, 10 Tranchen Formenbrot.
Den Käse reiben oder ganz fein schneiden. Die Brotscheiben (auch anderes Brot ist richtig) in eine bestrichene Auflaufform geben, einige Butterflöckli darauf verteilen, Eier, Milch, Käse vermischen, über die Brotscheiben gießen und den Kuchen im heißen Ofen in etwa 30 Minuten backen.

Mörselbrot

Nim Eyer, klopf sie woll, schneidt Weißbrot würfflecht, machs under die Eyer, nimb auch Mußgatnuß, Zimmet, Rosinle undt Saltz. Klopfs woll undereinander, nimb den Mörsell, setz ihn denn zu Feür, thun ein Löffel mitt Ancken darin undt mach ein Glut zu rings darumb. Wenn er heiß ist, so schwenk in zu rings umb. Undt willst Du Dauben oder junge Hiener darin haben, so bereit undt schwell sie. Schitt sie mitt den Eyeren in Stein, daß die Eyer darüber gangen. Wann Du willst wissen, wans genug hat, so stich mitt eim Messer darin. Ist es drocken, so hatts genug. Willst Du, so magst Du ein Brüe darüber machen. 1592.

4 Eier, 100 g Milchbrot oder Formenbrot, 1 Löffel Zucker, Zimt, Rosinli, Salz.
Das Brot in Würfeli schneiden und mit den Eiern und den Gewürzen vermischen. Butter erhitzen, die Masse hineingeben und fest werden lassen. Es handelt sich um eine Fülle für Tauben oder junge Hühner oder als Zugabe zu Geflügel. Auch kann die rohe Masse in einer Gratinplatte im Backofen, evtl. mit Zugabe von Geflügelresten, fest gebacken werden.

Form für Gebäck oder Krebsgallerte: Krebs aus getriebenem Kupfer. 18. Jahrhundert

Sauersüße Pastete

500 g gekochtes Suppenfleisch, 50 g Rosinen oder Weinbeeren, 40 g Zucker, 1 Schalotte, 4 Eßlöffel Essig, Salz, Pfeffer, Gewürz.
Fleisch und Schalotte fein hacken, Zutaten daruntermischen. 2 Blätterteigstücke beliebig ausrollen, Fleisch darauf geben und decken. Mit Eigelb bestreichen, bei mittelmäßiger Hitze backen. Mit Spinat oder Salat servieren.

Speckkuchen

Nim drey Eyer und mach ein Deyglin druß und schütt ein wenig warmen Anken auch drin und salz es, dann würks woll, dann wal ein Boden druß wie zu eim Eyerkuchen, dann schneidt Speck, so dinn du kannst, und klopf ein Ey woll, und leg den Speck drin, dann auf den Kuchen, so Du gewalt hast, und bestreich in zu ringsumb woll mit dem Ey, dann bach in einer Bastetenpfann, oder in einem Ofen, man soll in gäch bachen. 1592.

250 g Kuchenteig, 200 g Speckwürfeli, 2 Eier.
Wähenblech mit Teig auskleiden, nur 1 cm hohen Randformen. Speck 5 bis 10 Minuten ausbraten. Fett abgießen. Eier zerquirlen. Teigrand anstreichen. Speck über Teig verteilen. Eier darübergießen. Bei Mittelhitze 30 Minuten backen.

Sonntagspastetlein

Teig: 1,2 kg Weißmehl, 400 g Butter, 30 g Salz, 380 g Wasser zu einem mittelfesten Teig anmachen. Füllung: 1 kg Kalbfleisch mit Suppengrün (Zwiebeln, Sellerie, Lauch, Rübli, Kartoffeln), Salz und Gewürzen (Pfeffer, Senfpulver, Karadamomen, Muskat, Ingwer) mit etwa 1 bis 1,3 l Wasser kochen. Wenn durchgesotten, das Fleisch einmal durch die Hackmaschine geben und wiederum mit dem Sudwasser vermischen.
Den Teig etwa 1,2 cm dick ausrollen und dann etwa 7 cm rund ausstechen. Von Hand etwa 2,5 cm hohe Förmchen drehen und diese 2 Tage trocknen lassen. Wenn die Füllung ganz erkaltet ist, die Förmchen zu 2/3 füllen. Mit einem Blätterteigdeckeli zudecken und sofort backen. Warm servieren.

Gebäckmodel: Spinnerin am Spinnrad. 19. Jahrhundert

Wähenfülle

Man nimmt etwan 2 kleine Löfelein voll Mehl und rührt sie mit einem halben Rappen Milch an. Alsdann schneidet man ein halb Pfund Speck in gantz kleine Würfeli, 2 Hand voll grüne Zwiebeln und, in Ermanglung, 2 Hand voll grün Kraut, und solches auch klein schneiden. Auch 4 oder 6 weiße Zwiebeln, nachdeme sie groß sind. Schneidet ihn auch klein und schweitzt dieses alles im süßen Ancken. Alsdann nimt man 9 oder 10 Eyer, verklopft solche wohl und thut sie langsam zu dem angerührten Mehl und rührt solches wiederum damit an. Alsdann nimt man $^1/_2$ Maas Milchraum und thut solches auch darzu und klopft solches braf durch einander. Alsdann rührt man den geschweitzten Speck und Zwiebeln auch darein, so ist die Fülle gemacht. Nach Belieben Salz muß auch darein gethan werden. 18. Jahrhundert.

80 g Speckwürfeli, 2 bis 3 feingeschnittene Zwiebeln, 1 Löffel Butter, 3 Eier, 1 Kaffeelöffel Mehl, 1 dl Milch, 2 dl Rahm, Salz.
Die Speckwürfeli in der heißen Butter rösten, die Zwiebeln zugeben und kurz dämpfen. Sobald etwas ausgekühlt, die übrigen Zutaten zugeben. Die Fülle auf einen Wähenboden geben und das Gebäck in etwa 30 Minuten bei guter Hitze backen.

Zwiebel- und Speckwähe

$^3/_8$ Pfund Anken, $^3/_4$ Pfund Mehl zu Teig. Die Portion gibt 2 Waihen. $^1/_2$ Pfund Speck würflicht verschnitten, in einer Pfanne vergehen lassen, aber nicht ganz, daß noch Mumpfel bleiben. Dann 12 Zwiebeln verschnitten und in dem Speck verdämpft, fast eine $^1/_4$ Stund. Etwas gruene Zwiebeln und Benetsch. Dann 16 Eyer wohl verklopft in $^1/_2$ Maas Milch darunter gerührt. In die Fülle dem Feuer gerührt bis es anfangt dick zu werden. 18. Jahrhundert.

250 g Kuchenteig, 150 g Specktranchen, 500 g Zwiebeln, 50 g Lauch, 1 Eßlöffel Öl, 4 Eier, 2 dl Milch, $^1/_4$ Teelöffel Muskat, 1 Teelöffel Salz.
Teig auswallen, Blech damit auskleiden. Einige Male einstupfen. Speck in kleine Stücke schneiden. 5 Minuten ausbacken. Speck aus Pfanne nehmen. Zwiebel und Lauch fein schneiden, mit Öl im Speckfett 15 Minuten dämpfen. Eier mit Gewürzen zerquirlen. Zwiebel mit Speck vermischen, über den Teigboden verteilen. Eier darübergießen. Bei guter Mittelhitze 30 bis 40 Minuten backen.

Küchlein Omeletten Schnitten

Allemännlein

Stoß aber Mandeln vast klein, treibs mit Rosenwasser zimlich dick durch, ein gute Eyerschalen voll, darunder klopff zwey oder drey Eyer wol, Zucker und ein wenig Salz, oder, so du wilt, laß den Zucker bleiben, biß es gebachen. Mache ein Schmalz heiß in eim Pfännlein, das man nit reibt und ein flachen Boden hat, nicht viel. Wann es heiß, so schüt es in ein anders. Die Pfann soll bloß schmutzig oder feißt unnd geschmiert seyn. Nimme bald, weil die Pfann heiß ist, ein Löffel voll erklopfften Zeugs, geuß in der Pfann herumb, daß es ein Platz gibt wie ein Oflatten, so dünn es seyn kan, doch ganz, an allen Orthen gleich. Heb es uber das Fewr, biß es sich von der Pfannen lösen laßt. Dann strewe uberal Zucker unnd Zimmet darauff herumb, leg es allgemach wie die Hippen über einander. Ist die Pfann noch schmutzig, fahre fort. Wo nicht, so schüt das zerlassene Schmalz wider darein und darauß, wie zuvor. Fahr abermal fort, die Pfann soll weder zu heiß noch zu kalt seyn, dann es gestehet sonst so bald. Behalts warm oder gibs gleich. 1605.

200 g gemahlene Mandeln, 2 Löffel Rosenwasser oder Kirsch, 1 Ei, 1 Löffel Mehl, 1 Prise Salz, 100 g Zucker, Zucker und Zimt zum Bestreuen.
Die Mandeln, evtl. auch geschälte, mit Rosenwasser oder Kirsch, 1 Ei, 1 Löffel Mehl und Zucker gut kneten. In einer Omelettenpfanne wenig Butter oder Fett erhitzen, je 1 Kaffeelöffel. Masse hineingeben, platt drücken und hellbraun backen. Mit Zucker und Zimt bestreuen.

Apfelküchlein mit rotem Wein

Nimm 2 Rührlöffel voll schönes Weißmehl, thue einen Schoppen roten Wein in einer Pfanne aufs Feuer. Wenn der Wein stark kocht, so rühre das Mehl damit an. Thue dann eine große Eierschale voll Kirschenwasser in die Pfanne und laß es wieder kochen. Sieht man während dem Rühren daß der Teig zu dünn werden will, so muß man noch mehr Mehl in die Schüssel tun, es mit dem Wein nochmals anbrühen und unter das andere rühren. Der Teig muß so dick sein, daß man ihn mit einem Finger verstreichen kann. Zettle dann noch eine Handvoll Zucker darüber und schaffe ihn hinein. Den Tag zuvor, ehe man die Küchlein bachen will, muß man die Äpfel schählen und in vier Teil zerschneiden, damit sie trocken werden. Denn sonst wird es ohnmöglich, den Teig darauf zu streichen. Stecke dann die Äpfelschnitz an eine Gabel und bestreiche sie mit einer Messerrücke dick mit dem Teig. Von einem solchen Teig wie wir angezeigt haben, gibt es etwan 30 bis 40 Stück. Thue dann ein gesottene Butter in eine Pfanne und, so man will, kann man auch einige Löffel voll eingekochtes Schweinenschmalz darinlegen. Wenn die Butter heiß ist, daß sie dämpft, so lege die Küchlein darein und laß sie auf einem schnellen Feuer backen. Man nimmt die Äpfel nicht eher aus der Butter, als bis sie nicht mehr schreyen. Bey allem, was man bacht, muß man immer ein starkes Feuer unterhalten und es schnell bachen lassen, sonst zieht es zuviel Fett an sich. 1773.

150 g Mehl, $^1/_2$ Teelöffel Salz, 2 Eier, 1,5 dl Rotwein, 1 Eßlöffel Öl, 1 Teelöffel Kirsch, 750 g Äpfel, Zucker.
Mehl und Salz zusammen sieben. Eier teilen. Eigelb, Wein, Öl, Kirsch zerquirlen. Alles zu einem glatten Teig verarbeiten. $^1/_2$ Stunde ruhen lassen. Äpfel in 1 cm dicke Scheiben schneiden. Öl zum Backen erhitzen. Eiweiß zu Schnee schlagen und unter den Teig mischen. Apfelringe in Teig eintauchen, goldgelb backen, etwa 4 bis 6 Minuten. Im Zucker wenden. Ergibt etwa 25 Küchlein.

Gebäckmodel: Mann und Frau in bäuerlicher Tracht. 18. Jahrhundert

Apfelpfannkuchen

Man nimmt Kreislicher, schneidt sie in 4 Schnitz, dann wieder einer in 4 Theil. Ein Teiglein von ein wenig Mähl, das Weiße von einem Ey, ein wenig Kirschwasser oder Wein und ein wenig Zucker. Lasse dieses warm werden und das Mähl mit angerührt. Man macht den Teig ein wenig dicker als zu den Apfelküchlein. So geschwind gebacken als man kann. 1794.

250 g Mehl, 1 Teelöffel Salz, 4 Eier, 1 dl Wein, 1 dl Milch, 3 Eßlöffel Zucker, 500 g Äpfel, Butter zum Backen.
Alle Zutaten zu einem glatten Teig verrühren. $^1/_2$ Stunde quellen lassen. Äpfel waschen, schälen, in feine Scheibchen schneiden. Unter Omelettenmasse mischen. Omeletten backen. Ergibt 5 bis 6 Stück.

Bauernsträublein

Nimm ohngefehr zwey Schoppen Milch, thue ein Stückchen Butter hinzu, und wenn die Milch warm ist, so rühre Mehl darein, bis es ein dicker Teig ist. Thue Salz in den Teig, lege Eyer in warmes Wasser, und schlage so viel darein, bis es so dünn ist, daß es durch einen Trichter läuft. Nimm dann ein Pfännlein so groß Du die Strauben haben willst, und thue Butter darein. Wenn sie heiß ist, so stelle sie vom Feuer und laß die Strauben darein laufen. Backe sie auf einem gelinden Feuer ganz langsam, und wenn sie aus der Butter kommen, so streue Zucker darüber. 1811.

$^1/_2$ l Milch, 50 g Butter, 1 Prise Salz, 180 g Mehl, 3 bis 5 Eier.
Milch, Butter, Salz aufkochen, das Mehl auf einmal einrühren und rasch dicklich rühren. Wenn etwas abgekühlt, die Eier, eines nach dem andern, beifügen. Der Teig soll so dünn sein, daß er durch einen Trichter fließt. Evtl. noch etwas Wasser beifügen. Mit dem Strüblitrichter Strübli in heiße Butter laufen lassen und diese goldgelb backen, nach der halben Backzeit wenden und auf der Platte mit Zucker bestreuen.

Beignets soufflés

1 Glas Wasser wird mit 4 Loth Butter aufgekocht, dann $^1/_4$ Pfd. Mehl, 2 Loth gestoßenen Zucker, 3 ganze Eier und 1 Eigelb, ein wenig gehackte Citrone und Salz wird zu einem Teig vermengt, von welchem dann kleine Stücke in heißem Fett langsam gebacken werden. Sind sie braun, so werden sie auf einem Sieb abgetropft, mit Zucker bestreut und serviert. 1871.

2 dl Wasser, 60 g Butter, 30 g Zucker, 125 g Mehl, 3 ganze Eier, 1 Eigelb, 1 Prise Salz, Zitronenschale.
Das Wasser mit Zucker, Salz und Butter aufkochen, dann das Mehl beifügen und einen Teig zubereiten. Nach dem Abkühlen Zitronenschale und ein Ei nach dem andern beifügen. Mit einem Löffel kleine Teigstücke im heißen Fett langsam backen. Beim Anrichten mit Zucker bestreuen.

Berliner Pfannkuchen

1 Pfd. *(500 g)* Mehl, $^2/_3$ Schoppen *(3 dl)* Milch, 8 Loth *(70 g)* süße Butter, 3 Loth *(70 g)* Zucker, 3 Eier *(1 bis 2)*, Salz, geriebene Citronenschale, $1^1/_2$ Loth *(20 g)* gepreßte oder 3 Löffel voll flüssige Bierhefe. Von der Bierhefe, 1 Löffel voll Mehl und einigen Löffeln voll lauwarmer Milch mache man eine kleine Hebe, gieße dieselbe zum Mehl in eine darin gemachte Vertiefung und stelle die Schüssel an einen warmen Ort, bis der kleine Teig sich in die Höhe läßt. Alsdann schlage man die Eier hinein und die auf Dampf zerlassene Butter nebst Salz, Zucker, Citronenschale, menge dieß mit der Hand unter die Hebe, gieße nach und nach die lauwarme Milch zu und schaffe den Teig bis er sich völlig von der Schüssel löst. Hierauf bestreue man das Wirkbrett mit Mehl, lege den Teig darauf und zerschneide ihn in 50 Gr. schwere Stücke, forme ein jedes derselben rund, lege dick eingekochte Zwetschenmarmelade darauf, ziehe den Teig darüber, daß die Marmelade völlig bedeckt ist, forme sie nochmals mit der Hand rund und lasse sie auf einem dicht mit Mehl bestreuten Brett an einem warmen Ort haben. Sobald sie schön gegangen sind, löse man sie sorgfältig mit einem breiten Messer los, backe sie schwimmend in nicht zu heißer Butter schön braun; nachdem sie recht vertropft sind, drehe man sie in gestoßenem Zucker herum, servire sie kalt zu Kaffee oder Thee. 1877.

Bierküchlein

Eine Maas Milch übers Feuer gethan, ein Pfund süßen Anken laulecht vergehen lassen, das Mehl dick darein gerührt, wie ein Brodteig geknettet, ein Glas voll Bierhebe und Salz unter das Mehl gethan, 12 Eyer darunter geknettet. Man kann ihn gehaben lassen ein paar Stund, hernach ausgewahlt und stuckweis im Anken gebacken. 1790.

3 dl Milch, 100 g Butter, 700 g Mehl, 1 Teelöffel Salz, 2 Eier, 1 Beutel Trockenhefe, 1 Beutel Parmesan, gerieben. Erdnußöl zum Backen.
Milch erhitzen, Butter darin schmelzen lassen. Mehl und Salz zusammen sieben. 1 Teelöffel Zucker in $^1/_2$ dl lauwarmem Wasser und Hefe verrühren. 10 Minuten stehen lassen. Alle Zutaten zu einem glatten Teig verarbeiten. Teig gehen lassen bis zum doppelten Volumen. Auswallen etwa 5 mm dick. Quadrate von 4 cm schneiden. In schwimmendem Öl etwa 1 Minute backen. Ergibt etwa 100 Stück.

Bierküchlein nach einem Rezept von 1790

Böhmische Kolatschen

Man nimmt auf das Nudelbrett $^3/_4$ Pfund Butter und 1 Pfund Mehl. Die Butter schneidet man blattweise hinein, etwas Lemonischaalen und Muskatenblüthe. Dann gibt man in einem Topf 10 bis 12 Löffel lauen Rahm und ein ganzes Ey und 3 Dotter, wie auch 4 Loth gut gewässerte Hefe. Diess quirlt man gut ab und macht damit den Teig an. Die Butter muß aber früher mit dem Mehl gut durchgewalkt werden. Ist der Teig angemacht, so walzt man ihn einen Messerrücken dick aus, schlägt ihn einigemal über einander, so lange, bis die Butter ganz verarbeitet ist. Dann macht man viereckige Flecken, füllt sie und legt selbe nach Belieben zusammen, bestreicht selbe mit Eiern und bestreut sie mit Zucker, bäckt sie langsam und behutsam. Ehe man sie in die Währme gibt, müssen sie gehen. Zur Fülle nimmt man $^5/_4$ Pfund Quarz, 7 Eidotter und $^1/_4$ Pfund Mandeln, welche fein gehackt sein müssen, und Zucker so viel, als man es süß haben will. 19. Jahrhundert.

500 g Mehl, 375 g Butter, Zitronenschale, Muskat, 1,5 dl Rahm, 1 Ei, 3 Eigelb, 50 g Hefe. Fülle: 625 g Quark oder Ziger, 7 Eigelb, 125 g gemahlene Mandeln, Zucker nach Bedarf.
Zum Hefeteig zuerst die Butter im Mehl verreiben und die Gewürze zugeben. Dann den Rahm etwas erwärmen (nur leicht) und dann mit Eiern und Hefe verrühren. Zuletzt alles gut mischen und kneten. Besonders fein wird er, wenn er ein- bis zweimal ausgewallt und wieder zusammengelegt wird. Zu den Kolatschen den Teig $^1/_2$ cm dick auswallen, Vierecke schneiden, diese füllen und zu Dreiecken zusammenkleben. Die Kolatschen an der Wärme haben lassen und dann schwimmend im heißen Fett oder Öl backen. Werden sie im Backofen zubereitet, so sind sie vorher mit Eigelb zu bestreichen und mit Zucker zu bestreuen. Zur Fülle den Quark mit Eigelb, Mandeln und Zucker vermengen. Die Kolatschen werden auch oft ungefüllt hergestellt.

Gebäckmodel: Rosenbouquet im Rund. 19. Jahrhundert

Butterschnitten

Stoß Mandlen rein mit Rosenwasser. Meng frischen Butter darunter sambt Zucker und streich es auf frisch gebachenes Brott. Streü Zucker und Zimet darüber. Soll ein guttes Essen seyn! 18. Jahrhundert.

100 g Mandeln, 1 Löffel Rosenwasser oder Kirsch, 50 g Butter, 50 g Zucker, 10 Tranchen Formenbrot, Zucker und Zimt zum Bestreuen.
Die geschälten, gemahlenen Mandeln mit Rosenwasser oder Kirsch vermengen und mit Butter und Zucker verrühren. Die Masse auf Brottranchen streichen und mit Zucker und Zimt bestreuen.

Dampfnudeln

$1^1/_2$ Pfund Mehl, 4 Eyer, einen starken halben Schoppen Milch, $^1/_4$ Pfund Butter, 3 bis 4 Löffel Bierhefe. Wenn die Hefe unter ein wenig Milch wird ein Dorteig gemacht. Wenn er gegangen ist, die Eyer samt dem Butter unter die übrige Milch dareingeschafft, bis sich der Teig von der Schüssel löst und wieder gehen lassen. Auch ein wenig Saltz darein. Dann werden kleine Dampf unten auf ein Brett gesetzt und gehen lassen. Gebacken werden sie in eisernem Kachel auf strengem Feuer. In die wird ein Löffel Rindsschmalz gethan. Wenn es heiß ist, Milch und Zucker darein gethan und die Dampfnudlen eingesetzt, fast zugedeckt. Wenn sie fertig sind, vom Feuer gethan, ein wenig Milch daran geschüttet, wieder zugedeckt, bis sie los sind. Zur süßen Milch nimmt man zu 3 Schoppen 6 Eyergelb, verklopft sie in einem Hafen mit Zucker und rührt sie dann mit der siedenden Milch an. Thut sie wieder in die Pfanne und rührt sie, bis sie wieder kehrt. Richtet sie dann im Hafen an, und kann sie sprudlen. Zu geben thut man Citronen Schellete oder Vanille. Diese Portion Dampfnudlen ist für 9 oder 10 Personen. 18. Jahrhundert.

Teig: 250 g Mehl, $^1/_2$ Teelöffel Salz, Hefe, 1 Teelöffel Zucker, 40 g Butter, 1 dl Milch, 50 g Zucker, 1 Ei. Sauce: 8 dl Milch, 2 Eier, 60 g Zucker, $^1/_2$ Teelöffel Vanillinzucker.
Mehl und Salz zusammen sieben. Hefe mit Zucker flüssig rühren. Milch erwärmen. Butter zufügen. Alle Zutaten zum Teig verarbeiten. Um das Doppelte aufgehen lassen. Eine Bratpfanne gut befetten. In Pfanne 1 dl Milch mit 2 Eßlöffel Zucker geben. Vom Teig Dampfnudeln formen und in Pfanne legen. Nochmals aufgehen lassen. Bei mäßiger Hitze zugedeckt etwa 20 bis 30 Minuten backen. Sauce: 2 dl Milch mit Eiern, Zucker und Vanillezucker zerquirlen. Restliche Milch aufkochen, unter Rühren zu den Eiern gießen. Zurück in die Pfanne vors Kochen bringen. Warme Sauce zu den heißen Dampfnudeln servieren.

Ehrenpreis

Zu einem Pfund Zucker 12 Eyer. Der Zucker muß rein gestoßen oder gerieben sein. Wan die Eyer auffgeschlagen seind, so klopfft sie nur ein wenig. Darnach thut der Zucker drein und klopfft sie noch ein wenig und schütt ein wenig Roswasser drein. Hernach ein ein Vierling sießen Ancken und laß ihn auff dem Feür vergehen. Hernach schütt ihn under die Eyer und rühr Mehl darunder, bis du ihn kanst auß der Schüssel nehmen. Darnach wirck ihn noch ein wenig, biß genug Mehl drunder ist. Kanst sie hernach formieren und im Anken bachen. 18. Jahrhundert.

380 g Mehl, 250 g Zucker, 100 g Butter, 3 Eier, 1 Eigelb, 1 Messerspitze Backpulver. Die Zutaten zu einem Teig geknetet und davon 20 bis 30 g schwere, fingerdicke Stücke gerollt und sofort in heißer Butter schön braun gebacken.

Ettinger Kugeln

Nimm eine 1/2 Maas Milch, stelle sie auf's Feuer, thue 1 Pfd. frische Butter hinein, 1 Priese Salz und Mehl, bis genug. Wenn es kalt ist, schlage 14 Eyer darein, laß die Butter recht heiß werden, nimm alsdann ein Eßlöffel voll nach dem andern in die Butter, wo aber gewöhnlich nur 4 darein gehen, und laß sie schön gelb backen. 1843.

4 dl Wasser, 200 g Butter, 250 g Mehl, 30 g Zucker, 8 Eier, 1 Prise Salz, 1 abgeriebene Zitronenschale.
Die mit Wasser, Salz und Zucker vermengte Butter auf das Feuer setzen, und wenn die Mischung zu kochen beginnt, das Mehl hineinrühren. Die Masse wird sich dann vom Kesselrand ablösen und zusammenballen. Den Kessel vom Feuer nehmen und nacheinander die Eier dazurühren, bis eine glatte, dressierfähige Masse entsteht. Mit einem Eßlöffel kleine Häufchen in heiße Butter geben und gelb backen lassen.

Gebäckmodel: Zwei Herren, Fisch auf einem Baum, Hahn auf einem Fuchs, Affe in einem Pfeifenkopf eine Pfeife rauchend, Mann aus einem umgekehrten Stiefel kriechend, Wickelkind auf einer Blume sitzend, Gespenst aus einem Hause fliegend, Mühle, Huhn aus einem Sestermaß pickend, Fontaine, Gemse auf einem Fels stehend. 18. Jahrhundert

Fasnachtsküchlein

Siehe: Mausohren.

Fasteneierkuchen

Nim geschellte Mandel undt stoß klein undt Weißbrot, undt weich es in Erbsbrüen undt grien Kraut, wie Du es gern hast. Schneids klein undt truck daz Brot auß. Thun Krut, Mandel undt Brot als under einander und stoß vast woll. Undt mach ein Deiglein mitt Mel undt lauter Erbsbrüen, in der Dicke wie ein Strübledeig. Saltz undt thun daz Gestoßen darin, rürs woll zusamen undt bachs. 1592.

50 g geschälte, geriebene Mandeln, 100 g Weißbrot, 1 Tasse Bouillon, 1 Tasse Spinat. Omelettenteig von 100 g Mehl, Salz, 3 Eiern, Wasser nach Bedarf.
Das Brot fein schneiden, in den heißen Bouillon einweichen, ausdrücken und backen. Zum Teig das Mehl mit Salz, Eiern und Wasser anrühren. Dann die übrigen Zutaten wie Mandeln, Brot, Spinat, Salz zufügen. Nachher Omeletten backen.

Fastenschnitten

Nim gesottenen Wein, netz die Schnitten blos drinn, mach ein Deigle halb saur und halb sieüß, in der Dicke wie ein Salbinenküechlin. Nim gut Semelmel, mach den Deig gäl mit Saffran, ker die Schnitten drin umb undt bachs in Ancken. 1592.

6 Brotschnitten, Wein zum Befeuchten der Schnitten, Backteig von 150 g Mehl, Salz, 2 dl Milch oder Weißwein, 1 Löffel Öl, 2 bis 3 Eierschnee, 1 Prise Safran, Zucker und Zimt.
Zum Backteig die Zutaten vermengen. Zuletzt den Eierschnee beifügen. Die befeuchteten Schnitten im Teig wenden und in der heißen Butter backen. Mit Zucker und Zimt bestreuen.

ten võ Wurtzeln/ Blůmẽ/ Kreutern/ vnd Früchten/bereyt werden/ mit Zu cker vnd Honig/wie dann der mehrer theyl der Latwergen/ wie nachuolgt.

Von Roten Rosen ein köstliche Conserua zubereyten / vnd mit Zucker einbeytzen.

Die Edlen schönen roten Rosen haben disen preiß / daß sie vnder allen blůmen die schönesten/ lieblichsten/ vnd auch bestrie-

Rezeptblatt für die Zubereitung von Rosenzucker. 1567

Fingerküchlein

Nim Mäl in ein Schüssel. Dornoch schlach Eyer doran, daß nitt an den Boden komme undt daz Mäl darunder blibe. Saltz ein wenig undt rüers mitt einem Finger umb, daz daz Mel hüpschlich darunder komme, bis es sich hantzlen lest, so würff in in der Schüßlen umb undt truck in mitt der Hand, doch knet in nit. Undt wenn er ein wenig gedrocknet ist, so schnid ein wenig mitt dem Messer dorab. Undt nimb ein Mel in die Hand und auff den Disch auch undt walk in fein mitt dem Holen undt trucks nitt vest. Dornach schneids wie ein Finger, stoß daz Messer vor, auch ins Mel. Darnach thun den Ancken über daz Feür. Laß in nitt gar zergehen, daz er nur lauw sey. So schütt dann die Finger auff die Multen darin undt laß es also III oder IIII pater noster lang stohen. Darnach hebs über das Feür undt laß sie regen, daz sie über sich wellen gohn, so thuns wider dorab. Undt nimb ein Löfel undt fahr fein hüpschlich auff dem Ancken umher, biß daz sie alle uffer-kemmen, so hebs wider über daz Feür undt thun ihnen nitt zegech. Zeüchs mitt eim Löfel übereinanderen, biß sie braun werden, als dann hebs herauß. 1592.

200 g Mehl, 1 Prise Salz, 2 große Eier, Butter zum Backen.
Von Mehl, Salz, Eiern einen Teig zubereiten. Diesen auswallen und 3 mm dick zu fingerlangen und breiten Nudeln schneiden. Die Butter oder das Öl schmelzen, die Küchlein oder Nudeln hineingeben, untereinandermengen, langsam erwärmen, sodann schwimmend unter Rühren erhitzen und braun backen. Je nach Belieben gesalzen zu Fleisch oder Wein servieren oder mit Zucker und Zimt bestreut zu Kompott.

Fotzelschnitten

Die Schnitten Weißbrod so dick als ein Daumen, im rothen Wein umgekehrt, in eine Platte gelegt und vertropfen lassen. Die Schnitten durch die Eyer gezogen, Zimmet und Zucker darauf gezettelt. Man kann so viel in eine Platte thun, als man will. 1790.

250 g Weißbrot, 5 Eier, 5 dl Rotwein, 100 g Butter, 5 Eßlöffel Zucker, 1 Teelöffel Zimt, Butter zum Braten.
Brot in 1 cm dicke Scheiben schneiden. Scheiben in Wein tauchen, durch zerquirlte Eier ziehen. In Butter backen. Im Zimtzucker wenden. Ergibt etwa 25 Schnitten.

Gebackene Butterwecken

Diese schneidet man den langen und breiten Weg abeinander, schüttet warme Milch darüber, laßt sie auf einem Brett vertropfen, dan backe man sie im Butter. Zucker und Zimmet darüber. Wenn man sie sehr gut haben will, so verklopft man 1 oder 2 Eyer in der Milch. Sie sind besser warm als kalt. 18. Jahrhundert.

Über Tranchen von Milchbrot warme Milch schütten und abtropfen lassen. Zwei Eier mit ein wenig Milch verrühren und die Brottranchen damit tränken. Im Butter backen. Vor dem (warm) Servieren die Schnitten mit Zucker und Zimt bestreuen.

Gebackene Küchlein

Nim Weißbrot und rürs klein von Handt, schlach Eyer darunder und machs nitt zu dünn. Salz es. Thun Gewürzt darin, Zimmet, Mußgatnuß undt Rosinle. Machs woll durcheinander, seys mitt Semelmel auff einen Deller. Schlach das daruff, mach den Ancken heiß und streich den mitt dem Wasserkletzle in den Ancken. Laß bachen, undt wann sie gebachen sindt, so mach ein sieüße Brüe dorzu mitt Wurtzen. Du magst auch dises Baches mitt Fleisch machen. 1592.

100 g Weißbrot, 5 Eier, Salz, Zimt, Muskatnuß, Rosinli, Mehl zum Formen, Butter zum Backen.
Das Brot ganz klein schneiden und mit den ganzen Eiern und den Gewürzen verrühren und gut kneten. $1/2$ Stunde ruhen lassen. Dann die Masse mit Mehl zu Strübli formen

und diese in heißer Butter backen. Je nach Belieben mit einer Fleisch- oder Weinsauce servieren. Man kann ähnliche Küchlein mit Fleisch zubereiten (Hackbeefsteaks).

Form aus Holz: Königin mit Krone und Szepter. 18. Jahrhundert

Gebackener Rahm

$^1/_2$ Maas Ruhm, $^1/_2$ Pfund Mandlen, 10 Eyer darunter geklopft, 10 Loth Zucker von einer Zitrone am Reibeisen abgerieben. Dieses zusammen in ein Tarten-Pfännlein geschüttet, das wohl mit süßem Ancken angestrichen und nach einem Braten ins Öfelein gestellt, daß es dickert. Man kann es auch auf das siedige Wasser stellen. Hernach kann man es auf ein Brettlein nehmen, zu Stücklein nach Belieben verschnitten, im Ancken bachen und Zucker und Zimmet darauf streuen. 1794.

4 dl Rahm, 150 g gemahlene Mandeln, 5 Eier, 80 g Zucker, $^1/_2$ Zitrone, Butter zum Backen, Zimtzucker.
Ofen auf schwache Hitze vorheizen. Ein Wähenblech befetten, mit Pergamentpapier belegen, befetten. Zitrone waschen, Schale abreiben. Alle Zutaten gut verklopfen. Auf Wähenblech ausgießen. Etwa 35 Minuten backen. Auf Brett stürzen, Papier ablösen. In 3 × 5 cm große Stücke schneiden. Diese in Butter goldbraun backen. Im Zimtzucker wenden. Ergibt etwa 30 Stück.

Gesottene Küchlein

Nim gut Semelmel, schütt ein guten Löfel voll Wasser darin, dann schlach Eyer dorin undt klopf den Deig woll. Mach in dünner, dann ein Strüble Deig. Saltz in. Nim ein dickeren Zwilch, mach ein Sack doruß, als weit Du willst, schütt den Deig darin, verknüpf in woll, stoß in in einen sittigen Hafen mit Wasser, laß in sieden, biß er kek wird. Schneid den oben ab dem Deig, zweyer guter Finger dick. Schneid wie mittschlat. Thun den Teig gleich wider ins Wasser, daz er warm bleib. Hab Sorg, daz kein Wasser in Sack komme. Wann Du es bachst, so schütt immerdar mitt einem Löfel Ancken doruff. 1592.

125 g Weißmehl, 2 Eßlöffel Wasser, 3 Eßlöffel flüssige Butter, 1 Prise Salz, 3 Eigelb, 3 Eierschnee.
Von diesen Zutaten einen Teig zubereiten. Diesen in einen Stoff- oder Plastiksack gießen und im Wasserbad in etwa 1 Stunde fest werden lassen. Wenn erkaltet, Stücke schneiden und diese in der heißen Butter hellbraun braten. Je nach Belieben mit Zucker und Zimt bestreuen.

Geteiltes Brot

Nim Feigen undt geschelte Biren undt schnid sie in der Größe wie die Feigen undt stoß an ein klein Spißle. Je ein Feigen, dornoch ein Birenschnitz, undt mach ein Deigle mitt Erbsbrüe, dicker dann ein Strübledeig, Saffran darin. Die Feigen undt die Biren sollen hart aneinanderen sein. Richt die Spißlin auff undt schitt den Deig doruff, daz es voll Teig hange. Wenn es dann woll bedeckt ist mitt Teig, legs in die Pfannen mitt Ancken undt bachs nit zu gech, undt wenn es ußwendig reß ist, so ists genug. Wann man ebenzu will anrichten, so zeüch hüpschlichen herauß die Spißlin undt schneids den Langeweg ein zwey. Ist gut zu einem grienen Krut undt umb Salat. 1592.

50 g dürre Feigen, 50 g dürre Birnen, Metallspießli. Teig: 1 Tasse Milch, 160 g Mehl, Safran, 1 Prise Salz, 2 Eiweiß, 1 Löffel Öl oder Rahm.
Zum Teig das Mehl salzen und mit Milch, Öl oder Rahm und Safran sowie Eiweiß anrühren. Die Früchte einweichen, abtrocknen lassen, an die Spießli stecken und in den Teig tauchen. Die Früchtespießli im heißen Fett oder Öl schwimmend goldgelb backen. Das Gebäck ist gut zu Kraut oder Salat.

Goldene Hauben

$^1/_4$ Pfund gesiebten Zucker, $^1/_2$ Lot gestoßenen Zimmet, $^1/_2$ Pfund Semmelmehl, durcheinander gemacht, mit Rosen- oder Pomranzenblustwasser angefeuchtet, von

10 bis 12 Eyeren das Weiße und nur von einem das Gelbe. Vorher die Eyer geklopft, biß sie dick sind, und nach und nach in Teig gerührt, auf daß er zart und in der Dicke wie Kinderpappen wird. In einem kleinen Pfännlein gebacken. Die Form alzeit in heißen Butter gedrückt, ehe man es bacht. 1786.

125 g Zucker, 8 g Zimt, 250 g Mehl, 1 Eigelb, 10 Eiweiß, etwas Kirsch oder Rosenwasser.
Zucker, Zimt, Mehl vermischen, das Eiweiß zu Schnee schlagen, sorgfältig die übrigen Zutaten und das Eigelb zugeben. Den Teig durch einen Trichter ins heiße Fett geben, wie Strübli backen oder portionenweise in kleinen Förmchen im heißen Ofen backen.

Graswürmer

$^1/_4$ Pfund Zucker wohl gewogen, $^1/_4$ Pfund Mandlen, $^1/_4$ Pfund Semmelmehl wohl gewogen, die Rinden von einer $^1/_2$ Citronen, das Weiße von einem Ey darunter. Alles durch einander gerührt. Hernach nim ein Löffel voll und thut es in die Spritzen. Der Ancken muß recht heiß seyn, ehe man darein spritzt. 1747.

60 g Zucker, 60 g gemahlene Mandeln, 60 g Paniermehl, Zitronenschale, 1 Eiweiß.
Die Zutaten miteinander vermengen, etwas ruhen lassen. Mit einem Löffel kleine längliche Portionen in das heiße Fett geben und rasch schwimmend zu Küchlein backen.

Grüne Pfannkuchen

7 Löffel voll Mehl, 8 Eyer und recht wohl Grüns. Das ganze muß geschweizt und ohngefehr 3 Gläser Wasser daran geschüttet, und wenn es recht kocht, das Mehl mit angerührt. Aber daß es recht dick und glatt wird und ein wenig kalt werden lassen und dann mit Eyern verdünnert. Zuletzt noch 1 oder 2 Tassen heiße Milch darein und ein wenig Saltz. Mit Brot werden sie noch besser. 18. Jahrhundert.

2 Eßlöffel Öl, 3 Zweige Petersilie, 1 Bund Schnittlauch, 7 Eßlöffel Mehl, 2 dl Wasser, $^3/_4$ Teelöffel Salz, 8 Eier.
Petersilie und Schnittlauch waschen, fein schneiden. In Öl dämpfen. Mehl mit Wasser glattrühren. Zum Grünen geben, unter Rühren aufkochen. Leicht auskühlen lassen. Salz und Eier daruntermischen. Davon 10 Omeletten backen.

Heidelberger Schnitten

2 doppelte oder drei nicht ganz frische 5 Cts. Wecken, 250 Gr. Mandeln, 6 Loth Zucker, geriebene Citronenschale, 2 Eier. Die Wecken schneide man in dünne Schnitten (Blättchen), welche jedoch alle durch den undurchschnittenen Boden zusammen gehalten werden, und mache folgende Fülle: Man schäle die Mandeln, reibe (stoße) sie fein mit Wasser, rühre Zucker, Citronenschale und die Eier darunter, streiche dieses zwischen die Schnitten, binde jeden Wecken zusammen und backe sie schwimmend in heißer Butter gelb, lege die Wecken auf eine Platte, löse den Faden ab und gieße die Rothweinsauce darüber. 1877.

5 Weggli. Füllung: 125 g Mandeln, geschält, gemahlen, 50 g Zucker, $^1/_2$ Zitronenschale, 1 Ei. Öl zum Backen.
Weggli in Scheiben schneiden. Diese müssen aber unten noch zusammenhalten. Füllung mischen. Zwischen Scheiben streichen. Weggli zusammenbinden. In Öl schwimmend backen. Faden ablösen. Weggli mit Rotwein begießen. Variante: 12 Doppelscheiben von Weggli mit Füllung bestreichen. Schwimmend etwa $1^1/_2$ Minuten backen. Geht rascher!

Form für Backwerk: Bauernmädchen mit Spruchband, Mädchen am Herd, Mann vor einer Wiege. 18. Jahrhundert

Hurenschenkelein

Ein Gebäck in Gestalt kleiner Lackstängel. Wer günstig reden will, nennet sie Ehrenpreis. Man verrührt 3 Eyer mit einem $^1/_2$ Pfund gestoßenen Zucker, thut 4 Loth verlassenen süßen Anken darunter und 1 Pfund Mehl. Dann werden sie wie gewöhnlich formiert und im Anken gebacken. 18. Jahrhundert.

200 g Zucker, 5 Eier, 500 g Mehl, 1 Prise Salz, 1 Zitronenschale, 80 g aufgelöste Butter. Zucker und Eier schaumig rühren, dann das Salz, Zitrone und die aufgelöste Butter beifügen. Mit dem Mehl zu einem Teig vermischen und im Kühlschrank anziehen lassen. Daraus fingerdicke Schenkeli formen und diese im heißen Fett oder Öl hellbraun backen.

Gebäckmodel: Liegender Hirsch aus gebranntem Ton. 15. Jahrhundert

Kleine Kugeln

$^1/_2$ Schoppen warm Wasser, $^1/_4$ Pfund Butter darein gethan, ein wenig Zucker. Wenn selbiges vergangen, Semmelmehl darein gerührt und solches verschafft, bis es sich von der Pfanne löst. Doch nicht gar zu viel Mehl. Wenn der Teig kalt ist, so muß er mit 5 oder 6 Eyern verdünnert werden. Alsdann um 1 Nuß groß Teig im heißen Butter gebacken. 18. Jahrhundert.

Ofenküchleinmasse etwas stärker verdünnen, als wenn sie im Ofen gebacken würde. Zur Verfeinerung können Sultaninen daruntergemengt werden, die vorgängig einige Stunden in Rum eingelegt wurden. Davon mit dem Löffel nußgroße Portionen ins heiße Öl oder Fett geben. Ein- bis zweimal kehren, dann auf ein Gitter legen zum Abtropfen. Wenn erkaltet, im Zucker rollen.

Krumme Strüblein

Nim Eyerklar undt Semelmel undt mach den Streubledeig darin undt Saltz in undt thun Zucker darin, undt mach in, daß er schnell durch ein Schumlöffel gange. Nimb dann ein breite Pfannen undt ein wenig Ancken darin. Undt wann der Ancken heiß ist, so thun den Deig in ein Schumlöffel undt far schnell in der Pfannen umbher. Dann sollst Du haben ein breite Schindlen oder breit Messer und die Strüblin umbkeren. Undt so Du sie willst herauß nemen, so far mit der Schindel darunder, daz es zu beyden Seyten herab hange, so werden sie krumer. Deren zwey stell gegen einander, in ein Platten uffrecht, mach dornoch 17 dorin. 1592.

250 g Mehl, 2,5 dl heiße Milch, 1$^1/_2$ Löffel flüssige Butter, 1 Prise Salz, 3 Eigelb, 1 Prise Backpulver, 3 Eiweiß, 1 Löffel Zucker.
Alle Zutaten miteinander vermengen. Zuletzt den Eierschnee darunterziehen. Den Teig in einen Strüblitrichter einfüllen und in der heißen Butter oder im heißen Öl Strübli backen. Mit Zucker bestreuen. Sollte der Teig etwas zu dick oder zu dünn sein, gibt man ein wenig mehr oder weniger Milch zu.

Kugeln

Man nimmt zu einem Schoppen Milch 5 Loth süßen Anken darin. Auf das Feuer gethan, bis der Anken vergangen ist. Ehe die Milch aufgeht, rührt man nicht gar $^3/_4$ Pfund Mehl darin, klopft es wohl auf dem Feuer, doch nicht zu lange, daß er an der Pfanne ansitzt. Thue den Teig in ein Becken, bis er kalt ist. Schlage nach und nach 6 bis 8 Eier darein. Probiere den Teig, denn wenn er zu dünn ist, so gerathen sie nicht. Dies gibt 20 bis 24 Kugeln. 18. Jahrhundert.

2 dl Milch oder Wasser, 50 g Butter, 30 g Zucker, Salz, 100 g Mehl, 4 Eier.
Milch oder Wasser, Salz, Butter und Zucker miteinander aufkochen, das Mehl rasch einrühren und zu einem festen Teig rühren. Nachher ein Ei nach dem andern zugeben. Von diesem Teig mit zwei Löffeln kleine Kugeln abstechen, etwa 5 Stück miteinander in das heiße Backöl geben und sie schwimmend backen, bis sie hoch aufgegangen und gesprungen sind. Mit Zucker und Zimt bestreuen. Kompott dazu servieren.

Kunstatter Zwiebäcklein

Verschlage 4 ganze Eier, von 4 nur das Gelbe. Zerrühre ein Pfund Zucker damit. Zerschneide 1 Pfund geschälte Mandeln. Röste sie heitergelb. Thue sie auch darunter. Verschaffe 1 Pfund Mehl damit. Wahle sie aus wie Schenkelein. 19. Jahrhundert.

2 Eier, 2 Eigelb, 250 g Zucker, 350 g Mandeln, 450 g Mehl, $^1/_4$ Teelöffel Salz. Mandeln schälen, 250 g grob hacken, 100 g mahlen. Eier, Eigelb und Zucker schaumig rühren. Alle Zutaten zum Teig verarbeiten. In Rollen von 1,5 cm Durchmesser formen. 5 cm lange Stücke schneiden. In heißem Öl 3 bis 4 Minuten goldbraun backen. Diese Art Schenkeli sinken im Öl ab, sie müssen deshalb im Korb gebacken werden, sonst verbrennen sie am Boden. Ergibt 85 Stück.

Mandelschnitten

Zu 1 Pfund Mandlen nimmt man $^3/_4$ Pfund Zucker. Nachdem alles gestoßen, mischt man es untereinander und Weißes von Eyern bis man es aufs Brot streichen kann, welches zuvor mit dem Weißen vom Ey angestrichen wird. Gibt etwa 25 kleine Schnitzli. 1794.

12 Toastbrotschnitten, 125 g Mandeln, 100 g Zucker, 2 Eiweiß. Brotscheiben halbieren. Mandeln schälen, mahlen. 1 Eiweiß gut zerquirlen. Mandeln, Zucker und Eiweiß mischen. Masse auf Brot aufstreichen. Das andere Eiweiß zerquirlen. Schnitten damit bepinseln. Grill vorheizen. 3 bis 5 Minuten überbacken. Ergibt 25 Schnittli.

Gebäckmodel: Liebespaar. Mitte 17. Jahrhundert

Mausohren

$1^1/_2$ Pfund Semmelmehl. $^1/_4$ Pfund süßen Anken. 2 Kaffelöffelein voll Honig. Ein Preisen Salz. Ein Schopen Milch. Mit dem Mehl macht man ein Ring auf dem Würkbrett. Den Honig darin, die Milch und der Anken siedig gemacht und auf den Honig in den Ring geschüttet. Das Mehl nach und nach darein gemischt und gewürkt. Sobald alles wohl untereinander eines Messerrucken dick ausgewahlt, eine Hand groß geschnitten und gebacken in Anken. N.B. Habe von jedem $^1/_3$ mehr genommen. 1773.

4 Eier, 40 g Zucker, 1,2 dl Milch, 60 g Butter, aufgewärmt, $^1/_2$ Gläschen Kirsch, 600 g Mehl.
Die Eier mit dem Zucker gut verrühren, Milch, Butter und Kirsch beigeben und zuletzt das Mehl; zu einem ziemlich festen Teig vermischen. Eine Stunde zugedeckt ruhen lassen. Vom Teig eine Stange rollen, davon Stückchen von 20 bis 30 g schneiden. Diese rund formen und auf gemehltem Tisch in Intervallen so dünn wie möglich ausrollen. Im heißen Fett goldgelb backen.

Meltinger Schnitten

Mach ein Blatten Müeßlin, nim für 3 Rappen Milch und ein Ey als 6. Klopff zu erst die Eyer, hernach die Milch drunder, ein wenig Roswasser. Wan's hüpsch zart gekocht ist, so laß kalt werden. Thus dann ineinander. Wann's eine Scherreten hat, so thu sie nicht darzu. Rühr ein Handvoll, 3 oder 4 oder biß du sichst, das ist wie ein verbrühten Teig, zu Schnitten. Rühr auch ein wenig Zucker, oder so viel du willst drinn haben. Wie sießer, wie besser. Ein gar klein wenig Roswasser und auch nur ein wenig Saltz. Rühr und misch als wohl durcheinander. Wann er dick genug, so schütt heißen Anckhen in Teig, rühr's geschwind undereinander, schneid Schnitten von Weißbroth wie zu verbrühten Schnitten. Streich's auch auff wie die Schnitten und bach sie im Anckhen. Sind kalt besser als warm zu essen. NB. So bald das Blattenmüeßli dick genug ist, so rühr gleich 3 oder 4, biß er ist wie verbrühte Schnittenteig, aber kein Roswasser mehr. So bald's Blattenmüeßli dick genug gekocht ist, so laß nicht lenger kochen. Es muß eben kein Scherreten haben. Kanst's in eben dieser stürtzenen Schüßlen kochen, wo wir als Kalbfleisch kochen und darinn anrühren. Denn wen's ein Scherreten hatt, so gibt's schwartze Breckhen im Teig. Thue kein Roswasser mehr in Teig, als was ins Blattenmüeßli geschüttet hast und darmit gekocht. 17. Jahrhundert.

3 Eier, 3 dl Milch, 1 Löffel Rosenwasser oder Kirsch, 2 Eßlöffel Zucker, 1 Prise Salz, 50 g Butter, 100 g Mehl, 10 Weißbrotschnitten.

Von Eiern, Milch, Kirsch, Zucker, Salz, Butter ein Plattenmüesli herstellen. Wenn es kalt geworden ist, es gut verrühren, ohne Angebranntes, und darauf mit Mehl und nochmals etwas Kirsch oder Rosenwasser vermengen. Die Brotschnitten mit diesem Teig bestreichen (nur auf einer Seite), etwas stehen lassen und dann in der heißen Butter in der Omelettenpfanne hellbraun backen. Man backe zuerst die Brot- und erst nachher die Teigseite.

Mißlein

Nim um ein Rappen Milch, über das Feuer gethan, ein 1/8 Pfund süßen Ancken darein verschnitten. Wann die Milch sieden will und der Ancken vergangen, so rühr weis Mehl mit an, so dick als Du kanst. Den Teig gewahlt, biß er kalt ist, darnach mit Eyern gedünnert. 18. Jahrhundert.

3 dl Milch, 1 Prise Salz, 60 g Zucker, 70 g Butter, 150 g Mehl, 4 Eier.
Milch, Salz, Zucker, Butter aufkochen, das Mehl hineinstürzen und sehr rasch unter schnellem Rühren zu einem Brandteig rühren. Wenn etwas abgekühlt, die Eier, eines nach dem anderen, zugeben. Den Teig mit einem Löffel im heißen Fett schwimmend zu Küchli backen oder im Backofen zu Ofenküechli.

Nidlenschnitten

Ein halb Vierteli Nidlen auf dem Feür erwallen lassen. Hernach ein Stückh Zucker und ein Messerspitz voll Mehl, mit 3 gelben vom Ey wohl angerührt und in die Nidlen gethan, biß es kocht. Dornach angerichtet, auf Brodschnitten gestrichen und in der Tartenpfannen gebacken. Wan sie gebachen sind, so nim 4 Weiße vom Ey, klopfe solche bis sie stehen. Zum Ey nim eine Prise Zuckher, klopfe solches, streiche es geschwind über die Schnitten, streüe Zuckher darüber, thue ein Tartendeckhel mit Glut darüber und lasse sie backhen, damit es eine Crouste gebe. 1792.

1 dl Rahm, 1 Löffel Zucker, 1 Kaffeelöffel Mehl, 3 Eigelb, 6 Brotschnitten. Guß: 3 Eiweiß, 100 g Zucker, Zucker zum Bestreuen.
Den Rahm erhitzen, Zucker, Mehl, verklopfte Eigelbe zugeben und aufkochen. Die Masse auf Brotschnitten (mit Milch befeuchtet) streichen und in der Omelettenpfanne in der heißen Butter backen. Unterdessen die Eiweiße zu Schnee schlagen und sorgfältig den Zucker darunterziehen. Diese Masse ebenfalls aufstreichen, zuckern und rasch mit einem heißen Eisen bräunen. Einfacher ist es, die Schnitten im heißen Backofen zuerst mit dem Rahmbelag und nachher mit dem Eiweiß zu bräunen.

Gebäckmodel: «Die lustig Gret», eine urtümliche Bauernszene. 16. Jahrhundert

Nunnen

Klopff Eyer, so viel Dir gefellt, zehen Eyer geben ein zimliche. Du kanst für einen Krancken mit drey Eyern eine machen. Seyhe die Eyer durch ein Seyhepfann, saffers zimlich, salz es recht, thu ein Löffel voll, zwey minder oder mehr nach dem du Eyer hast, mit Fleischbrüh oder Rosenwasser darein, damit sie nit zu hart werde. Thu gestoßene Muscatnuß unnd klein Muscatblust darein oder ein Milchrahm. Bereit in ein ander Geschirr gestoßenen Zimmet und Zucker ineinander, Weinbeer, Rosinlein und gesottene Mandeln, so vor in Rosenwasser übernacht gelegen sind. Wens die Zeit gibt, nimb darnach ein eysene Pfann groß oder klein, nach dem Du sie groß machen wilt, und je flächer der Boden, je besser. Mach so groß als ein Ey, heiß Schmalz darein, schwangs rings herumb in der Pfann. Thu es in einander, daß die Pfann eben schmutzig. Darnach hab ein Löffel der rechter Größe ist, geuß die geklopfften Eyer zu rings umb, daß einen Fleck gibet, eines Messerrucken dick. Hebs oder halts über ein helles Fewr, biß sichs von der Pfann lösen laßt. Dann bestreich es mit dem angemachten Zeug, jedes genugsam, wäls oder wälgers fein sat, wie die kleinen Zuckerhipplein über einander. Zeugs hindersich in Pfannen, dunck mit einem kleinen Löffel in dz Schmaltz, schmir die Pfann aber wie vor, wenn es bedarff. Ich hab offt drey Blätter gemacht, ehe daß ichs gesalbet hab. Nun nimb wider Eyer in Löffel und heb an, an den zusammen gewundenen, und begeuß wider die Pfann, bereits wie zuvor, wals oder wälgers aber sat über einander, also thu ihm weil du Eyer hast. Und wenn Du die Eyer halb gebachen und Dir baß geliebt, das drey Ecken hat, dann rund, so forms darnach in der Pfann und mache die Mandlen und Weinbeer nicht zu nahe auff dz Brot, ein guten Daumen breit, damit sie sich desto besser zusammen geb. Und wenn du die Eyer biß auff ein Löffel voll gebracht hast, so begeuß an Orthen wol damit und am Ende, und laß an der heißen Pfann wol erharten, und daß man weder Anfang noch Ende sihet. Dann legs in ein Blat und so Du wilt, so mach ein Kolhauffen und legs darein. Darnach mach ein gute Brüh, wie es Dir geliebt und dem, der es essen soll. 1605.

Bruder Spezierer beim Auswägen kostbarer Gewürze. 1453

3 Eier, 1 Prise Salz, 3 Löffel Rosenwasser oder Fleischbrühe, etwas Muskat. Belag: Zucker, Zimt, 1 Löffel Weinbeeren, 1 Löffel Rosinli, 1 Löffel geriebene Mandeln. Fett oder Öl zum Backen.
Die Eier gut verklopfen, salzen und mit Rosenwasser oder Fleischbrühe verdünnen. Je nach Belieben etwa 20 g Mehl zufügen. Von dieser Masse im heißen Fett oder Öl eine Omelette backen und, bevor sie ganz durchgebacken ist, mit dem Gemisch von Zucker, Zimt, Beeren und Mandeln bestreuen. Die Fülle etwas in die Omelette drücken, dann überschlagen und fertig backen.

Omelette soufflée

4 Eier, das gelbe wird mit 2 Eßlöffel Zucker recht verklopft, das Weiße geschwungen, darunter gerührt, süße Butter in einer Omelette-Pfanne nicht ganz vergehen lassen und der Teig auf gelindem Kohlenfeuer auf einer Seite gelb gebacken. Auf einer Platte in die Hälfte gelegt. 1871.

4 Eier, 2 Eßlöffel Zucker, Butter zum Backen.
Eigelb und Zucker gut rühren und das geschlagene Eiweiß darunterziehen. Die Masse in nicht zu heißer Butter auf einer Seite zur Omelette backen und beim Anrichten zur Hälfte überschlagen.

Pfaffenbrot

2 Schoppen rothen Wein, 250 Gr. Zucker, 6 nicht zu frische 5 Cts.-Wecken (Weißbrot), Zucker und Zimmt zum Streuen. Wein und Zucker koche man, doch nicht in eisernem Geschirr, bis letzterer zergangen, lasse ihn erkalten, schneide jeden Wecken in 4 Stücke, lasse sie 2 Stunden darin weichen und lege sie hernach auf einen Teller. Schneidet man sie in Tranchen, so dürfen sie kaum $^1/_4$ Stunde im Wein liegen. Hierauf backe man die eingeweichten Stücke in sehr heißer Butter, lasse sie in einem Seihbecken vertropfen, wälze sie noch heiß in dem Zucker und Zimmt um und servire sie sogleich. Will man Pfaffenbrot als heiße Platte anstatt Pudding geben, so gieße man eine heiße Weinsauce daran. 1877.

500 g altes Weiß- oder Milchbrot, 1 Tasse Weißwein oder Süßmost, 1 Löffel Zucker, 1 Ei, einige Löffel Paniermehl, Fett oder Öl zum Backen, Zucker und Zimt zum Wenden.
Das Brot von der Kruste befreien (auf der Käseraffel abreiben) und in etwa 3 bis 5 cm lange und 2 bis 3 cm dicke Stengeli schneiden. Diese Stengeli rasch in gezuckerten Wein oder Most tauchen und im verklopften Ei und Paniermehl wenden. Darauf die Stengeli im heißen Fett oder Öl hellbraun backen und im Zucker und Zimt wenden. Die Pfaffenmoggen mit einer Weißwein- oder Süßmostsauce servieren. Weinsauce: Zutaten 150 g Zucker, $^3/_4$ Tasse Wasser, 1 Zimtstengel, 1 Zitronenscheibe, 1 bis 2 Nelken, 4 dl Weiß- oder Rotwein oder auch Süßmost, Traubensaft usw. Den Zucker braun rösten, mit dem Wasser ablöschen, die Gewürze zugeben und etwa 5 Minuten kochen lassen, dann den Wein oder den Süßmost zugießen, die Sauce nochmals aufkochen, passieren und heiß servieren.

Pfutteln

Nimm ein Pfund schönes Weißmehl und rühre es mit frischem Wasser an, daß der Teig so dick wird, daß er vom Löffel läuft. Thue in einen eisernen Topf einen Löffel voll ausgekochte Butter. Wenn die Butter heiß ist, so rühre den Teig geschwind hinein und schaffe ihn auf dem Feuer, bis er so dick ist, daß er sich nicht mehr schaffen läßt. Wenn er ansitzen will, so lege ein Stückchen Butter darunter und schaffe ihn fort, bis er ganz trocken ist. Nimm ihn dann aus dem Topf, lege ihn auf ein Brett, zerzupfe den Teig in kleine Stückchen und mache jedes Stückchen so breit und so dünn du kannst. Sind etwa kleine Knöllchen darinn, so nimmt man sie heraus. Lege den Teig in eine Schüssel, und wenn er kalt ist, so thue ein wenig Salz darzu. Lege 20 bis 24 Eyer in warmes Wasser, schlage eins nach dem andern in den Teig und zerdrücke ihn mit den Händen, daß er nicht knollicht wird. Man muß kein Ey hinein thun, bis das andere verschaft ist. Gieße dann eine Eyerschaale voll Kirschenwasser daran. Der Teig muß eher zu dick als zu dünn seyn. Sollte er aber gar zu dick ausfallen, so kann man noch ein Ey darein schlagen. Laß dann in einer großen Pfanne Butter zergehen, und wenn sie heiß ist, stelle sie vom Feuer. Nimm einen runden eisernen Rührlöffel voll Teig und thue ihn in die Butter. Die Pfanne muß sehr groß seyn, wenn 4 oder 5 Pfutteln darinn Platz haben sollen, denn jede Pfuttel soll so groß werden, als zwey Fäuste sind. Sie müssen ganz langsam gebacken werden. Man muß auch die Pfanne nicht übers Feuer stellen, als bis die Pfutteln in der Höhe sind, und während dem backen müssen sie immer mit Butter begossen werden. 1811.

250 g Mehl, Wasser nach Bedarf, 1 Löffel Butter, Salz, 10 Eier, 1 Löffel Kirsch. Butter zum Backen.
Das Mehl mit Wasser anrühren, daß eine dickflüssige Masse entsteht. Die Butter erhitzen, den Teig zugeben und unter gutem Rühren dick kochen. Wenn nötig, noch etwas Butter zugeben. Wenn etwas abgekühlt, ein Ei nach dem andern beifügen und zuletzt den Kirsch. Der Teig muß glatt und eher zu dick als zu dünn sein. Je nach Größe der Eier genügen auch acht. Hierauf in der Omelettenpfanne Butter erhitzen, mit einem Löffel Pfutteln zugeben und diese in mittlerer Hitze langsam backen. Sie sollen sehr groß werden.

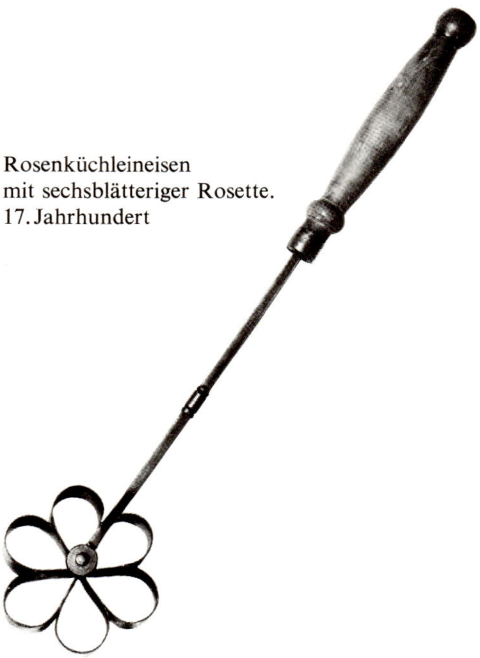

Rosenküchleineisen
mit sechsblätteriger Rosette.
17. Jahrhundert

Röhrenküchlein

Man nimmt Mehl, soviel man will. Hernach mit der Milch angerührt, biß es dicklecht ist. Mann muß die Milch lassen aufgehen. Hernach die Eyer darein geklopft. So viel Küchlein, so viel Eyer. Und ein wenig Zucker und ein wenig Zimmet und Saltz und ein wenig Butter und in der Milch aufgehen lassen. Zuletzt in Ancken gebachen. 1771.

250 g Mehl, 2 dl warme Milch, 2 Löffel flüssige Butter, Salz, 2 Eigelb, 1 dl Wasser, Milch oder Weißwein, 1 Löffel Zucker, Zimt, 2 Eierschnee.
Alle Zutaten miteinander mischen. Zuletzt den Eierschnee daruntergeben. Den Teig durch eine Röhre bzw. Trichter ins heiße Fett geben und schwimmend Küchlein backen.

Rosenküchlein

1 halben Becher Mehl. 1/4 süßen Anken. 6 Eier wohl verklopft. 10 Lot Zucker. Ein wenig Ros Wasser. Ein wenig Salz. Milch, bis der Teig dünn genug ist. Gibt 24–30 Küchlein. Der Teig muß laufen wie ein Sträublein Teig. Der Anken verlaßt man in ein wenig Milch und kühlt dieses wieder mit noch ein wenig kalter Milch. Rührt das Mehl darmit an und rührt die Eier darin. Aber klopft den Teig nicht, sondern rührt ihn nur. 1773.

5 Eier, 30 g Zucker, 1 Prise Salz, 3 dl Milch, 300 g Mehl.
Eier und Zucker gut durchrühren. Die Milch leicht erwärmen und beigeben. Dann das Mehl dazugeben und gut verrühren. Einige Stunden ruhen lassen, dann nochmals

aufrühren. Die Rosenküchlieisen im Fett erhitzen, bis zu $^4/_5$ in den Teig tauchen und sofort ins heiße Fett zurückgeben. Goldgelb backen, vom Eisen klopfen und wenn erkaltet, mit Puderzucker stauben.

Rosinenbrot

Nimm drey Viertel Pfund Rosinen und ein Viertel Pfund Meertrauben. Wenn sie gewaschen und gereiniget sind, so thue sie in eine irrdene Casserolle samt einem Stück Zucker, einer Bouteille rothen Wein, und einen Schoppen Wasser. Laß es dann kochen, bis ohngefehr noch einen Schoppen übrig ist. Nimm dann schönes Weißbrod und zerschneide es in Riemen etwas länger als ein Finger und zwey Finger dick. Man kann immer bey 16 Stückchen Weißbrod schneiden. Gieße ein Glas voll rothen Wein darüber. Wenn der Wein in das Brod gezogen ist, so backe es schön gelb in Butter. Laß es dann abtropfen und lege es etwa eine Viertelstunde auf die Rosinen. Hernach lege das Brod auf eine Platte, thue die Rosinen darüber und schütte die Brühe oben darauf. Sollte die Sauce nicht alle darüber gehen, so thut man sie besonders auf ein Geschirr und giebt dieses mit auf den Tisch. 1811.

375 g Rosinen, 125 g Meertrauben, 200 g Zucker, $^1/_2$ l Rotwein, $^1/_2$ l Wasser, $^1/_2$ Formenbrot oder Weißbrot, 1 Glas Rotwein, Butter zum Backen.
Die Beeren mit dem Zucker vermengen, den Wein und das Wasser zugeben und alles etwas einkochen lassen. Darauf das Brot in Stücke von 2 cm Dicke und fingerlang schneiden und in Rotwein einweichen. Sobald das Brot etwas Flüssigkeit aufgesogen hat, die Schnitten bzw. Stengel in der heißen Butter backen. Man richtet sie auf einer Platte an und gießt Rosinen samt Wein daran. Man kann das gleiche Rezept auch auf andere Art zubereiten, z. B. indem man weniger Beeren und noch mehr Wein, aber kein Wasser, verwendet. Zum Zucker wird auch noch Zimt gebraucht. Beim Anrichten gießt man zuerst nur die Hälfte der Flüssigkeit zu, bedeckt die Platte, damit die Wärme die Brotstengel etwas aufweicht, und gibt erst beim Anrichten den Rest Wein zu.

Ankenweggliverkäuferin im alten Basel. 1749

Runde Krapfen

Nim 1 Pfund schönes Mehl in eine Schüssel, 6 Eidotter, 3 Löffel voll gute Hefe, 1 Schoppen guten Rahm, 4 Loth zerlassene Butter. Salze es ein wenig, um 3 Rappen Muskatenblüthe, 2 Loth gestoßenen Zucker. Mache den Teig an und schlage ihn gut ab, bis der Teig vom Löffel geht. Lege den Teig auf ein mit Mehl bestreutes Nudelbrett, walke ihn einen Finger dick aus, gib Eingesottenes hinein, schlage den Teig darauf, streiche ihn aus, gib es auf ein Tuch mit Mehl bestreut. Gebe es an einen warmen Ort, bestreiche sie oben auf mit Schmalz, damit sie nicht im Gehen springen, und so lasse sie langsam gehen. Mache dann Schmalz heiß, lasse langsam backen. Nimm sie heraus, lege sie auf ein Fließpapier, gib sie dann auf eine Schüssel und bestreue sie mit Zucker. 19. Jahrhundert.

500 g Mehl, 6 Eigelb, 30 g Hefe, 1 Tasse Rahm, 60 g Butter, Salz, etwas Muskat, 50 g Zucker, Konfitüre.
Von Mehl, Eigelb, Rahm, Hefe, Butter, Salz, etwas Muskat und Zucker einen Hefeteig zubereiten. Diesen haben lassen, auswallen, runde Plätzchen ausstechen und auf jedes etwas Konfitüre geben. Nachher ein weiteres Plätzchen darauf setzen (am Rande befeuchten) und die Krapfen wieder gehen lassen. Dann in heißer Butter oder im Öl backen. Mit Zucker bestreuen. Sollte der Teig etwas feucht sein, noch mehr Mehl daruntergeben.

Sackküchlein

Nim ein Deig wie ein Strübledeig, halber Milchrhum, halb Eyer, und mach den Sack naß. Zettel dann Mel darauff undt windt in umb. Schütt den Deig doran undt thu in dem Waall. Undt wenn Du meinst, daz er trocken eingesotten seye, so thuns in ein Platten undt den warmen Sack darauff undt schütts in die Pfannen. 1592.

125 g Mehl, 2,5 dl Milch, heiß, $1^1/_2$ Eßlöffel flüssige Butter, 1 Prise Salz, 3 Eigelb, 1 Prise Backpulver, 1 Löffel Zucker, 3 Eiweiß.

Alle Zutaten miteinander verrühren. Zuletzt den Eierschnee darunterziehen. Den Teig in einen nassen, mit Mehl bestäubten Sack einfüllen und im Wasserbad in etwa 1 Stunde fest werden lassen. Die abgekühlte Masse je nach Belieben in Stücke schneiden und in der heißen Butter zu Küchlein backen.

Gebäckmodel: Engel, Mutter mit Kind, Schneider auf Geißbock, Kaminfeger, Hanswurst, strickende Frau, Tambour, Cito – der schnelle Postillon –, Stänzler. Um 1820

Salbeiküchlein

In süttiges Wasser ein wenig Anken gethan, Mehl damit angerührt, ungefehr einen halben Vierling gesottenen Anken heiß darein geschüttet, braf geschafft, nach Belieben Eyer darunter, Anken über Feuer gethan und darinn gebacken. 1790.

125 g Mehl, $^{1}/_{2}$ Teelöffel Salz, 2 Eier, 1 dl Milch, 1 dl Wasser, 50 Stück frische Salbeiblätter, Öl zum Backen.
Mehl mit Salz sieben. Eier zerquirlen. Alle Zutaten zu glattem Teig rühren. Salbeiblätter waschen, trocknen. Öl erhitzen. Salbeiblätter in Teig eintauchen. 1 bis 2 Minuten backen.

Scheiterbeige

Erstlich Schnitten Weißbrod geschnitten, so dick als ein Daumen. Über 6 Viererbrod ein Schoppen Milchraum geschüttet. Wenn es nicht genug ist, kann man ein wenig Milch dazu nehmen. Anken heiß gemacht, wie zu einem Pfannkuchen. 8 Eyer wohl verklopft, eine Legeten Weißbrod in die Pfanne gethan, Löffelweis voll von den Eyern darüber geschüttet und Zucker nach Belieben darüber gezettelt. Man kann so viel Legeten machen als man will und allemal Zucker darauf, zugedeckt und Kohlen darauf. 1790.

Toastbrot in 1 cm dicke Scheiben schneiden und mit Milch oder Rahm überträufeln. In einem Omelettenteig wenden, in heißer Butter goldgelb braten und beidseitig zuckern.

Schenkelein

4 Eier. $^{1}/_{2}$ Pfund Zucker. $^{1}/_{4}$ Pfund süßen Anken. $^{1}/_{4}$ Semmelmehl. Ein wenig Salz. Ein wenig Ros Wasser. Die Eier verklopft, den Zucker, reingestoßen, in die Eier gerührt. Den Anken verlassen auch darein gerührt, sodann das Semmelmehl, Salz und Ros Wasser. So gibt es 5 Dotzend. 1773.

3 Eier, 150 g Zucker, $^{1}/_{2}$ dl Milch, 50 g Butter, aufgewärmt, 400 g Mehl, 5 g Backpulver, 1 Prise Salz, $^{1}/_{2}$ Zitronenschale, abgerieben.
Eier, Zucker, Milch verrühren und mit den anderen Zutaten zu einem Teig vermischen. Im Kühlschrank den Teig etwas abstehen lassen. Dann zu fingerdicken Schenkeli formen und diese im Fett backen.

Schliefküchlein

8 Eyer werden in eine Schüssel geschlagen und recht zerrührt. $^{1}/_{4}$ Pfund Butter lasse vergehen nebst einem Glas voll Milch, Zucker nach Belieben. Alles darein. Hernach Mehl dareingerührt, bis dick genug ist. Dann auf's Wirckbrett gethan, recht verschafft, dann dünn ausgewählt, mit dem Rädlein geschnitten und in Ancken gebacken. 1843.

4 Eier, 70 g Butter, 1 dl Milch, 2 Löffel Zucker, Mehl nach Bedarf, Fett oder Öl.
Eier, flüssige Butter, Milch, Zucker verrühren, dann soviel Mehl zugeben, bis ein fester Teig entsteht. Diesen auswallen, zu Dreiecken rädeln, Schliefküechli formen und diese im heißen Fett backen.

Schneckenküchlein

Man nimmt 10 Eyer, verklopft sie. Rühre ein Pfund reingeriebenen Zucker darein, und nach dem Zucker 60 Loth Semmel Mehl. Darnach muß es mit Milch gedünnret werden, so daß man das Eysen darein stoßen und dasselbe durch den Teig sehen kann. Diese Küchlein müssen langsam gebacken werden. Sobald es gebacken ist, muß man das Eysen wieder in den Anken thun und sofort – weil der Teig vom Eisen einstoßen alzeit dicker wird – den Teig mit lauer Milch wieder dünnern. Zu 3 Eyern 18 Loth Mähl und 10 Loth Zucker. 1794.

4 Eier, 50 g Zucker, 2 dl lauwarme Milch, 2 dl Rahm, 300 g Mehl, $^1/_2$ Kaffeelöffel Salz. Milch, Rahm, Mehl und Salz glattrühren. Eier und Zucker leicht aufschlagen. Beides miteinander vermischen und etwa 1 Stunde stehenlassen. Die dickflüssige Masse in ein möglichst hohes Gefäß geben. Das Rosenküchlieisen in heißem Fett erhitzen, dann bis $^4/_5$ der Höhe in das Teiglein tunken und sofort ins heiße Fett tauchen. Am Eisen goldgelb backen, dann durch einen leichten Schlag von demselben lösen. Auf einem Gitter abtropfen lassen und, wenn erkaltet, mit Puderzucker übersieben.

Schneeballen

Zu 15 Eyern ein Vierling süßen Anken. Die Eyer in ein Becke gethan, den Anken vergehen lassen und in die Eyer geschüttet. Zucker nach Belieben. Ein wenig Sultz. Alldann Semmelmehl darein gerührt, bis man ihn würken kann. Alldann auf dem Würckbret gewürckt bis er recht luftig ist. Hernach so dünn als möglich ausgewahlt und gebacken. Die Tugend der Schneeballen ist, daß man sie schön weiß, federleicht und trucken zubereiten wisse und keiner Nadelspitze groß Fett darauf erscheinen lasse. 18. Jahrhundert.

3 Eier, 25 g Zucker, 1 Prise Salz, 25 g warme aufgelöste Butter, 25 g Kirsch, 300 g Mehl.
Eier, Zucker, Salz gut verrühren, Kirsch und Butter beigeben und mit dem Mehl zu einem ziemlich festen Teig vermischen. Zugedeckt 1 Stunde ruhen lassen. Nußgroße Stücke zu Kugeln formen und diese in Intervallen auf leicht gemehltem Tisch möglichst dünn wie für Fasnachtsküchli rund ausrollen. Auf Tücher legen und zudecken, damit sie nicht verkrusten. Vor dem Backen die Plätzli in der Mitte in regelmäßigen Abständen einschneiden. In die Pfanne mit dem heißen Fett oder Öl eine Konservendose, deren Boden und Deckel entfernt wurden, stellen. Ein Plätzli unregelmäßig zusammennehmen und in die Dose geben. Anbacken lassen, dann mit einer Zange die Dose wegnehmen und die «Schneeballe» kehren. Weiterbacken, bis sie goldgelb ist. Auf einem Gitter abtropfen lassen und, wenn erkaltet, mit Puderzucker übersieben.

Gebäckmodel: Medaillon mit Basilisk und Basler Schild, umgeben von einem doppelten Kranz von Blumen und Früchten. 17. Jahrhundert

Schönes Gebäck

Nim Eyer undt thun von dreyen den Klar undt mach ein Deyglin mitt Sämelmel. Nim Milchrhum als viel Du Eyeren, undt schlach den Deyg woll woll, undt mach in in der Dicke als ein Strüblindeygg. Saltz in. Darnach mustu haben ein Dipfe oder dieffe Kachlen. Thun ein Löfel mitt Ancken drin undt laß in heiß werden, undt so er heiß ist, so schwenck ihn in der Pfanne und schütt in doruß, undt thun dann Deyg darin, undt ein beheben Deckel doriber, undt mach zurings umb den Deckell Glut, undt mach keine darunder. Undt so der Deig woll eingetrocknet ist, so schneidt fünff Stuck doruß. Undt jedes Stücklin schneidt ein wenig Mitten durch. Undt wann der Ancken heiß ist, so leg eines oder zwey in die Pfannen, undt laß sie langsam bachen, rüttel sie in der Pfannen undt bach sie biß daß sie genug haben. 1592.

5 Eier, 200 g Mehl, 1 dl Rahm, 1 Löffel Backpulver, Salz.
Die Eier teilen, und das Mehl mit Rahm, Salz, Eigelb und Backpulver zu einem Teig rühren. Zuletzt das geschlagene Eiweiß daruntergeben. In einer Omelettenpfanne Butter heiß werden lassen, den Teig hineingeben, zudecken und auf kleiner Flamme fest werden lassen. Dann in Stücke schneiden und diese wieder mit heißer Butter in der Omelettenpfanne braun braten. Je nach Belieben kann dieser Teig auch in einer Gratinplatte im Backofen zubereitet werden. Zucker darüberstreuen und mit Kompott servieren oder ohne Zucker zu Gemüse. Als Abwechslung können von diesem Teig auch ganz einfach Omeletten zubereitet werden.

Süße Omeletten

3 Eier, 3 Löffel Zucker. Das Gelbe mit dem Zucker verrührt, das Weiße geschwungen. Auch darzu süße Butter in die Ameleten. Langsam gebacken, dann halb zusammengelegt auf die Platte. 19. Jahrhundert.

3 Eier, 3 Eßlöffel Zucker, 1 Eßlöffel Butter.
Eier teilen. Zucker und Eigelb zerquirlen. Eiweiß zu Schnee schlagen. Mischen. In Butter 4 Omeletten backen.

Gebäckmodel mit 12 Handwerkermotiven: Gärtnerin, Schäferin, Schäfer, Jäger, Küfer, Zimmermann, Schreiner, Schneider, Wagner, Kürschner, Gerber, Fischer. 18. Jahrhundert

Tabakrollen

Zu 14 Stuck gebraucht man 1 Pfund Semmelmehl, $^3/_4$ Pfund süßer Butter, diese mit Wasser angemacht wie ein Pasteten Teig. Ein Pfund geschellte und gestoßene Mandeln. $^3/_4$ Pfund gestoßener Zucker. Ein par Prisen gestoßener Zimmet. Diese 3 Sachen mit 2 à 3 Eier angemacht, zu einer dicken Pape, der Teig zu Blezen gewahlt, von dieser Fülle darauf gestrichen und um die runden Tabackrollen Hölzlein, welche wohl mit süßem Butter müssen angestrichen seyn, gewicklet und mit Schnüren darum gefahren, etwan 4 mahl, wie gebräuchlich, und auf ein Blech gelegt, welches auch mit süßem Butter angestrichen ist. Sie müssen nicht gar nah zusammengesetzt werden, damit sie besser können aufgehen. Hernach wenn das Brot eingeschossen in den Ofen, denn sie müssen leicht gebacken seyn, wann sie gebacken, so nimmt man warmlecht Wasser und thut ohngefehr in ein Glaß voll ein Eßlöffel voll gestoßener Zucker, laßt ihn darin wohl vergehen und streicht hernach die Tabackrollen, weil sie noch ein wenig warm, mit einem Pensel an und streut zuerst Zimmet, hernach Zucker darüber. 1773.

200 g Mehl, 100 g Butter, 60 g Zucker, 1 Ei, 50 g feingemahlene Mandeln, 1 Messerspitze Zimt.
Diese Zutaten zu einem Teig vermischen, kalt stellen, dann etwa 3 mm dick ausrollen. In Rechtecke schneiden und diese um mit Butter bestrichene runde Holzstäbchen aufrollen (evtl. mit einer Schnur umwickeln, damit sie sich beim Backen nicht öffnen). In heißem Fett backen und, wenn erkaltet, inwendig mittels eines Stäbchens mit Himbeer- oder Aprikosenkonfitüre bestreichen. In Zucker rollen.

Tellerküchlein

Zu acht Löffel Mehl sieben Eyer. Das Mehl mit lauer Milch angerührt, bis es wie ein Strüblein-Teig ist. Zuvor Zucker und Roswasser darunter. In eine zinnerne Blatte, die wohl mit Anken angestrichen, geschüttet und auf einen Dunsthafen voll Wasser gestellt und zugedeckt. Das Wasser wohl lassen kochen. Wans hart ist, so muß es auf ein Brodt gethan werden. Nach Belieben verschnitten und in Ancken bachen lassen. 1747.

8 Löffel Mehl, 7 Eier, warme Milch, Zucker, Rosenwasser.
Das Mehl mit warmer Milch angerührt, bis eine dickflüssige, glatte Masse entsteht. Eier, Zucker und Rosenwasser daruntermischen. Die Masse in eine flache Form oder Platte füllen und über kochendes Wasser stellen (Wasserbad). Wenn die Masse dick ist, kleine Stücke davon schneiden und in heißer Butter backen.

Verbrühte Küchlein

Nembt 1 Maß Milch, ein Stück süeßen Ancken. Laß in der Milch vergehen und sieden. Thu Saltz drein. Dan rihr des besten Mehl drein, bis es gar dick ist. Thu ihn auß der Pfannen in ein Becken. Schlag 10 bis 12 Eyer drein, bis er din genug ist. Mach Spritzenküchlein daraus oder andere und bach sie im Ancken. Dann versuch sie. 18. Jahrhundert.

2 dl Milch oder Wasser, 50 g Butter, 1 Prise Salz, 100 g Mehl, 4 Eier, Butter zum Backen.
Milch oder Wasser, Salz, Butter aufkochen, das Mehl rasch einrühren und zu einem

festen Teig schlagen. Dann die Eier eines nach dem andern zugeben. Mit einem Löffel kleine Kugeln abstechen und diese in der heißen Butter oder im heißen Öl schwimmend backen.

Verbrühte Sträublein

Eine Pfanne voll Wasser übers Feuer, wenn es siedet, ein Vierling Anken darein. So viel Strauben man machen will, so viel Strauben-Trächterlein voll Mehl in ein Becke gethan. Wenn das Wasser recht strudelt, das Mehl damit angebrüht. Ein halb Pfund gesottenen Anken in ein Pfännlein gethan, alldieweil er heiß wird, den Teig braf geschafft, den halben Anken süttig darein geschüttet. Wiedrum geschafft, den andern halben Theil auch darein und wiedrum geschafft. Auf eine Straube 2 Eyer, warm Wasser darüber geschüttet. Wenn sie warm sind, sauber abgewischt, den Teig mit gedünnert. Von diesem Teig kann man auch Binninger-Schnitten machen. 1790.

350 g Mehl, etwa 5 dl Milch, 1 Prise Salz, 3 Eier, 70 g Zucker und 20 g Butter.
Das Mehl mit 4 dl ziemlich heißer Milch glatt anrühren, Eier, Salz, Zucker, die leicht geschmolzene Butter unter den Teig mengen und solange von der übriggebliebenen heißen Milch zugeben, bis der Teig gerade noch durch einen Trichter läuft. Je nach Belieben können 1 bis 2 Eier mehr, dafür etwas weniger Milch zugegeben werden. Zum Backen je einen Schöpflöffel des Teigs durch einen Trichter in das heiße Backöl einlaufen lassen, so daß sich ein flacher, spiralförmiger Kuchen bildet. Denselben auf beiden Seiten hellbraun backen (sorgfältig wenden), herausnehmen, gut abtropfen lassen und noch warm mit Zucker bestreuen. Strübli zu Kaffee oder Kompott servieren.

Form aus Holz: Dame mit einem Fächer. 18. Jahrhundert

Vergoldete Schnitten

Schneide ein neugebackenes Weißbrot in Schnitten, verklopfe 5 Eier, nehme etwas Rosenwasser, Zucker, Zimmet und gestoßene Mandeln dazu. Rühre alles wohl untereinander, lege die Schnitten darein, bis sie weich werden. Backe sie in sießem Butter, besäe sie mit Zucker und Zimmet und gieb sie auf den Tisch. 1747.

6 Einbacke oder $^1/_2$ Formenbrot, 5 Eier, 150 g Zucker, etwas Zimt, 150 g gemahlene Mandeln, 1 Löffel Rosenwasser oder Kirsch.
Einback oder Formenbrot in Tranchen schneiden. Die Eier verklopfen und mit Zucker, Zimt, Mandeln, Rosenwasser oder Kirsch vermengen. Die Brotschnitten in diese Masse eintauchen, bis sie etwas weich sind, und in der Omelettenpfanne in heißer Butter auf beiden Seiten hellbraun backen. Mit Zucker und Zimt bestreuen.

Zigerpfannkuchen

Nim guethen Zigeren, so viel du willst. Laß ihn wohl vertropfen, wie zu den Fladen. Machs an in allem wie zu den Fladen mit Rosinli, Meertrauben, ein wenig Mehl, Milchraum und, wenn du willst, auch Mandlen, ein wenig Roswasser, Zucker und frischen Anckhen. Nim ein Öhrendipffi und ein guthen Theil rauen Anckhen drein. Laß ihn heiß werden. Ehe Du heißen Anckhen machst, so dinnere obigen Teig mit Eyeren wie ein Pfannkuchen. Die Eyer ein wenig geschwungen, biß er ist in Dicke wie ein Pfannkuchenteig. Alßdann schütt ihn in den heißen Anckhen. Mit einem eisernen Deckel gedeckt und Kohlen darauff. Wann er gebachen, thu ihn ein Blatten, mach ein Brühen von Milchraum, Zucker, Roswasser und geklopft Eyerweiß. Ein wenig als undereinander geklopft, wie ein Seidenmießlin, und darüber gegossen. Auff den Kohlen köchlen, aber nicht zu lang. Auch nicht viel Eierweiß in Milchraum, sonst würd es zu dickh. NB. Man kann auch ein Brühen in einem möschenen Pfännlein von Wein, Zucker, Zimmet, Rosinli, Mertribel kochen und's über den Pfannkuchen abgießen. NB. Du kanst das Mehl und Milchraum draußen lassen und mit Eieren gar dünneren. 17. Jahrhundert.

500 g Speisequark oder Ziger, 100 g Mehl, 100 g Zucker, 50 g Butter, 50 g geriebene Mandeln, 4 Eier, 50 g Rosinen.

Von diesen Zutaten einen Teig zubereiten, diesen in eine bestrichene Form geben und im Backofen in etwa 30 Minuten backen oder in der Omelettenpfanne kleine Omeletten backen. Dazu eine Eier- oder Weinsauce servieren. Für die Eiercreme 1/2 l Milch mit 2 Löffel Zucker, Vanillezucker und 1 Ei aufkochen. Zur Weincreme 1/2 l Rotwein mit 2 Löffel Zucker, Zimt, 1 Löffel Rosinli und Sultaninen aufkochen.

Zwetschgenschnitten

Nimm ohngeschelte dürre Zwegsten. Siede sie, bis sie recht weich sind. Thue die Stein heraus und verrühre sie zu einem Muß. Zucker und Zimmet darunter. Streiche das angemachte auf Weißbrotschnitten. Kehre sie in einem Weinteig um, worunter ein Ey ist, und backe sie im Schmaltz. Man kann sie auch oben mit Mandlen bestecken und eine süße Bruehe daran machen. 18. Jahrhundert.

1/2 kg gedörrte Zwetschgen, 1 dl Wasser, 4 Eßlöffel Zucker, 1/4 Teelöffel Zimt, 10 Toastbrotscheiben. Teig: 150 g Mehl, 1/2 Teelöffel Salz, 2 Eier, 1,5 dl Weißwein, 1 Eßlöffel Öl. Zum Backen: Erdnußöl.
Zwetschgen entsteinen, mit Wasser, Zucker und Zimt 5 Minuten zu Mus kochen. Pürieren. Auf Toastbrotscheiben aufstreichen. Alle Zutaten zum Teig glattrühren. Schnitten in Teig tauchen. Bei heißem Öl schwimmend backen.

Aufläufe Puddings

Gebäckform mit getriebenem Schwan aus Kupfer. 18. Jahrhundert

Apfelgebackenes

Man nimmt ein Schüsselin voll dünn geschnittene saure Äpfel. Schneidet dünne Schnitten von weißem Brot. Thut süßen Anken in eine Pfanne, überlegt den Boden damit und thut recht dicht Äpfel darauf. Streut Zucker und Zimmet darüber. Legt wieder Schnitten Brot darauf, so breit es ist. Noch ein wenig Zucker und Zimmet darüber. Der Rest Äpfel darauf und wieder Zucker und Zimet darüber gestreut. Abermahlen mit Brot überlegt und Zimet darüber. Auf jede Schnitten Brot ein Stücklein süßen Anken getan. Die Äpfel müssen auf die letzte oben gelegt werden, da sonst die Schnitten zu lasch werden. Eine gute Stunde muß dieses wie eine Tarte gebachen werden. 1773.

750 g Äpfel, 3 dl Apfelsaft, 80 g Zucker, 1/2 Teelöffel Zimt, 100 g Sultaninen, 250 g Weißbrot, 20 g Butter.
Ofen auf Mittelhitze vorheizen. Form befetten. Äpfel waschen, schälen, Kerngehäuse entfernen. Äpfel in dünne Schnitze schneiden. Mit Apfelsaft, Zucker, Zimt und Sultaninen 5 Minuten kochen. Brot in feine Scheiben schneiden. Lagenweise Brot und Äpfel in Form einschichten. Oberste Lage sollen Äpfel sein. Mit Butterflöckli bereichern. 1 Stunde backen. Auf Platte stürzen, bei Zimmertemperatur servieren.

Apfelmues méringué

Reinetten schälen, halbiren, in Zucker und Wasser weich kochen, dann durchtreiben, dazu Rosinchen und mit Wasser geriebene Mandeln. Anrichten. Meringuestreifen darauf sowie ein Bord und im Ofen backen. Sie können auch mit einem Eisen oben gebrannt werden. 1871.

1 kg Äpfel, 200 g Zucker, 1 dl Wasser, 50 g Rosinen, 50 g geriebene Mandeln, 2 Eiweiß, 100 g Zucker.
Die gerüsteten Äpfel mit Zucker und Wasser weich kochen und durchtreiben. Das Püree mit Rosinen und geriebenen Mandeln vermengen, in eine Auflaufform anrichten, mit Meringuemasse (aus verschlagenem Eiweiß und Zucker hergestellt) und als Streifen garniert, und im Backofen kurz bräunen.

Aufgelaufener Zimtkoch

Reis 1/2 Pfund in der Milch gekocht. Richtet ihn in einer Schüssel an ohne Butter, mit 20 Eyeren, jedoch nur mit der Helfte des Weißen, nebst 1/2 Pfund Zucker und

3 Loth gestoßenen Zimmet. Alles aufs beste durcheinander gerührt. Hernach schüttet den Teig in eine mit Butter beschmierte Tharten Pfannen. Lasset ihn gemächlich bachen. Ist solcher Koch fertig, so richtet ihn an, bestreüt ihn mit Zucker und gebt ihn hin. Man wird ihn nicht schelten, sondern prayßen. 18. Jahrhundert.

125 g Reis, 8 dl Milch, 1 Prise Salz, 10 Eigelb, 5 Eiweiß, 125 g Zucker, 1 Löffel Zimt, Butter zum Bestreichen.
Den Reis mit Milch und Salz weich kochen, dann den Zucker, die Eigelbe, den Zimt und die Eiweiße zugeben. Die Masse in eine bestrichene Form einfüllen, den Auflauf in etwa 30 Minuten backen.

Gebäckmodel: Joseph erzählt seine Träume den Eltern und Brüdern (1. Mos. 37, 5–10). 17. Jahrhundert

Blancmanger

1 Maß Rahm oder zu gleichen Theilen Rahm und Milch, 1/2 Pfd. geschälte Mandeln, 1/2 Pfd. Zucker, 3 Loth Gélatine. Man reibe die Mandeln im Mörser mit ein wenig Rahm oder Wasser, setze sie mit dem Rahm, Zucker und Vanille zum Feuer, sobald es siedet presse man es durch eine Serviette in eine Schüssel. Dann koch man die Gélatine mit 1 schwachem Schoppen Wasser unter beständigem Rühren, oder brühe sie mit Wasser an, schütte sie, nachdem sie vergangen, in den noch warmen Rahm, rühre zeitweise darin, bis das blanc manger beinahe kalt ist, worauf man es in eine kupferverzinnte oder blecherne Form schüttet und einige Stunden auf Eis oder über Nacht in den Keller stellt zum Festwerden. Vor dem Auftragen tauche man die Form einige Sekunden in warmes Wasser, trockne sie schnell ab und stürze das Blancmanger auf eine Platte um. Im Winter braucht man etwas weniger Gélatine anzuwenden. Will mann das Blancmanger nicht umstürzen, sondern in der Crèmenschüssel serviren, so genügen auch im Sommer 2 Loth Gélatine. 1877.

5 dl Rahm, 60 g Mandeln, 60 g Zucker, 8 Blatt Gelatine.
Rahm mit geschälten, geriebenen Mandeln und Zucker aufkochen. 30 Minuten ziehen lassen. Gelatine wässern, mit 1 dl kochendem Wasser auflösen, zum Rahm sieben. Mischen. Form kalt ausspülen. Masse einfüllen, fest werden lassen. Auf Platte stürzen, mit Sauce servieren.

Braunschweiger Pudding

5 Loth Ammling werden mit einer Kaffeeschüssel voll Wasser zart angerührt und mit dem Gelben von 5 Eiern verklopft. Dann nimmt man 1/2 Maas Rahm, eine halbe Zitronenrinde gehackt, Vanille und Zucker und läßt dieß zusammen aufwallen. Nachher schüttet man's unter beständigem Rühren in die Eier und Ammling, setzt das Ganze noch einen Augenblick auf das Feuer und gießt's dann in einen Model, der vorher mit kaltem Wasser ausgespült worden ist. Wenn es kalt ist, kann man's auf die Platte richten. Auch servirt man entweder rothe Weinsauce, Himbeeren oder Chocoladecrème dazu. Dieser Pudding kan am Tag zuvor gemacht werden. 1747.

80 g Maizena, 1 Tasse Wasser, 5 Eigelb, 7 dl Rahm, 1 Zitronenschale, etwas Vanillezucker, 100 g Zucker.
Das Maizena mit dem Wasser anrühren. Den Rahm mit Zitronenschale, Vanille und Zucker aufkochen, das angerührte Maizena zugeben, dicklich kochen und erst dann die verklopften Eier darunterrühren und kurz aufkochen. Die Puddingmasse in eine mit Wasser ausgespülte Form gießen und erkalten lassen. Nach dem Stürzen je nach Belieben mit Weinsauce, Himbeeren oder Schokoladencreme servieren.

Brotpudding

Drei 5 Cts.-Wecken (12 Loth Weißbrot), 8 Loth süße Butter, 1/2 Pfd. Zucker, die abgeriebene Schale einer Citrone, 4 Loth Rosinen, 4 Loth Mandeln, 4 Loth Weinbeeren, 8 Eier, nach Belieben ein Gläschen Kirschwasser oder Rhum. Man weiche die Wecken in kalter Milch ein, drücke sie dann fest aus, dämpfe sie in der Butter,

Gebäckmodel: Heilige Familie, Kanonier, Flucht nach Ägypten, Schlittenpartie. Um 1820

bis sie trocken sind, thue sie in eine Schüssel, rühre die (im Mörser) mit Wasser geriebenen Mandeln, den Zucker, Citronenschale, Rosinen, Weinbeeren, Kirschwasser, nach und nach 6 Eigelb und 2 ganze Eier dazu, mische zuletzt den festen Schnee der 6 Eiweiß darunter, backe den Pudding wie Reispudding und servire ihn sehr heiß mit beliebiger heißer Sauce oder Crème. Diese Masse giebt 1 sehr großen oder 2 kleine Puddings. Gekochten Pudding kann man mit geschälten Mandeln spicken. 1877.

250 g Weißbrot, 2 dl Milch, 100 g Butter, 125 g Zucker, 4 Eier, $\frac{1}{2}$ Zitrone, 30 g Rosinen, 30 g Weinbeeren, 30 g Mandeln, gemahlen, 1 Eßlöffel Rum.
Brot in kleine Würfeli schneiden. Kochende Milch darübergießen. Eier teilen. Eigelb, Butter und Zucker schaumig rühren. Zitrone waschen. Schale abreiben. Eiweiß zu Schnee schlagen. Alle Zutaten mischen. Form befetten, mit Mandeln bestreuen. Im Wasserbad $1\frac{1}{2}$ Stunden leise kochen lassen.

Eierzugerli

$\frac{1}{2}$ Löffel Semmelmehl, 3 Eyer, gestockte Milch 1 Schoppen oder auch etwas minder, $1\frac{1}{2}$ Maas süße Milch. Auf dem Feuer gerührt. Wenns kocht, abgestellt, zugedeckt und stehen lassen in einer irdenen Casserole. 1727.

3 Eier, 50 g Mehl, 1 Prise Salz, 250 bis 500 g Rahmquark, 1 l Milch, evtl. etwas Zucker. Das Mehl mit etwas Milch anrühren und die Eier mit etwas Milch verklopfen. Den Rest Milch mit Salz zum Kochen bringen, Quark, Mehlbrei und Eier zugeben. Alles nochmals aufkochen und in einer Schüssel erkalten lassen. Evtl. mit Zucker süßen.

Fasteneier

In ainem Pfeffer in der Vasten: So nym zwai Pfunt Mandlen und stöß in und reib in klain und thue ain Zucker doran, und geuß ein wenig Wasser doran, so wirt Öll davon. Er darf es nicht sieden lassen. Die Milich sol dick sein, so mag er davon machen die Ayer, was er wil. Nym ein wenig Milich und thue Saffran daran und mach Totter als ein Haselnuß. Und nym ain klains weiß Tuoch, das sollst du legen in die Hant. Da leg uf das Weiß und mach ein Luog und leg das Tötterlein in das Weiß. Und das thue darüber, das es sei Gestalt als ein Hennenay, das der als vil sey, als uf ain Essen. Und ain Pfunt Ymber, die wasch schön und reib die klain. Und ain Schnitten Weissprots thue es in ain Prue und mit ainem süßen Wein schlachs durch. Und Pfeffer und Zucker. Das haist, in dem Pfeffer des Zuckers sollst du nit vergessen. Also sollst du machen. Du sollst haben zue halben Ayren, die mach aus ainem Schmaltz. Ain klaines Rindlein sollst du haben. Und halbe Ayer leg darein, wievil du willst. Nym ain Vierdung Zucker, den laß zergeen in ainer Pfannen. Wann er zergangen ist, das er gesteet uf dem Schmaltz. Underweyße Milich, mach Totter und leg Zucker für das Saltz darein. 1460.

250 g Mandeln, 60 g Zucker, 3 dl Wasser, $\frac{1}{2}$ Teelöffel Salz, 80 g Rahmquark, $\frac{1}{2}$ Brieflein Safran, 2 Eßlöffel Zucker, 15 g kandierter Ingwer, 50 g Weißbrot, 3 dl Weißwein, 30 g Zucker.
Eiweiß: Mandeln schälen, mahlen. Mit Zucker, Wasser und Salz aufkochen. In flacher Platte anrichten. In diese dicke Masse mit dem Teelöffel 8 kleinere Vertiefungen machen für Eidotter. Eigelb: Quark mit Safran und Zucker verrühren. In die Vertiefungen einfüllen. Sauce: Brot fein schneiden, in Wein aufkochen. Pürieren. Ingwer fein hacken, mit Zucker unter Wein mischen. Sauce zu den falschen Eiern separat servieren.

Flan renversé

2 Schoppen Rahm oder Milch, 10 Eier, 12 Loth gestoßenen Zucker, zum rösten. Man rühre 4 bis 8 Loth Zucker in einem Pfännlein auf dem Feuer, bis er flüssig und braun ist, gieße ihn in eine Puddingform und lasse ihn schnell am Boden (und wenn man will auch an den Wänden) der Form herumfließen, bevor der Zucker erkaltet. Die Stellen, wo der Zucker nicht hinreichte, bestreiche man mit süßer Butter. Die Eier

zerklopfe man in einer Schüssel nebst Zucker und Citronenschalen, gieße den kalten Rahm dazu, lasse es 1/2 Stunde stehen, nehme die Citronenschalen wieder heraus, gieße es in die Form und koch den Flan 1 1/2 Stunden bis 2 Stunden au bain marie auf dem Feuer oder im heißen Ofen. Wenn der Flan vollständig erkaltet, der geröstete Zucker aufgelöst ist, stürze man ihn auf eine tiefe, runde Platte um, gieße nach Belieben ein wenig Rhum oder Cognac in die braune Sauce und servire den Flan anstatt eines Puddings. 1877.

150 g Zucker, 1 Zitrone, 1 Eßlöffel Maispuder, 6 Eier, 2 dl Rahm, 1 Eßlöffel Kirsch oder Cognac.
Zucker hell rösten. Timbalform damit auskleiden. Zitrone waschen, Schale abreiben. Maispuder mit Eier und Rahm zerquirlen. In Form einfüllen. Form verschließen. Im Wasserbad 1 bis 1 1/2 Stunden leise kochen lassen. Auf Platte stürzen. Karamel mit Kirsch oder Cognac abschmecken.

Gebäckmodel: Liebespaar in einer Rose. 17. Jahrhundert

Gebackener Pudding

Nimm 1/2 Pfund frische Butter, zerrühre sie zu Schnee, schlage nach und nach 6 ganze Eier dazu und von noch 6 Eiern das Gelbe, nebst einem 1/4 Pfund fein gestoßenen Mandeln. Rühre dieses alles eine gute Viertelstunde, nimm dann 10 Milchbrode, schäle fein die Kruste, weiche das Innere 1/2 Stunde in Milch, drücke sie alsdann wohl aus und thue sie zum Gerührten nebst 1/2 Pfund Zucker. Schwinge das Weiße der 6 Eier und menge es langsam. Macht man zum Pouding eine weiße Weinbrühe, so werden die Rosinen und Meertrauben, von jeder Sorte 1/2 Vierling, in das Pouding selbst gethan. Macht man aber eine rote Weinbrühe, so werden die Rosinen und Meertrauben in die Sauce gethan. 1871.

125 g Butter, 3 Eier, 3 Eigelb, 70 g feingeriebene Mandeln, 5 Weggli, Milch zum Einweichen, 125 g Zucker, 3 Eiweiß, 60 g Rosinen, 60 g Sultaninen.
Zum voraus die Weggli schälen, 1/2 Stunde in heißer Milch einweichen, gut ausdrücken und fein hacken. Dann die Butter schaumig rühren, Eier, Eigelb, Mandeln und Zucker beifügen, zuletzt die Wegglimasse und den Eischnee. Je nach Belieben die Beeren. Die Masse in eine gebutterte Form einfüllen und im Wasserbad etwa 3/4 Stunden kochen. Je nach Belieben eine Weinsauce dazu servieren und die Beeren dann anstatt in den Pudding in die Sauce geben.

Gefüllte Birnen

Schneidt die Biren bey der Mitten hüpschlich auff, daß es weder Stil noch Butzen begreiffe, undt höl sie auß, undt lug, daß sie nitt durchstechest. Füll sie mitt Rosinlein, Zimmet undt Negelin undt Zucker, durch einander gemischt, daß sie voll werden. Mach dann die Biren wider gantz, verpreiß sie woll. Thun den Ancken in ein Dipfe oder Hafen, undt wann er heiß wirdt, so stell die Biren darinn fein auff einander undt den Deckel dariber, undt Glut auff den Hafen, undt legs ringsweiß umb den Hafen, undt laß bachen, biß sie genug haben. Undt wenn Du sie in ein Blatten thust, so zeuch die Spießell darauß undt sey Zucker undt Zimmet druff. 1592.

500 g große schöne Birnen. Fülle: 50 g Rosinli, Zimt, Nägeli, 150 g Zucker, Butter zum Braten. Je nach Belieben 1 Tasse Weißwein oder Wasser mit etwas Zitronensaft. Die Birnen schälen, halbieren, die Stiele daran lassen und aushöhlen. Zur Fülle die Rosinli mit Zucker und Gewürzen mischen. Je einen Kaffeelöffel Fülle in die Birnen geben und wieder je 2 Hälften zu einer ganzen Birne zusammen geben. In einer Pfanne oder Gratinplatte Butter erhitzen, die Birnen hineinstellen, je nach Belieben Wein oder Wasser zugeben und zugedeckt auf der Flamme oder im Backofen weich dämpfen. Mit Zucker und Zimt servieren.

Gestürztes Plattenmues

9 Eier, 3/4 Pfund Zucker, 1 1/2 Schoppen Milch. Den halben Zucker in einer schwarzen Casserole geröstet, dann bis hinauf im ganzen Geschirr herumlaufen. Dann

7 Eier ganz und von 2 das Gelbe mit der andern Hälfte des Zuckers wohl verrührt und die Milch daran gerührt. Dann in das Geschirr geschüttet und dieses in eine Pfanne mit kochendem Wasser gestellt. Feuer oben und unten gemacht. $1^1/_2$ Stund kochen lassen. Das Feuer unten nicht zu stark. 19. Jahrhundert.

100 g Zucker zum Rösten, 4 Eier, 60 g Zucker, 5 dl Milch, 1 Prise Salz, 6 Ramequinförmli zu etwa 1,2 dl.
Zucker hellbraun rösten, in 6 Förmli gießen. Eier gut zerquirlen. Mit Zucker, Milch und Salz gut mischen. In Förmchen gießen. Bei schwacher Mittelhitze im Ofen, im Wasserbad, etwa 1 Stunde ziehen lassen.

Form für Backwerk: Die Drei Kleinbasler Ehrenzeichen, Tierbändiger mit Spielbär, Hahn im Korb, Mann auf einem Güggel reitend, Fasnachtsfigur, Knabe im Kopfstand, tanzendes Paar, Matrone ein Männlein am Bart ziehend. 18. Jahrhundert

Grießpudding

1 Pfd. Gries, 1 Maß Milch, 6 Loth Zucker, etwas Salz, 12 Eier. Man rühre den Gries von hoch oben in die kochende Milch, füge dann auch die Butter, Zucker und Salz bei, nach Belieben mit Wasser geriebene Mandeln, und thue es in eine Schüssel. Dann rühre man die Eigelb nach und nach hinein und wenn die Masse erkaltet ist, die zu festem Schnee geschlagenen Eiweiß. Fülle eine mit Butter bestrichene, mit Brosamen bestreute Form und backe den Pudding $1^1/_2$ Stunden, servire ihn heiß mit Zucker, bestreut mit einer beliebigen Sauce. 1877.

300 g Grieß, 1 l Milch, 80 g Butter, 80 g Zucker, 6 Eier, 1 Prise Salz, 40 g Mandeln, gemahlen.
Milch erhitzen. Grieß im Sturz einrühren. Rühren, bis ein dicker Brei entsteht. Form befetten, mit Mandeln bestreuen. Butter, Zucker, Eigelb und Salz schaumig rühren. Eiweiß zu Schnee schlagen. Alle Zutaten mischen. In Form einfüllen, verschließen. $1^1/_2$ Stunden im Wasserbad leise kochen lassen. Mit beliebiger Sauce servieren.

Kabinettpudding

10 bis 12 Bisquit- oder Mandeltörtchen, 4 Loth Weinbeeren, 4 Loth Rosinen, 8 Loth Zucker, 10 Eier, 2 Schoppen kalten Rahm oder Milch, Vanille oder abgeschnittenen Citronenschale. Nach Belieben $^1/_2$ Pfund candirte Kirschen. Man bestreiche eine glatte Puddingform mit Butter, lege auf den Boden derselben ein rund geschnittenes, ebenfalls mit Butter bestrichenes weißes Papier, streue Rosinen und Weinbeeren darauf, mache dann eine Lage von den in Würfeln geschnittenen Törtchen und fahre abwechselnd so fort, bis die Form voll ist. Die Eier zerklopfe man in einer Schüssel, rühre dann den Zucker und Rahm oder die Milch hinein, lege die Vanille oder Citronenschale $^1/_2$ Stunde hinein. Nach dieser Zeit nehme man die letztere wieder heraus, gieße diese Crème sehr langsam (von Zeit zu Zeit einen Schöpflöffel voll) über die Würfel, damit dieselben die Flüssigkeit aufschlukken und sich in die Höhe lassen. Man stelle die Form in eine mit heißem Wasser soweit gefüllte Bratpfanne, daß dasselbe die halbe Höhe der Form erreicht und backe den Pudding auf diese Weise 1 bis $1^1/_2$ Stunden im heißen Ofen. Ist er braun, so decke man ein Papier darauf; wenn beim Hineinstechen keine Milch herausfließt, ist er genug gebacken. Er wird heiß aufgetragen, eine warme oder kalte Crème oder Savoyon darum geschüttet. Man kann diesen Pudding auch zugedeckt au bain marie auf dem Feuer kochen. 1877.

200 g Makrönli oder Zwieback, 2,5 dl Milch, 4 Eier, 50 g Butter, 50 g Zucker, 40 g Sultaninen, 40 g Cakesfrüchte.
Milch und Butter zum Kochen bringen, über Makrönli oder Zwieback gießen. Eier teilen. Eigelb, Butter und Zucker schaumig rühren. Eiweiß zu Schnee schlagen. Alle Zutaten mischen. Form befetten, mit Paniermehl ausstreuen. Masse in Form einfüllen. Zugedeckt im Wasserbad $1^1/_2$ bis 2 Stunden kochen. Mit Sabayon (Savoyon) servieren.

Kastanienstock

Schwell ein Pfund ausgeschälte Castanien im Wasser recht weich und stoße sie ganz fein. Thue ein $^1/_4$ Pfund Zuckerkandel in ein Pfännlein, laß ihn gut vergehen, dann die Castanien darein, recht untereinander gerührt, in eine beliebige Form eingedrückt und auf die Platte gedrückt, auf der man serviren will. Dann nimm Nidlen, beschwinge sie zu festem Schnee, rangire sie schön um den Kastanienstock herum, oder auch eine andere beliebige Crême dazu. 1843.

500 g Kastanien, Wasser nach Bedarf, 125 g Zucker oder Zuckerkandel, etwas Wasser, 2 dl Rahm, Zucker nach Bedarf.
Die geschälten Kastanien im Wasser weich kochen und durch ein Sieb drücken. Hernach mit Zucker und etwas Wasser oder Zuckerkandel, den man in einem Pfännchen geschmolzen hat, vermengen und die Masse in eine mit Wasser ausgespülte Form drücken. Nachher stürzen und mit Schlagrahm garnieren. Je nach Belieben kann auch eine Creme dazugegeben werden.

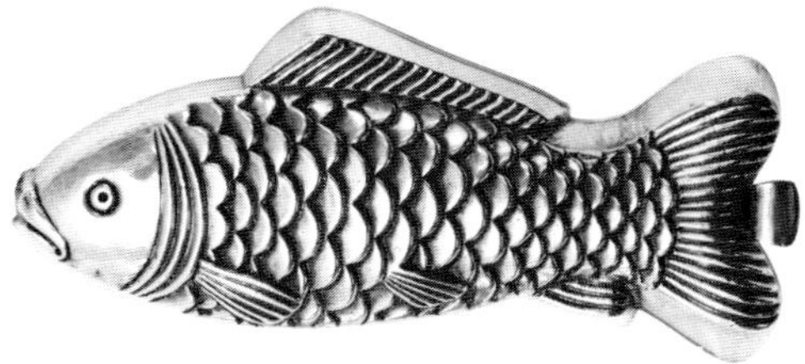
Gebäckform: Karpfe, aus Kupfer getrieben. 18. Jahrhundert

Maienziger

1 Maas Milch und 1 Schoppen Raum werden in einer Pfanne lau gemacht. Dann werden 8 Eyer wohl geklopft und darein gerührt. Wenn's anfangt zu kochen, wird der Saft von einer Zitrone darein gethan oder ein Glas Wein. Alsdann nimmt man die Pfanne vom Feuer und deckt sie zu. Wenn es geschieden ist, wird's in die Formen gegossen, und wenn's vertropft ist, gießt man Raum oder Crème darauf. NB. Man kann auch sauren Raum nehmen, aber dann gießt man ihn erst dazu, wenn die Milch mit den Eyern anfangt zu kochen. 1794.

1,5 l Milch, 4 dl Rahm, 8 Eier, 2 Zitronen, 2 dl Rahm zum Servieren.
Milch und Rahm lauwarm erhitzen. Eier zerquirlen, zur Milch einrühren. Vors Kochen bringen. Zitronen auspressen. Saft zufügen. Vom Feuer nehmen, zudecken. 10 Minuten stehen lassen. Im Sieb abtropfen lassen. Eventuell formen. Auf Platten stürzen. Mit flüssigem Rahm servieren. Ergibt etwa 1 l.

Mandelstepflein

Nim Mandlen, schell sie undt stoß sie klein an einem Mörselstein. Undt ein schön Wasser undt thuns in ein Hefelein, so viel Du sie bedarffst, undt Husenblasen, ein gut Theil. Darinn last sie denn undt nimm dann Weißbrot undt rüers klein undt schütt daz Wasser darüber, undt nimbs mitt einanderen, undt streich die Mandlen dormit durch. Machs nitt zu dünn, als ein Mandelmilch. Thuns in ein Pfannen undt hebs über das Feür undt lass ein kleinen Wall sieden. Geuß es dann in ein zinnen Geschirr, in ein Platten oder Becher. Thun Zucker darin undt laß ein Tag undt ein Nacht also stohn, als ein Galleren. Hasts im Becher gethan, so thuns hüpschlicht herauß, daß es nitt breche, undt stell es also gantz in ein Platten. Du magst Mandelmilch drüber gießen oder trocken lassen bleiben. 1592.

100 g geschälte, gemahlene Mandeln, 1 dl Wasser, 50 g Milchbrot, 50 g Zucker, 1 Löffel Butter.
Die Mandeln mit dem Wasser vermengen, das Brot ganz fein schneiden, beides mischen und zuckern. Die Masse erhitzen in der Butter, in eine Form einfüllen, kalt werden lassen und stürzen. Ja nach Belieben mit Mandelmilch servieren.

Mandelziger

Item geschellte Mandell und stöß den klain in ainem Mörser. Und mach dicke Milich davon und seich die durch ein Tuoch. Und reib weiß Prot darein in ain Pfannen. Ee es erwall, so zeuch es aus der Pfannen uf ain Sib oder auf ain Tuoch, so seicht das Wasser davon. So wirt es guot Ziger und leg sy nach der Lennge an die Anricht und besteck sy dann mit Mandelkernen. Nym den selben Ziger und leg ain Viertail in die Schüssel und geuß Mandelmilich daran. 1460.

100 g Mandeln, 5 dl Milch, 1 Zitrone, 3 Eßlöffel Zucker, 50 g Brot, 1 dl Wasser. Sauce: Mandelmilch, 1 Ei, 1 Teelöffel Maispuder.
Mandeln schälen, mahlen. Mandeln mit Milch und Zucker aufkochen. Zitronen-

schale (1 Teelöffel) und Saft zufügen. Brot mit kochendem Wasser begießen, fein zerstoßen. Mandelmilch und Brotmasse mischen. Im Sieb 2 bis 3 Stunden abtropfen lassen. Sauce: Mandelmilch erwärmen. Ei mit Maispuder zerquirlen, Mandelmilch eingießen. Unter Rühren vors Kochen bringen. Ergibt 4 dl Ziger und 4 dl Sauce.

Mörselkäse

Reib schön weiß Brodt, das zimlich hart ist, oder Eyerbrodt, wo das recht gebachen wirdt, auff einem Reibeysen. Beutels durch ein Seigepfann oder Seiger, daß nichts Grobes darinn bleibt, machs wol an mit Eyern, in der dicke wie Straubenteig, thu wol Zimmet und Zucker darein, der Zimmet soll grob gestoßen seyn. Wilt du Rosenwasser und ein wenig heiß Schmalz, es gehet desto lieber auß. Bachs im Mörsel wie allzeit gelert. Wiltu, so magstu Mandlen und Rosenwasser darunter nemmen, du magst auch ein guten Zieger darunder nemmen. Je so, dann so. Du kanst wol jedes besonder lassen und eins umbs ander einsetzen: wie den so man mit Farben einsezet, das Brodt mit Eyer, Zucker und Rosenwasser. 1605.

Hartes Weißbrot, etwa 200 g, 4 Eier, Zimt und 100 g Zucker, 1 Löffel Rosenwasser oder Kirsch, 1 Löffel Butter, evtl. 50 g Mandeln, gemahlen.
Das Brot zu Paniermehl mahlen oder rapsen und mit den Eiern, dem Zucker, Zimt und Kirsch vermengen. Dann die Butter erhitzen, die Masse zugeben und dicklich kochen. Je nach Belieben können gemahlene Mandeln und Quark beigefügt werden.

Gebäckmodel: Eierhändlerin, Bajazzo mit Wein und Wurst, Lumpenhändlerin, Mann Kien feilhaltend, Ziegenbock in einer Muschel, Vögel hüten sich vor einer Falle, Kornhändler, Maus an einer Birne nagend, Störche in einem Faß. Fuchs in Gefahr, Pelikan, Fuchs an einer Tulpe kletternd, 18. Jahrhundert

Pudding à la Dauphine

$^1/_4$ Pfund Butter schaumig rühren, darein 8 Loth Zucker und 1 abgeriebene Citrone sowie deren Saft, dann 6 Eigelb, eins nach dem andern dazu, sowie das Weiße in Schnee und 4 Loth Mehl. Man füllt die Masse in eine Form, deren Boden mit einem Papier belegt und mit Butter bestrichen ist. Es wird in einem mittleren Ofen au bain Marie $^3/_4$ Stunden gebacken. Man serviert ihn warm mit einer Salbayon. 1871.

125 g Butter, 125 g Zucker, Zitronenschale und Saft, 6 Eigelb, 65 g Mehl, 6 Eiweiß, Butter zum Bestreichen.
Die Butter schaumig rühren, Zucker und Zitrone beifügen, dann die Eigelbe und das Mehl und zuletzt den Eierschnee. Die Masse in eine bestrichene Form einfüllen und im Ofen im Wasserbad in etwa $^3/_4$ Stunden fest werden lassen. Warm mit Sabayon servieren. Zum Sabayon 1 Glas Weißwein mit 1 Löffel Zucker und 2 Eiern im Wasserbad aufkochen.

Pudding mit Cognac

3 Schwöbli, Zucker bis genug, 6 Eier, für 30 Cts. Mark, für 30 Cts. Citronat, 1 Tassenköpfli Meertrübel, geschwungenes Eiweiß. Sauce: Zuckerwasser mit Rhum. Form mit 1 Löffel Butter angestrichen. 19. Jahrhundert.

150 g Brot, 1,5 dl Milch, 4 Eier, 50 g Butter, 50 g Zitronat, 100 g Sultaninen, 200 g Himbeerkonfitüre. Sauce: 4 dl Wasser, 1 dl Cognac oder Rum.
Brot in 1-cm-Würfeli schneiden. Mit kochender Milch übergießen. Eier teilen. Butter und Eigelb schaumig rühren. Eiweiß zu Schnee schlagen. Alle Zutaten mischen. Form befetten, mit Paniermehl ausstreuen. Masse einfüllen. Im Wasserbad zugedeckt $1^1/_2$ Stunden kochen. Sauce: Wasser mit Cognac aufkochen.

Pudding mit Rotwein

2 Weckli Milchbrod, nur das Innere in Milch eine halbe Stunde eingeweicht. $^1/_4$ Pfund frische Butter zu Schnee gerührt. Schlage nach und nach 3 ganze Eier und von 3 andern das Gelbe dazu, nebst $^1/_4$ Pfund fein gestoßene Mandeln. Rühre dies zusammen eine halbe Stunde. Nimm dann das eingeweichte Milchbrod, drucke es wohl aus, thue zu dem Gerührten 6 Loth Zucker, $^1/_8$ Pfund Rosinen, $^1/_2$ Pfund Meertrauben und ein wenig gestoßenen Zimmet. Schwinge das Weiße

Gebäckmodel: Violine. 19. Jahrhundert

von 3 Eiern zu Schnee und rühre es langsam darunter. Nimm dann eine Timbalform, bestreiche sie dick mit Butter, streue ein wenig Brosamen darauf, laß ihn in einem Zwischenöfelein backen, etwa eine $1/2$ Stunde. Man nimmt 1 Schoppen guten rothen Wein, 1 kleines Glas Wasser, 1 Zitronenschale auf 6 Loth Zucker abgerieben. Den Saft in den Wein gedrückt, in einer Gaserolle kochen lassen, bis es nicht mehr nach Wein riecht. Man gibt den Puding warm auf den Tisch. Diese Portion ist für 8 Personen. 19. Jahrhundert.

150 g Brot, 1,5 dl Milch, 50 g Butter, 4 Eier, 50 g Zucker, 100 g Mandeln, 100 g Sultaninen, $1/2$ Teelöffel Zimt. Sauce: 4 dl Rotwein, 1 dl Wasser, $1/2$ Zitrone, 100 g Zucker.
Brot in 1-cm-Würfeli schneiden. Mit kochender Milch begießen. Eier teilen. Butter, Eigelb und Zucker schaumig rühren. Eiweiß zu Schnee schlagen. Alle Zutaten vermischen. Form befetten, mit Paniermehl ausstreuen. Masse einfüllen. Im Wasserbad etwa $1^1/2$ Stunden zugedeckt kochen. Sauce: Zitronenschale abreiben. $1/4$ Teelöffel Schale mit Wein, Wasser und Zucker 10 Minuten kochen, absieben. Ergibt 4,5 dl.

Schneeballen

Man nimmt 8 Weiße vom Ey, schwingt sie zu einem dicken Schaum nebst ohngefähr um 8 Rappen Milch. Laß sie heiß werden, thu 1 Löffel voll Weiß darein, laß es ein wenig kochen, nimms mit dem Schaumlöffel herauf. Dann sechte die Milch, verrühre die Gelben vom Ey darunter, thu Zucker darein, bis genug. Laß es kochen und schütte neben ein, daß der Schaum oben auf kommt. Wenn man will, kann man Ruhm zum Gelben vom Ey nehmen. 1794.

4 Eiweiß, 120 g Zucker, 1 l Milch. Creme: Milch, 4 Eigelb, 60 g Zucker.
Eiweiß zu Schnee schlagen. Langsam den Zucker dazuschlagen, bis eine steife, glänzende Meringuemasse entsteht. Milch vors Kochen bringen. Aus der Masse mit Eßlöffel Schneeballen abstechen, auf Milch absetzen. Zugedeckt fest werden lassen, etwa 10 Minuten, auf Platte anrichten. Milch mit Ei und Zucker leicht eindicken. Schneeballen auf Creme anrichten.

Stengelberg

Nimb Citronaten und Pomerantzen. Schneide solche glein langlecht. Thue sie in einen Kessel, thu auch ein wenig Pinea darin oder darzu. Thu solches zusammen in einen Kessel, schütt geleüterten Zuckher darüber. Koch es mit ein ander, bis der Zuckher fteigt. Rüre es, bis es ein wenig kalt wird und thu hernach die Sachen mit einem Schaumlöffel herauff. Formier hernach auf Oblaten wie ein Berg. Du kannst aus einem Pfund 8 oder 10 machen. Streüe neben herumb und oben glein gefärbt Bissem Zuckher. Kannst auch oben auf ein gleines Thierlein setzen, es ist gar schön und lustig zu sehen. Dörffte es nicht mehr als zu einem Berg auff ein Mahl auff dem Zuckher thun, sonst ist es verloren. Der Zuckher muß auch alle Zeit ein wenig warm sein. 18. Jahrhundert.

100 g Zitronat, 100 g Orangeat, geschälte Mandeln, 100 g Zucker, 3 Eßlöffel Wasser. Zitronat, Orangeat und Mandeln grob hacken. Zucker und Wasser 2 Minuten kochen. Alles mischen. Ergibt nußgroße Kugeln.

Traubenpudding

Drei harte 5 Cts.-Wecken (12 Loth Weißbrot), 8 Loth süße Butter, 6 Loth Zucker, 4 Loth Mandeln, ein wenig Salz, abgeriebene Citronenschalen, 8 Eier, 2 Pfund Traubenbeeren. Man reibe die Wecken auf dem Reibeisen, lasse sie in der heißgemachten Butter auf dem Feuer, ohne sie zu rösten, bis sie trocken sind, verrühre sie in einer Schüssel mit dem gestoßenen Zucker, den ungeschält gestoßenen Mandeln, Salz, Citronenschalen, den 8 nach und nach zugerührten Eigelb. Das Eiweiß schlage man zu einem festen Schnee, mische es leicht unter die Masse, dann Traubenbeeren, fülle damit eine mit Butter bestrichene und mit Brosamen ausgestreute Puddingform und backe den Pudding wie die vorigen im Ofen oder koche ihn in einer blos mit Butter bestrichenen Form au bain marie. Man servire Rothweinsauce dazu. 1877.

150 g Brot, 2 dl Milch, 3 Eier, 30 g Butter, 100 g Zucker, 1 Prise Salz, $1/2$ Zitrone, 50 g gemahlene Mandeln, 200 g Sultaninen.
Brot in etwa 1-cm-Würfeli schneiden. Kochende Milch darübergießen. Eier teilen. Zitronenschale abreiben, Saft auspressen. Eigelb mit Butter, Zucker, Zitronenschale und Saft schaumig rühren. Eiweiß zu Schnee schlagen. Alles sorgfältig mischen. Form befetten, mit Paniermehl ausstreuen. Masse einfüllen. Im Wasserbad zugedeckt $1^1/2$ bis 2 Stunden kochen lassen. Stürzen.

Ungarische Mehlspeise

Zu einem Schoppen Milch nimt man 2 Eyer, zerklopft diese, gießt dann die Milch hinein, salzt es und quirlt oder rührt hernach Mehl oder Grieß hinein bis es die Dicke eines Kinderbrey hat. Den Grieß muß man eine Viertelstunde in der Milch einweichen. Dann läßt man in der Kasserolle 1 Nuß groß gesottene Butter heiß werden und gießt die Masse hinein, welche dann, wenn sie dick geworden und man denken kan, daß sie unten braun geworden seyn wird, mit dem Butterstecher in Stücken gerührt wird. So läßt man es noch eine Weile auf den Kohlen stehn und rührt öfters darin. Auf der Schüssel sieht es wie Knöpfle aus, von welchen die eine Helfte braun, die andere weiß ist. Man giebt es mit Zucker und Zimmet auf den Tisch. 18. Jahrhundert.

2 Eier, 4 dl Milch, Salz, 60 g Grieß, 50 g Butter.
Den Grieß in der Milch anrühren, $1/2$ Stunde ruhen lassen. Die Butter erhitzen, Milchgrieß, Salz und die verklopften Eier zugeben und dick werden lassen. Die Masse darf unten hellbraun werden. Dann mit einem Schäufelchen alles zerhacken, damit der Grieß wie Knöpfli aussieht. Auch weiß und braun (gebacken) darf er aussehen.

Gebäckmodel: Alfred III., roi de Mercie, und die drei Töchter des Guillaume, Sieur d'Albanac. 16. Jahrhundert

Weinbeerensulz

Item ein Sulltz von Weinperen. Nym ain Pfunt Weinber darzue und die wasch schön und reibs klain. Und nym ein Hausen Platter, die sol gesoten sein mit gutem Wein. Nym das als vil, das Du sy durchschlagen mügst. Und guot Gewürtz thue doran und Zugker. Thue es uf ain Schüssel und laß kallt werden und schneid sie zue Stucken, wie Du willst. Nym Nußmilich und Hausen Platter, die sol gesotten sein, das er es recht mach. Und mach Zugker doran. Die Milich sol süß sein und besteet. Und dann die Prue soll weiß sein und laß sten. Und sollst haben ain Pfunt Mandel und reib den klain. Und aber Hausen Platter ain Lot. Und sol die Milich daran gießen. Die Milich soll süß sein. Und thue sy auf ein Schüssel und laß sy kalt werden. Und nym ain Pfunt Weinber, die wasch schön und reibs klain. Und must haben ain Hauser Platter. Und schlahe die Weinper durch. Und die Milich sol dick sein, als ein Mandel Milich. Und machs mit guotem Gewürtz ab. Und wenn Du es uf ain Schüssel thuest, so schneid sy an vier Ennden. Und nym die zway Stuck heraus, nicht die pej einander. Und thue schwartze an die stat. So wirt die Schüssel vol wider und gantz also. 1460.

Weiße Sulz: 250 g Mandeln, 4 Blatt Gelatine, 5 dl Milch, 30 g Zucker, $1/2$ Zitronenschale.
Dunkle Sulz: 250 g Weinbeeren, 5 dl Rotwein, 5 Blatt Gelatine, 3 Eßlöffel Zucker, 1 Messerspitze Nelken, 1 Messerspitze Zimt.
Mandeln schälen, mahlen. Gelatine wässern. Milch, Mandeln, Zucker und geriebene Zitronenschale aufkochen. Gelatine mit 1 dl kochendem Wasser auflösen. Zu Mandeln absieben, mischen. In eine Gratinform gießen, fest werden lassen. Weinbeeren hacken. Gelatine wässern. Weinbeeren, Wein, Zucker mit Gewürzen aufkochen. Gelatine mit 1 dl kochendem Wasser auflösen, zur Weinmischung absieben, mischen. In eine Gratinform gießen, fest werden lassen. Dauer 3 bis 4 Stunden. Beide Sulze in Stücke von 4 × 4 cm schneiden. Dominoartig auf Platte anrichten.

Zitronenpudding

8 Loth Zucker, 8 Loth Butter, Schale und Saft von 1 Citrone, 6 Eier, 4 Loth Mehl. Die flüssig gemachte, aber erkaltete Butter rühre man mit dem gestoßenen Zucker schaumig, füge Citronensaft und die feingehackte Schale bei, nach und nach die Eigelb, dann die zu einem festen Schnee geschlagenen Eiweiß, ohne viel zu rühren, und zuletzt das gesiebte Mehl. Man bestreiche eine glatte Puddingform mit Butter, belege den Boden mit einem ebenfalls bestrichenen runden Papier gleicher Größe, fülle die Masse hinein und koche ihn au bain marie (in Wasser). Zum Auftragen wird der Pudding umgestürzt, nachdem das Papier abgelöst ist. Gieße eine Savoyon (geschlagene Eiersauce) oder beliebige Puddingsauce darüber und servire den Pudding heiß. 1877.

80 g Mehl, 60 g Zucker, 4 dl Milch, 1 Prise Salz, 30 g Butter, 4 Eier, 1½ Zitronen, 60 g Zitronat.
Mehl, Zucker, Salz und Milch glattrühren, unter Rühren aufkochen. 5 Minuten kochen lassen. Eier teilen. Zitronenschale abreiben. Eiweiß zu Schnee schlagen. Alles sorgfältig unter den ausgekühlten Brei mischen. Form befetten, mit Paniermehl ausstreuen. Masse einfüllen. Zugedeckt im Wasserbad 1½ bis 2 Stunden kochen lassen.

Cremen Eingemachtes Gelee Kompott Mues

Gebäckmodel: Vermutlich die Darstellung des Abschieds der Söhne Jakobs vor der Reise nach Ägypten. 17. Jahrhundert

Apfelgallerte

Zu Apfelgallern muß man ganze Äpfel im Wasser ganz weich kochen lassen. Seihe sie dann durch einen groben leinenen Sack, thue zum Schoppen Saft 1 Pfd. Zucker, thue es in eine Pfanne und lasse es unter ziemlich starkem Feuer einige Male aufkochen und abschaumen. Fülle es in Gläser. Nach dem Erkalten muß es schön dick sein. Thue ein feines Papier satt auf die Gallert und binde dann mit einem starken Papier das Glas fest zu. 1871.

1 kg Äpfel, Wasser nach Bedarf, auf 4 dl Saft 1 Pfund Zucker, 1 Eßlöffel Zitronensaft. Die ganzen Äpfel in Wasser sehr weich kochen und noch heiß durchsieben. Auf 4 dl Saft 1 Pfund Zucker zugeben und den Saft bei großem Feuer einige Male aufkochen lassen. In Gläser anrichten und nach dem Festwerden zubinden.

Bayerische Vanillecreme

Man bereite die gestürzte Vanille-Creme von 2 Schoppen Rahm, 10 Eigelb, 12 Loth Vanille-Zucker, 2 Loth Gélatine. Wenn die mit Gélatine vermischte Crème kalt, aber noch flüssig ist, rühre man 1 Schoppen Rahm, der zu festem Schnee geschlagen und mit Zucker vermischt worden, leicht darunter, fülle die Crème in eine Form und stelle sie über Nacht in den Keller oder einige Stunden auf Eis zum Festwerden. Vor dem Auftragen tauche man die Form einige Sekunden in warmes Wasser, trockne sie sogleich außen herum ab und stürze die Crème auf eine Schüssel um. Diese Crème servirt man zu einer trockenen Torte, z. B. Mandel-, Haselnuß-, Gleichschwertorte. Bavaroise kann von jeder Crème auf dieselbe Weise bereitet werden. 1877.

1 Beutel Vanilledessert, 5 dl Milch, 3 Blatt Gelatine, 2 Eßlöffel kochendes Wasser, 1 dl Rahm, kandierte Kirschen.
Vanilledessert mit Milch nach Vorschrift auf dem Beutel zubereiten. Gelatine wässern. Im kochenden Wasser auflösen, zur Vanillecreme absieben. Mischen. In Form zum Auskühlen geben. Fest werden lassen. Rahm steif schlagen. Creme auf Platte stürzen. Mit Rahm und Kirschen garnieren.

Birnenlatwerg

Item mit Regelpieren mach ein Latwerig. Schel sy klain und schneid sy zue vier Tailen. Und schneid die Kernen davon. Und thue die Pieren in ainen Hafen, das der Tunst nit heraus gee. Und setz auf ain Gluot und nym daran ain Viertail Wasser. Wann sy denn genuog haben, so stöß sy klain und thue es in ainen Kessel und setze sy auf ain Drifuoß und mach ain Gluot darunder. Und rür sy für sich dar und, ye pey einer wenigen weil, geuß ein wenig daran und stupp sy ab mit einem guoten Gewürtz. 1460.

1 kg Birnen, 1 dl Wasser, 100 g Zucker, 1/2 Teelöffel Zimt, 1 Prise Nelken.
Birnen schälen, klein schneiden. Mit Wasser, Zucker und Gewürzen zu Mus kochen. Pürieren. Einkochen zu dickem Mus, etwa 1 Stunde.
Oder: 2 kg Birnen, 5 dl Wasser, 250 g Zucker.
Birnen mit Wasser weich kochen. Abtropfen lassen. Gibt etwa 1 l Saft. Saft mit Zucker zu Latwerge einkochen, etwa 1 Stunde. Ergibt etwa 3 dl eingedickten Saft.

Form für Backwerk: Auf der Schaukel sitzendes Mädchen, Schäferin mit Hirtenstab, Königin mit Falke und Anker, Schnitter mit Sichel und Frucht. 18. Jahrhundert

Blattenmues

Eine neue 1/2 Maß oder 12 Rappen Milch. 6 Eier und Zucker, so viel man liebt. Verklopft es wohl mit einander und gießet es in eine zinnene Blaten. Stellt sie auf kochend Wasser und thut ein Pfankuchen Deckel mit feurigen Kohlen darauf. So wird es iner halb 1/4 stund genug und ist dann fertig. Kann auch Ros Wasser darein thun, wers liebt. 1773.

8 dl Milch, 6 Eier, 40 g Zucker.
Form bebuttern. Alle Zutaten gut zerquirlen. In Form gießen. Form in Wasserbad stellen. In mittelheißem Ofen etwa 45 Minuten backen, bis die Masse fest ist. Ergibt 1 l.

Braunes Mues

Item von ainem Muoß Du sollst nemen ain Pfunt Weinper zu einem praunen Muoß und ain Pfunt Veigen. Und sollst nemen czwanitzig Regelpieren. Die schwaiß schön in Schmaltz oder in Öll. Wann Du es gehabend, machst trucken mit ainem Melb. Und thue es in ain Pfannen und seud es, das es praun werde. Und wenn sy nit praun werden, so laß es kallten und trucks zuesamen, so geet das Öll davon. Und hack das klain ze Stucken, damit das sy klain werden. Und die Veigen sollen wol gesoten sein. Und die Weinper schwaiß schön und reib sy durch aiander. Und sollst dann haben guoten wälisch Wein, Rainfall, Rumonier oder Malvasier. Und thuest Malvasier darunder und verderbst sy nicht daran. Und bedarffst wol guot Gewürtz. Und nym ain Honig und thue das in ainen schönen Löffel. Das Honig sol als haiß sein. Und geuß das daran, rür es, das es dick werde. Thue es dann uf ain kar oder was Du hast. Wann Du willst anrichten, magst Du nit gehaben Tattelkornen, so nym Nägelein in das Gemüß und schneid das Tattelkornen nach der Lennge und besteck es damit. 1460.

1 kg Birnen, 250 g getrocknete Feigen, 250 g Sultaninen, 1 dl Rotwein, 2 Eßlöffel Honig, 15 g kandierter Ingwer, 1/2 Zitronenschale, gerieben.
Birnen waschen, schälen, Kerngehäuse entfernen. Fein schneiden. Feigen klein schneiden. Birnen, Feigen und Sultaninen 10 Minuten kochen. Wein, Honig und Gewürze dazumischen. 20 Minuten weiterkochen unter ständigem Rühren, bis sich die Masse von der Pfanne löst. Ergibt etwa 8 dl dickes Mus.
Anmerkung: Auch geeignet als Gutzi oder Tortenfüllung. Gutzi: Mürbeteig von 250 g Mehl, 100 g Zucker, 1 Prise Salz, 125 g Butter, 1 Ei. Vermischen, kalt stellen. 2mal 20 × 25 cm auswallen, 2 dl Mus auf erste Hälfte streichen, mit zweiter Hälfte zudecken, mit Eigelb bestreichen. 15 Minuten backen. In Dreiecke △ schneiden. Ergibt etwa 24 Stück.

Brautmues

Ein halb Pfund süßen Anken vergehen lassen, Mehl darein so viel man kann, doch nicht stark rösten, kalt werden lassen, mit Milch angerührt, übers Feuer gethan, nach Belieben Zucker darein, auf dem Feuer gerührt, bis es kocht, auf den Kohlen gar auskochen lassen, verriebenen Safran darunter nach Belieben und angerichtet. 1790.

125 g Butter, 90 g Mehl, 1 l Milch, 30 g Zucker.
Mehl in Butter hell rösten, etwas auskühlen lassen, mit Milch glattrühren. Süßen, aufkochen, auf kleinem Feuer etwa 15 Minuten kochen. Öfters rühren. Ergibt 9 dl.

Buttenmost

1 Becher Butten, gleich frisch die Kernlein drausgemacht, in einem Becke stehen lassen; doch nicht an der Wärme. Wanne sie alle Tag zwei Mal, bis sie ganz teig seynd, welches hieran zu erkennen, wenn man sie wannen will, so kleben sie aneinander, daß man sie nicht mehr bewegen kann. Wann sie so seynd, so stoße sie in einem steinernen Mörsel zu einem Teig und hernach trucke sie mit einem silbernen Löffel durch ein roßhären Zuckersieblein. Dann wäge das Durchgedruckte und nimm so schwer Zucker, koche ihn zu einem Syrup, bis er ein Faden zeucht. Alsdann rühre ihn in das Buttenmus und rühre es zu einem zarten Päplein. N.B. Der Becher Butten gibt ein Pfund durchgedruckt Muß. Man zahlt 15 Rappen für den Becher, die Kernlein müssen schon daraus gemacht seyn. 1773.

1 kg Hagebutten (etwa 2 l), 600 g Zucker, 2 dl Wasser.
Hagebutten waschen, entkernen, pürieren. Ergibt etwa 6,5 dl Püree. 600 g Zucker und 2 dl Wasser zumischen, etwa 10 Minuten kochen, durch ein Sieb streichen. Ergibt etwa 4,5 dl oder etwa 470 g Buttenmost.

Gebäckmodel: Wilder Mann, wilde Frau, Kapuziner Anken stoßend, Frau mit Wickelkind, Engel Posaune blasend, Engelchen mit Schriftband, Gärtnerin und Gärtner, Dame mit Blumenkranz. 18. Jahrhundert

Crème brûlée

$^1/_2$ Maß oder $1^1/_2$ Pfund Rahm, oder wenn man nicht genug Rahm hat, kann man halb Milch nehmen. Auch ganz Milch, aber als dann 2 Löffel voll Mehl. Von 6 Eiern das Gelbe. Ein wenig Zucker. Ein Viertel Mandlen geschellt und gestoßen und auch darunter gethan. Diesen Rahm, Gelbe vom Ei, Zucker und Mandlen auf dem Feuer kochen lassen und in ein breite Platten angericht. Das Weiß von den 6 Eiern geschwungen und, wann die Creme kalt ist, darauf gethan. Geriebener Zucker darüber gesiebt und mit einem breiten glühenden Eisen gebrennt. 1773.

3 Eier, 90 g Zucker, 30 g Maispuder, 2 dl Milch, 100 g Zucker, $^1/_2$ dl Wasser, 8 dl Milch, 2 dl Rahm.
100 g Zucker karamelisieren, mit Wasser ablöschen, aufkochen. 8 dl Milch zufügen, aufkochen. Eier, Zucker und Maispuder mit 2 dl Milch glattrühren. In die heiße Karamelmilch einlaufen lassen. Vors Kochen bringen. In eine Schüssel anrichten. Ungeschlagenen Rahm dazurühren (verhindert das Bilden einer Haut und verfeinert die Creme). Ergibt etwa 1,2 l.

Crème meringuée

Eine beliebige fertige kalte Crème gieße man in die Crèmenschüssel, in welcher sie aufgetragen werden soll. Stelle dieselbe in eine mit kaltem Wasser so gefüllte Schüssel, daß dasselbe bis an den Rand der Crèmenschüssel reicht, ohne doch in die Crème zu fließen. Die Eiweiß, welche man von den Gelben abgesondert hat, schlage man zu einem festen Schnee, vermische (auf 5 Eigelb 4 Loth) gestoßenen Zucker, lege den Schnee in der Mitte erhöht auf die Crème, stelle sie in den nicht zu heißen Ofen und backe sie hellgelb. 1877.

Fertige kalte Creme, 3 Eiweiß, 100 g Zucker.
Creme in Gratinform geben. Meringue: Eiweiß zu Schnee schlagen. Langsam den Zucker dazuschlagen, bis eine steife, glänzende Meringuemasse entsteht. Über Creme verteilen. Bei Mittelhitze 20 bis 25 Minuten überbacken, bis Meringue leicht golden ist.

Creme mit Schneeballen

Will man eine beliebige Crème mit Schneeballen geben, so schlage man 5 Eiweiß zu einem festen Schnee, menge $^1/_2$ Pfd. gestoßenen (Vanille-) Zucker leicht darunter, lege von dieser Masse löffelvollweise in den kochenden Rahm, welcher zur Crème bestimmt ist, koch sie ganz kurz und lege die fertigen Schneeballen bei Seite und setze sie hernach auf die erkaltete Crème. 1877.

3 Eiweiß, 90 g Zucker, beliebige Creme.
Vor dem Cremekochen Schneeballen zubereiten in der zu kochenden Milch für die Creme. Eiweiß zu Schnee schlagen, langsam den Zucker dazuschlagen, bis eine steife, glänzende Meringuemasse entsteht. Löffelweise davon Ballen formen, auf kochende Milch absetzen. Zugedeckt auf kleiner Hitze kochen, bis Ballen fest sind. Ballen auskühlen lassen. Creme zubereiten. Ballen auf Creme dekorativ verteilen.

Gebäckmodel: König David und Bathseba. 16. Jahrhundert

Crème rubanée

Man bereite ein Blancmanger, auch eine Chocolade-Crème. Die Form, welche man damit füllen will, stelle man auf Eis, gieße erkaltetes, aber flüssiges Blancmanger, stark fingerdick, hinein, lasse es fest werden. Hierauf gieße man Chocolade-Crème ebenso hoch hinein und fahre, nachdem dieselbe fest geworden, abwechselnd fort mit Blanc Manger und Chocoladen-Crème, bis die Form voll ist. Sollten die Crèmen, mit welchen aufgefüllt wird, fest werden, so stelle man je einen Theil davon in warmes Wasser, mache sie durch Rühren wieder flüssig, gieße sie jedoch nicht warm in die Form, da sonst die Crèmen in einander fließen. Zum Auftragen tauche man die Form einige Sekunden in warmes Wasser, trockne sie schnell ab und stürze sie auf eine Platte um. 1877.

1 Beutel Coupe Rapide Vanille, 1 Beutel Chocolat, 1 l Milch.
Separat gemäß Anleitung auf Beutel. Nach 5 Minuten durchrühren. Wieder 5 Minuten stehen lassen. In Coupegläser in Lagen anrichten. Fest werden lassen.

Diplomatencreme

Von einem ½ Liter Milch, ½ Stange Vanille, 5 Eigelb, 125 Gramm Zucker wird eine Crème gemacht. Zu dieser Masse nimmt man 10 Blatt Gelatine. Sobald die Crème zu staken anfängt, gibt man den festgeschlagenen Schnee der Eier leicht darüber. Eine glatte runde Form wird mit Makronen, welche in Kirschwasser getränkt sind, belegt, dann eine Lage Crème, dann wieder Makronen etc., bis die Form gefüllt ist. Nach Belieben können der Crème 100 gr. feingewigte Mandeln, darunter ein paar bittere, beigefügt werden. 1871.

5 dl Milch, ½ Vanillestengel, 5 Eigelb, 5 Eiweiß, 125 g Zucker, 10 Blatt Gelatine, etwa 250 g Makrönli, 1 Löffel Kirsch, 1 Löffel Wasser, 100 g geschälte, gemahlene Mandeln.
Von Milch, Vanille, Eigelb, Zucker eine Creme kochen, dann die Gelatine zugeben und sobald die Creme dicklich wird, den Eierschnee zugeben. Eine Form mit den mit Kirschwasser angefeuchteten Makrönli belegen, dann Creme und wieder Makrönli zugeben, bis die Form gefüllt ist. Nach dem Festwerden stürzen. Je nach Belieben Mandeln zufügen.

Eiermilch

1 Maß Milch mit 6 Lot Zucker wällen lassen. 5 Eier in ein Häfelein geschlagen. Mit der heißen Milch nach und nach angerührt. Alsdann wieder in die Pfannen übers Feuer getan, bis es sieden will. Folgends wieder in den Hafen geschüttet. Umgerührt, bis es so viel kaltet, daß die Eier nicht mehr zusammenrinnen. Ein Eßlöffel Ros Wasser darin und noch dann und wann umgerührt. Hernach in ein Blättlein geschüttet und kalt werden lassen. 1773.

1,5 l Milch, 100 g Zucker, 5 Eier, ½ Teelöffel Vanillinzucker.
Milch mit Zucker aufkochen. Eier zerquirlen. Milch unter Rühren langsam dazugeben. Zurück in die Pfanne schütten. Unter Rühren vors Kochen bringen. Vom Feuer nehmen. Abschmecken mit Vanillinzucker. Erkalten lassen. Öfters rühren, damit sich keine Haut bildet. Ergibt 1,6 l dünne Sauce.

Eingemachte Feigen

Item stöß sechs Veigen an ein Spißlein und mach der, wie vil Du willst. Und send sy in ainem Kessel oder in ainem Hafen. Und geuß geleich Wein und Wasser daran. Dornach nym Prot und Letzellten geriben und thue das an die Suppen von den Veigen. Und nym Essich und Honig und treib das durch ain Tuoch oder durch ein Sib. Gewürtz und färbs und erwölle das in ainer Pfannen under einander und leg die Veigen in ain rains Vaß und geuß das daran. Und wenn Du das an richtest, so gib es hin kalt. 1460.

250 g getrocknete Feigen, 4 dl Rotwein, 4 dl Wasser, 1 Zimtstengel, 2 Nelken, 4 Eßlöffel Paniermehl, 4 Eßlöffel Honig, 1 Eßlöffel Essig.
Feigen auf kleine Spießli aufstecken. In Pfanne geben. Mit Wein, Wasser, Zimt und Nelken etwa 30 Minuten kochen. Paniermehl, Honig und Essig zugeben. Mischen, kalt stellen.

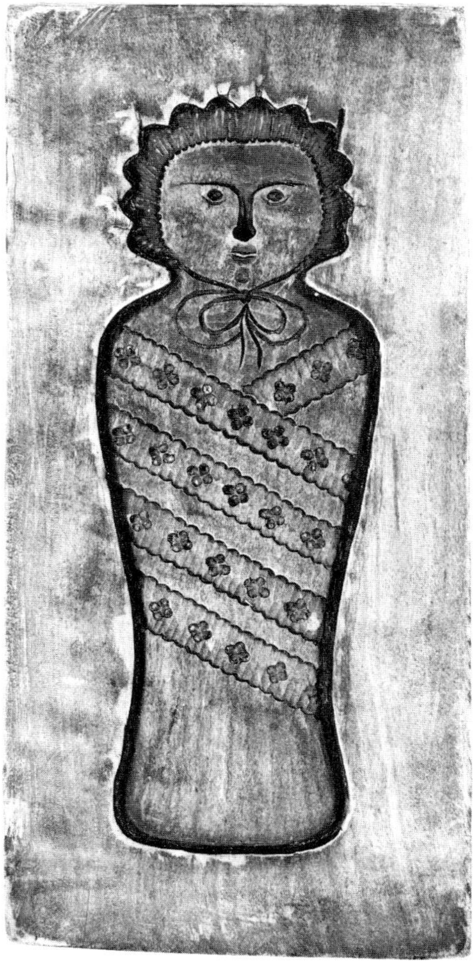
Gebäckmodel: Wickelkind. 18. Jahrhundert

Erdbeerencreme

3 à 4 Schoppen Erdbeeren durch ein Sieb gedrückt, $^1/_2$ Schoppen dicken Raum stark darunter gerührt, Zucker nach Belieben und ein paar Stunden in den Keller gestellt. 18. Jahrhundert.

300 g Erdbeeren, 50 g Zucker, 2 dl Rahm.
Beeren erlesen, kurz abspülen. Pürieren. Mus mit Zucker mischen. Rahm steif schlagen. Unter Mus mischen. Kühl servieren. Ergibt 6 dl.

Fäßleinkirschen

Man nimmt von den kleinen Wiechseln zu 2 Pfund 1 Pfund Zucker, oder wenigstens $^1/_4$ Pfund. Die Kürschen tut man in ein darzu gemachtes Fäßlin. Thut darzu in einem Bündelin, oder auch ohne ein solches, $^1/_8$ Lot Nägelin und ein dito Zimmet. Verläßt alsdann den Zucker und schüttet ihn über die Kürschen. Und nachdeme man die Bunten wohl zugemacht, stellt man selbige in Keller und schüttelt sie alle Tage ein Mahl. Und dies 6 Wochen lang. Sonsten aber müssen sie zugemacht bleiben, bis das Laub ab den Bäumen fällt. 1773.

1 kg Weichseln, 500 g Zucker, 1 g Nelken, 2 g Zimt.
Weichseln waschen, entstielen. In Topf geben mit Deckel. Zucker, Zimt und Nelken mischen. Zudecken. Alle Tage schütteln. Fertig, wenn das Laub fällt.

Genfermues

Einen halben Vierling geschälte Mandeln, gestoßen so rein man kann, ein Schoppen Milchraum, 3 Löffel voll Semmelmehl darein, nach Belieben Zucker, mit dem Gelben von 4 Eyern angerührt, über das Feuer gethan, bis es kocht, und, indem es kocht, fortgerührt bis es wohl schmeckt. Eine Citrone darein gerieben, ein Aschenschäufelein ins Feuer gelegt, glüend lassen werden, das Mues in eine zinnerne Platte geschüttet, mit einem Sieb Zucker darüber, das feurige Schäufelein darüber gehalten und umgefahren, bis es gelb ist. 1790.

125 g geschälte, geriebene Mandeln, 4 dl Milch, 3 Eßlöffel Mehl, 3 Eßlöffel Zucker, 4 Eigelb, Schale einer Zitrone, 2 Eßlöffel Zucker.
Mandeln mit 3 dl Milch aufkochen. Mehl, Zucker, Eigelb und Zitronenschale mit 1 dl Milch glattrühren. In kochende Milch einrühren. Aufkochen. Gratinplatte befetten. Mues hineingießen, Zucker darüberstreuen. Ofen auf höchste Hitze, Grill vorheizen, etwa 10 Minuten überbacken, bis Zucker leicht karamelisiert ist. Ergibt 6 dl.

Geschwungener Rahm

2 Schoppen dicken, ganz süßen Rahm schwinge man in einer Blechschüssel mit dem Schneebesen an einem kühlen Ort, menge dann 12 Loth mit Vanille gesto-

ßenen Zucker darunter, fülle davon in ein Papiercornet, das Übrige in eine Crèmenschüssel und machte mit Ersterem eine beliebige Verzierung über den Rahm. 1877.

300 g Beeren, 50 g Zucker, 2 dl Rahm.
Beeren erlesen, pürieren, mit Zucker vermischen. Rahm steif schlagen, mit Beerenmus vermischen. Ergibt 6 dl.

Gebäckform: Mädchen am Brunnen, Bacchus auf dem Faß, Herr und Frau am Tische sitzend, Waldbruder in seiner Hütte, Mädchen mit Wiegenkind, Arche Noah. 19. Jahrhundert

Himbeercreme

Ein Schoppen Himbeer Saft, 4 Eyer verklopft sie recht. Läßt den Saft kochen, rühret ihn in die Eyer. Zucker, bis es süß genug ist, und laßt etliche Wäle darüber gehen. 18. Jahrhundert.

4 dl Himbeersaft, 4 Eier, 4 Eßlöffel Zucker.
Eier zerquirlen, Himbeersaft mit Zucker aufkochen, über Eier gießen unter ständigem Rühren. Zurück in die Pfanne. Vor das Kochen bringen. Erkalten lassen. Ergibt 6 dl.

Italienische Creme

Nehme 12 gelbe von sehr frischen Eiern, vier gewöhnliche Gläser Madera-Wein, oder wenigstens guten starken weißen Wein, 12 Loth in Stückchen geschlagenen Zucker und eine Prise Zimmet. Thue es alles in eine Casserole auf eine starke Glut, rühre es sehr schnell mit einem Rührlöffel, um die Chocolade schäumend zu machen, bis der Schaum die Casserole füllt und richte sie dann in Crème Schüsseln so bald als möglich an. 1871.

6 Eigelb, 100 g Zucker, 2 kleine Gläser Madeirawein, 1 Prise Zimt, 50 g geriebene Schokolade.
Eigelb, Zucker, Wein, Zimt und Schokolade unter Schlagen aufkochen. Wenn die Masse schäumt, die Creme anrichten. Anstatt Madeirawein kann auch anderer Wein verwendet werden.

Kachelmues

2 kleine Kochlöffel voll Mehl. 2 Eier. 1 alt Schoppen Milch. 1 Löffel voll Zucker. Ein wenig süßen Anken, oder auch rohen, in der Pfannen heiß machen. Das Mehl in einem andren Geschirr mit ein wenig Milch angerührt, und die Eier auch darin vermengt. Den Rest Milch heiß gemacht und auch darein gerührt, samt dem Zukker. Und nur auf das heiße Windöfelein getan, unter deme nur die feurige Aschen gelassen worden. Und ein Blech oben darauf, auf welches man die Kohlen aus dem Windöfelein gethan. In einer Viertelstund ist es genug. 1773.

2 Eßlöffel Mehl, 4 Eier, 8 dl Milch, 6 Eßlöffel Zucker.
Ofen auf Mittelhitze vorheizen. Mehl und Eier mit 1 dl Milch glattrühren. Übrige Milch aufkochen. Unter Rühren zu den Eiern mit Zucker geben. In gut bebutterte Form gießen. Im Wasserbad im Ofen etwa 30 Minuten backen. Ergibt 9 dl.

Kaffeecreme

4 Loth frisch und hell gerösteten und gemahlenen Kaffee, 1 Maß Rahm, 14 Loth Zucker, 20 Eigelb. Man brühe den Kaffee mit 1 schwachen Schoppen Wasser an, setze 1 Schoppen Rahm, samt dem Kaffee ohne Satz und dem Zucker auf das Feuer, verrühre inzwischen die Eigelb, schütte den übrigen Rahm dazu, rühre es, wenn der Kaffee kocht, auch in die Pfanne und bringe es unter fortgesetztem Rühren bis an das Kochen, schütte die Crème durch ein Sieb und rühre darin, bis sie kalt ist, damit sich keine Haut bildet. 1877.

3 Eier, 90 g Zucker, 30 g Maispuder, 2 Eßlöffel Sofortkaffee, 1,2 l Milch, 2 dl Rahm.
Eier, Zucker, Maispuder und Sofortkaffee mit 2 dl Milch glattrühren. Restliche Milch aufkochen. Eiermasse unter Rühren einlaufen lassen. Vors Kochen bringen. In Schüssel anrichten. Rahm darunterrühren. Ergibt 1,2 l.

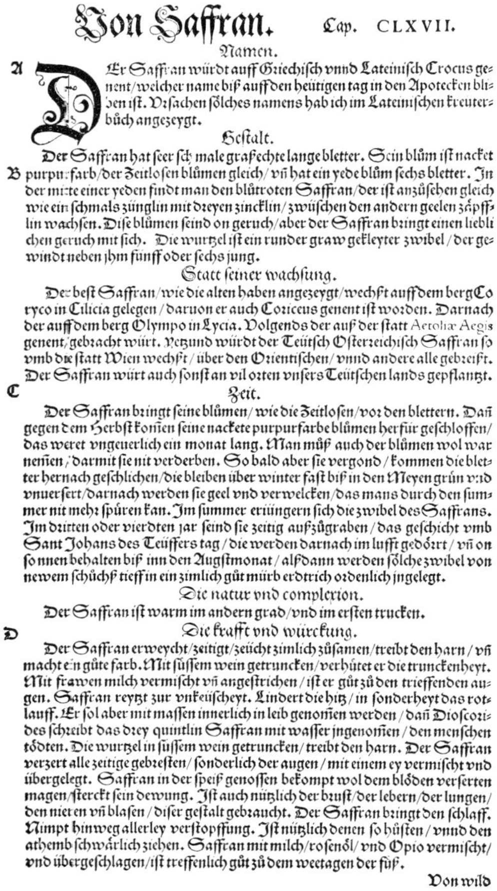

Von Saffran. Cap. CLXVII.

Namen.

A DEr Saffran würdt auff Griechisch vnnd Lateinisch Crocus genent/welcher name biß auff den heütigen tag in den Apotecken bliben ist. Vrsachen sölches namens hab ich im Lateinischen kreuterbůch angezeygt.

Gestalt.

Der Saffran hat seer schmale graßechte lange bletter. Sein blům ist nacket
B purpurfarb/der Zeitlosen blůmen gleich/ vñ hat ein yede blům sechs bletter. In der mitte einer yeden findt man den blůtroten Saffran/der ist anzůsehen gleich wie ein schmals zünglin mit dreyen zincklin/ zwüschen den andern geelen zäpfflin wachsen. Dise blůmen seind on geruch/aber der Saffran bringt einen lieblichen geruch mit sich. Die wurtzel ist ein runder graw gekleyter zwibel/der gewindt neben jhm fünff oder sechs jung.

Statt seiner wachsung.

Der best Saffran/wie die alten haben angezeygt/wechßt auff dem berg Coryco in Cilicia gelegen/daruon er auch Coriceus genent ist worden. Darnach der auff dem berg Olympo in Lycia. Volgends der auß der statt Aetoliæ Aegis genent/gebracht würt. Yetzund würdt der Teütsch Osterreichisch Saffran so vmb die statt Wien wechßt/über den Orientischen/vnnd andere alle gebreißt. Der Saffran würt auch sonst an vil orten vnsers Teütschen lands gepflantzt.

C Zeit.

Der Saffran bringt seine blůmen/wie die Zeitlosen/vor den blettern. Dañ gegen dem Herbst komen seine nackete purpurfarbe blůmen her für geschloffen/das weret vngeuerlich ein monat lang. Man můß auch der blůmen wol war nemen/darmit sie nit verderben. So bald aber sie vergond/kommen die bletter hernach geschlichen/die bleiben über winter fast biß in den Meyen grün vnd vnuersert/darnach werden sie geel vnd verwelcken/das mans durch den summer nit mehr spüren kan. Im summer eriüngern sich die zwibel des Saffrans. Im dritten oder vierdten jar seind sie zeitig außzůgraben/das geschicht vmb Sant Johans des Teüffers tag/die werden darnach im lufft gedörrt/vñ on sonnen behalten biß inn den Augstmonat/alßdann werden sölche zwibel von newem schůchß tieff in ein zimlich gůt mürb erdtrich ordenlich jngelegt.

Die natur vnd complexion.

Der Saffran ist warm im andern grad/vnd im ersten trucken.

D Die krafft vnd würckung.

Der Saffran erweycht/zeitigt/zeücht zimlich zůsamen/treibt den harn/vñ macht ein gůte farb. Mit süssem wein getruncken/verhůtet er die trunckenheyt. Mit frawen milch vermischt vñ angestrichen/ist er gůt zů den trieffenden augen. Saffran reytzt zur vnkeüscheyt. Lindert die hitz/in sonderheyt das rotlauff. Er sol aber mit massen innerlich in leib genomen werden/dañ Dioscorides schreibt das drey quintlin Saffran mit wasser jngenomen/den menschen tödten. Die wurtzel in süssem wein getruncken/treibt den harn. Der Saffran verzert alle zeitige gebresten/sonderlich der augen/mit einem ey vermischt vnd übergelegt. Saffran in der speiß genossen bekompt wol dem blöden verserten magen/sterckt sein dewung. Ist auch nützlich der brust/der lebern/der lungen/den nieren vñ blasen/diser gestalt gebraucht. Der Saffran bringt den schlaff. Nimpt hinweg allerley verstopffung. Ist nützlich denen so hůsten/vnnd den athemb schwärlich ziehen. Saffran mit milch/rosenöl/vnd Opio vermischt/vnd übergeschlagen/ist treffenlich gůt zů dem weetagen der fůß.

Von wild

Ausführliche Beschreibung des Safrans. 1543

Kastanienkreuz

2 Pfd. Kastanien, 1 Pfd. Zucker. Man mache in jede Kastanie einen Schnitt durch die braune Schale, koche sie in Wasser weich und schäle sie sehr rein aus beiden Schalen (man lasse die ganze zugedeckt im heißen Wasser liegen), treibe sie durch ein Haar- oder Messingsieb. Den Zucker koche man nebst $1^1/_2$ Glas Wasser zum schwachen Faden, rühre ihn unter die durchgetriebenen Kastanien. Dieses lege man in einem Ring auf eine flache Platte, fülle in die Mitte desselben geschwungenen Rahm, oder richte sie auf ein Compotier in der Mitte erhöht an und servire den Rahm dazu. 1877.

1 kg Kastanien, 500 g Zucker, 2,5 dl Wasser.
Kastanien rüsten, einschneiden. In Wasser weich kochen. Schälen, pürieren. Zucker und Wasser zu Faden kochen, unter Püree mischen. Anrichten. Mit Rahm servieren.

Kirschenkonfitüre

5 Pfund saure und 2 Pfund süße schwarze Kirschen. 2 Pfund Himbeeren und 3 Pfund Zucker. Den Zucker läßt man ein Faden ziehen und kocht erstlich die süßen, bis sie ein wenig lind, denn die sauren. Und wenn sie allbereit genug, die Himbeeri dazu. Man muß es fleißig rüttlen, damit alles durcheinander kommt. Die Marmelade muß schön glänzen, keine lange Brühen haben, auch nicht trocken seyn. 1773.

$2^1/_2$ Pfund saure Kirschen, 1 Pfund süße Kirschen, 1 Pfund Himbeeren, 2 Beutel Confi-Vite, 5 Pfund Zucker.
Kirschen waschen, entsteinen. Schwarze Kirschen grob hacken. Beeren erlesen, kurz abspülen. Früchte mit Confi-Vite 3 Minuten kochen lassen, bis Früchte weich sind. Zucker beifügen. Aufkochen. 3 Minuten sprudeln lassen. In saubere Gläser abfüllen. Ergibt etwa 7 Gläser zu 3,5 dl.

Mandelcreme

$^1/_2$ Pfund Mandeln geschellt, mit ein wenig Wasser rein gestoßen. Dann nimmt man $^1/_2$ Maas Raum, durch ein Tuch gedrückt, daß keine Mandlen hindurchkommen, sondern nur das öhlichte davon. 4 Loth Zucker darunter. Wie ein Seidenmues gekocht, doch ohne Eyer. Will man es aber dick haben, dann soll man etliche Weiß vom Ey dazu nehmen. 18. Jahrhundert.

80 g Mandeln, 2,5 dl Rahm, 2 Eßlöffel Zucker, 3 Eiweiß.
Mandeln schälen, mahlen. Mit Rahm aufkochen, 30 Minuten ziehen lassen. Zucker zufügen. Eiweiß zerquirlen. Unter Rahm mischen. In befettete Gratinform gießen. Im vorgeheizten Ofen bei Mittelhitze fest werden lassen, etwa 30 bis 40 Minuten. Ergibt 5 dl.

Ordinaricreme

$^1/_2$ Maß Raum oder Milch und Zucker nach Belieben, 4 oder 5 Eyer darzu und gerührt. In ein Blatten gethan und auf dem Wasser kochen lassen, biß es dick ist. Darnach ein wenig Zucker darauf gerieben und gebrandt. 1783.

5 dl Milch oder Rahm, 80 g Zucker, 5 Eier.
Milch oder Rahm, Zucker und Eier verklopfen. Die Creme in einem Förmchen im Wasserbad fest werden lassen und, wenn erkaltet, stürzen. Je nach Belieben noch Zucker darauf streuen und mit dem heißen Eisen (Schäufelchen) bräunen.

Pâtes de Gênes

Nimm 4 Küttenen, schälle sie, haue jede in vier Theil, thue sie in einer möschenen Pfannen über das Feüer, thue Wasser daran, biß es darob zusammen gehet, lasse sie kochen, biß die Schnitz recht lind sind, spanne ein Stücklein Canepas über eine Schüssel, die zuvor abgewogen worden, und nimm ein paar Schnitz über da 3 Mahl und truck sie durch den Canepas. Wig sie, wig so schwer Zucker. Koch ihn, biß er ein starcker Faden zeücht. Thu die Kütten darein, rühre es auf dem Feüer, biß es kochen will. Rühr von einer halben Citronen geriebene Schölleten darein. Thue es mit einem Löffel in die Mödel oder schütte es auf ein Brettlein und dann schneids zu dünnen Schnitzen, lege solche auf einander, daß sie gebogen werden. 1727.

1 kg Quitten, Wasser nach Bedarf, Zucker gleich schwer.
Die gereinigten Quitten ungeschält in Schnitze schneiden und in einer Pfanne, bedeckt mit Wasser, weich kochen. Dann nimmt man sie heraus, zieht die Haut ab und drückt sie durch ein Haarsieb. Auf 500 g Mark 500 g Zucker nehmen und diesen zuerst mit 1 Glas Wasser zum Faden kochen. Dann das Mark und etwas Zitronenschale beigeben und auf gelindem Feuer unter Rühren dick kochen. Das Quittenmark auf ein mit Wasser benetztes Blech streichen oder in Förmchen drücken und fest werden lassen. Das Mark auf dem Blech zu Gutzi oder Streifen ausschneiden und letztere je nach Belieben etwas biegen. Quitten frisch vom Baum gibt hellere, ältere Quitten dunklere Masse,

Plombierercreme

Nimm 3 Löffel voll schönes Weißmehl. Rühre von 3 Schoppen Milch ein zartes Kindermuß daraus. Thue es aufs Feuer, und rühre es, bis es kocht. Alsdann laß es eine halbe Stunde wie eine Kinder-Pappe kräftig kochen. Thue sie darnach in eine Schüssel, damit sie kalt wird. Eine Stunde zuvor, ehe man sie essen will, thue Zucker dazu, und rühre das gelbe von 6 Eyern darein, das weiße schwinge zu einem satten Schnee, und rühre es ganz sachte in das Muß. Nimm dann eine porzellanene Schüssel, die so groß ist, daß das Muß bei 4 Finger hoch nicht oben aufgeht. Streiche sie dick mit frischer Butter an. Hat man Biscuit, so streue an den Rand der Schüssel Biscuit. Stelle sie darnach in ein Zwischen-Öfelein, oder in einen andern Ofen, und lasse sie eine gute halbe Stunde backen, und gieb sie dann gleich auf den Tisch. Ist das Zwischen-Öfeli eine halbe Stunde vor dem Essen nicht warm genug, so darf man nur eine Hand voll Späne nehmen und ein kleines Feuer in das Öfelein machen, und die Creme darein stellen. 1811.

100 g Mehl, 5 dl Milch, 150 g Zucker, 6 Eigelb, 6 Eiweiß, Butter zum Bestreichen, Biskuit nach Bedarf.
Das Mehl mit der Milch anrühren und recht dicklich kochen. Wenn erkaltet, den Zucker, die Eigelbe und zuletzt den Eierschnee zugeben. Eine Gratinform mit Butter bestreichen, mit Biskuitbrösel bestreuen und die Masse einfüllen. Die Form muß halbvoll sein. Man bäckt sie im mittelheißen Ofen etwa 40 Minuten und gibt sie heiß oder warm zu Tisch. Anstatt Mehl kann Reis oder Grieß verwendet werden, auch ganz feine Nüdeli eignen sich dazu. Und anstatt Biskuit nehme man Milchbrot. Sirup dazu servieren.

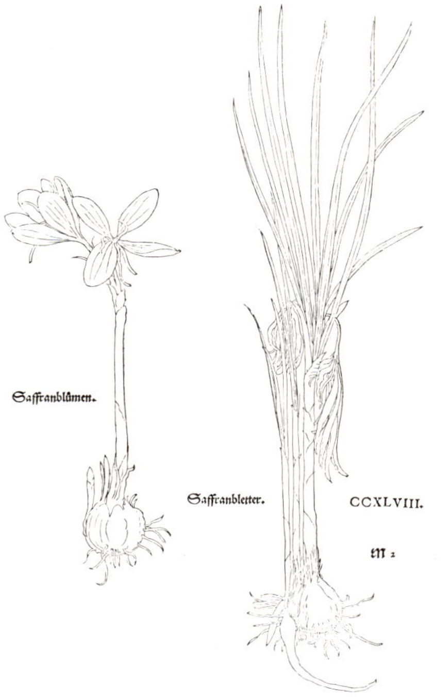

Frühe zeichnerische Darstellung des Safrans, wie er im Mittelalter während einiger Jahre mit großem Erfolg in Basel angebaut wurde. 1543

Plumpudding

Nach einer sehr beliebten, billigen und wohlschmeckenden englischen Vorschrift: 1 Pfund große Rosinen, 1 Pfund kleine Rosinen, 24 Loth Kernenmehl, 12 Loth in Milch eingeweichte Brotkruste, 1 Pfund Schmelz, 4 Loth verkleinerte Orangenschalen, 4 Loth verkleinerte Citronenschalen, 1/2 geriebene Muscatnuß, 1/2 Pfund gestoßener Zucker, 1 Eßlöffel voll Salz, 1 Theelöffel voll Sodecarbonat, 1 Theelöffel voll sal tartari. Letztere beiden Stoffe werden innig mit dem Mehl gemischt, dann alles wohl durcheinander gehackt und mit Milch angemacht, in eine dick mit reinem Butter bestrichene Pfanne gethan und bei sehr mäßigem Feuer 3 Stunden lang gebacken. Gibt eine vortreffliche Speise. 18. Jahrhundert.

125 g Nierenfett, 125 g Mehl, 125 g Rosinen, 125 g Sultaninen, 125 g Zucker, 2 dl Rahm, 2 Eigelb, 2 Eiweiß, 60 g Orangeat und Zitronat (gemischt), etwas Muskatnuß, Ingwer, Zimt, Salz, 2 Eßlöffel Rum.
Das Nierenfett fein hacken und mit den übrigen Zutaten vermengen. Die Masse in eine bestrichene Puddingform einfüllen, zudecken und 2 Stunden im Wasserbad

kochen. Den Pudding noch heiß stürzen, gut überzuckern, mit Rum befeuchten und diesen kurz vor dem Servieren anzünden. Man serviert dazu eine Sabayon oder eine Vanillesauce. Zum Sabayon 100 g Zucker mit 2 Eier, 2 dl Weißwein gut verrühren und vors Kochen bringen. Zur Vanillesauce $^1/_2$ l Milch mit 50 g Zucker, $^1/_2$ Päckchen Vanillezucker und 2 Eigelbe ebenfalls vors Kochen bringen. Je nach Belieben kann man zum Plumpudding auch einen Punch servieren. Restenpudding schneidet man in feine Streifen, überzuckert sie gut, fügt Rum bei und zündet diesen wieder an.

Punschcreme

2 Loth schöne Hausblasen, verschnitten und über Nacht in einem Glas Wasser eingeweicht. Wenn sie aufgelöst sind, durch ein Tüchlein gesechtet und mit 1 halb Maas Wasser, 2 à $^3/_8$ Pfund Zucker ein wenig kochen lassen, um daß es nicht zu sehr einkocht. Von 6 Citronen den Saft ausgedrückt, gesechtet. Die Schalen am Zucker abgerieben und in das obige geschüttet, nebst einem halben Glas voll Arac oder Rhum. Alles recht unter einander gerührt, in die Salatière geschüttet. An einem kühlen Ort fest werden lassen. 18. Jahrhundert.

7,5 dl Wasser, 250 g Zucker, 2 Zitronen, 2 Eßlöffel Rum, 10 Blatt Gelatine.
Gelatine wässern. Wasser mit Zucker, Zitronenschale, gerieben, und Saft und Rum aufkochen. Gelatine in 1 dl kochendem Wasser zergehen lassen. Zum Rumwasser absieben. In Schale geben und fest werden lassen. Ergibt 1,2 l.

Gebäckmodel: Das Kleinbasler Ehrenzeichen Wilder Mann und ein alter Schweizer. 19. Jahrhundert

Punschgelee

1 Maaß Wasser, 1 Pfund Zucker, 8 Loth Gélatine, 5 Orangensäfte und 4 Citronensäfte aufkochen und mit 4 Eiern läutern. Geläutert und fast kalt wird 1 Glas Rhum, $^1/_2$ Glas Cognac und $^1/_2$ Glas Arac darein gethan. 1871.

5 dl Wasser, 200 g Zucker, 40 g Gelatine, Saft von 3 Orangen und 2 Zitronen, 2 Eiweiß zum Läutern, $^1/_2$ Glas Rum, $^1/_4$ Glas Cognac, $^1/_4$ Glas Arrak.
Wasser, Zucker, Gelatine, Orangen- und Zitronensaft aufkochen, die Eier verklopfen, zugeben, die Masse läutern, d. h. die Eiweiße gerinnen lassen, und nachher das Ganze durch ein feines Sieb oder durch ein Tuch abgießen. In die klare Flüssigkeit Rum, Cognac und Arrak geben, und das Ganze in einer Form fest werden lassen.

Rahmbrühe

Man nimt das Weiße von 3 Eiern und klopft sie mit einem Löffel voll Rahm. Hernach noch ein wenig kalter Rahm darunter. Den andern Rahm aufwallen und nach und nach daruntergerührt. Und über dem Feuer rühren, bis es köcherlet. Zucker darinnen nach Belieben. 1773.

2 dl Rahm, 3 Eiweiß, 2 Eßlöffel Zucker.
$^1/_2$ dl Rahm mit 3 Eiweiß und Zucker schaumig schlagen. Restlichen Rahm zum Kochen bringen. Unter Rühren allmählich zu dem Eiweiß gießen. Zurück in die Pfanne geben, vors Kochen bringen. Erkalten lassen. Ergibt 2,5 dl.

Renettengallerte

30 große oder 40 kleine Reneten geschellt und die Kernen daraus gemacht und geschnitten, wie zu einem Äpfelmus. Es muß nichts Unsauberes daran bleiben. Schütte frisch Brunnwasser darüber, bis es darob zusammengeht. Koche sie geschwind und zugedeckt, bis zu einer Papen. Lasse sie in einem sauberen Tuch ohnausgedruckt vertroppen. Nimm zu $1^1/_2$ Schoppen Saft 1 Pfund weißen Zucker. Siede ihn, bis er im kalten Wasser dick wird, nehmlich, so man ein Troppen darin fallen laßt. Oder besser, ein Tassen in kalt Wasser getan und ein wenig darin troppen lassen. Schütte den Apfelsaft darein, sodann die Scheleten nebst dem Saft von drei Zitronen daruntergetan. Koche es sodann solang, als ein hart Ei. Die Zitronenscheleten muß langlich rein zerschnitten und solang, als ein lind Ei, geschwellt werden, damit die Bittere ein wenig vergeht. 1773.

2 kg Äpfel, 5 dl Wasser, 1 Zitrone, 9 dl Saft, 900 g Zucker.
Äpfel waschen, schälen, Kerngehäuse entfernen. Äpfel mit 5 dl Wasser 15 Minuten kochen. Entsaften ergibt 9 dl Saft. 9 dl Saft mit 900 g Zucker, Saft und Schale der Zitrone etwa 15 Minuten zu Breitfaden gekocht. Ergibt 8 dl.

Renettenkompott

Man muß erst die Äpfel schön schälen und ins Halbe von einander schneiden und die Butzen daraus thun. Man kann so schwer Zucker nehmen als Äpfel. Die Äpfel und den Zucker in eine Pfanne gethan, ein Schoppen Wein daran geschüttet, Citronen-Helscheten nach Belieben daran geschnetzelt, ein Stück Zimmet dazu gethan. Man muß sie beheb zudecken und auf einer Kohle kochen lassen. Wenn Äpfel weich sind, so kann man sie anrichten und den Zimmet daraus thun. 1790.

750 g Äpfel, 5 dl Rotwein, 120 g Zucker, 1 Zimtstengel, etwa 5 cm lang, Schale einer halben Zitrone.
Äpfel waschen, schälen, halbieren. Kerngehäuse, Fliege und Stiele entfernen. Übrige Zutaten zum Kochen bringen. Apfelhälften darin garkochen, je nach Sorte etwa 15 bis 20 Minuten.

Gebäckmodel: Weihnachtsengel. 1852

Rote Johannisbeerengallerte

Die St. Johanns-Träubelein müssen recht zeitig seyn. Man druckt sie durch ein Tuch, zu einem Pfund Saft ein Pfund und ein Vierling Zucker genommen. Den Zucker mit dem Saft über das Feuer gethan und verschaumt. Wenn er verschaumt ist, muß man Quittenen-Kernen in ein Lümplein thun und verbinden. Ein paar Stücklein Hausblasen in ein wenig frisch Brunnwasser nur einen halben Tag eingeweicht, auch in ein Lümplein gethan und verbunden. Wenn der Galleren halber gekocht ist, muß man es ausdrucken und hinweg thun. Wenns gegalleret ist, kann mans auf einem zinnernen Teller probieren und anrichten. 1790.

1 kg Johannisbeeren, 3,5 dl Wasser, 900 g Gelierzucker.
Beeren waschen, abzupfen, erlesen. Mit Wasser 3 Minuten kochen, bis Beeren platzen. Entsaften, ergibt etwa 9 dl Saft. 9 dl Saft mit 900 g Gelierzucker 1 Minute kochen, in Geleegläser abfüllen, verschließen. Ergibt etwa 12 dl Gelee.

Sauerbrunnenmues

Für 2 Schilling oder 3 Pfennig 17 Lot Milch, 6 Lot Zucker, 3 Lot süßen Anken, $^1/_2$ Pfund Mehl und 3 Eier. Thue den Anken über, und wann solcher bloß vergangen, so wirf das Mehl darein. Röste es ganz hell und verdrucke die Knollen wohl. Alsdann rühre es mit ein wenig Milch an, bis es wird, als wie eine Kugelenteig. Verdünnere solchen dann mit den 3 Eiern. Wann solche recht darin verrührt, so fahre wieder mit der Milch fort zu verdünnern, doch behalt etwan um 2 Rappen zurück. Rühre, bis es kocht. Wann es kochen will, so wird es wieder Knollen geben. Diese verrühre und dann schütte erst die zurückbehaltene Milch gar daran. Und wenn man bald aufhören will zu rühren, den Zucker darein und kochen lassen, solang als eine andere Pappen. 1773.

100 g Mehl, 1 l Milch, 1 Ei, 40 g Zucker, 20 g Butter.
Mehl trocken in der Pfanne hell rösten. Mit 3 dl Milch ablöschen, glattrühren. Ei daruntermischen. Restliche Milch aufkochen. Mehlflüssigkeit einrühren. Unter Rühren wieder zum Kochen bringen. Zucker und Butter daruntermischen. 15 Minuten leise kochen lassen. Brei muß gerührt werden, sonst sitzt er an. Ergibt 1 l.

Savoyon

1 Glas Wein, 3 Eßlöffel voll Madeira, Rhum, Cognac oder Kirschwasser, 4 bis 6 Loth gestoßenen Zucker, 2 Eier, geriebene Citronenschale. Man koche alles zusammen in einer Messingpfanne auf schwachem Feuer, Klopfe es fortwährend mit dem Schneebesen und bringe es bis an das, aber nicht zum Kochen. Richte diesen weißen

Schaum sogleich über den Pudding oder in eine Sauciere an und servire sie sogleich. 1877.

1/2 Zitrone, 4 Eigelb, 75 g Zucker, 1 dl Weißwein, 1 bis 2 Eßlöffel Madeira oder Rum, Cognac oder Kirsch.
Zitrone waschen, Schale abreiben. Im Wasserbad Eigelb, Zucker und Zitronenschale verrühren. Langsam den Wein und Rum dazuschlagen. Masse schlagen, bis sie schaumig ist und anfängt, dick zu werden. Nicht kochen! Sofort servieren. Ergibt 5 dl.

Schneecreme

1/2 Maas Milch in ein Pfannen gethan, ein wenig Citronenschellete, das Weiße von 5 bis 6 Eyern geschwungen, löfelweis darnach in die Milch gethan und kochen lassen. Und wenn es gekocht, nimt man Zucker und das Gelbe von den Eyern und die Milch. Gerührt, biß es dick ist. Darnach über den Schnee geschütet und stehen lassen. 1783.

1 l Milch, Zitronenschale, 50 g Zucker, 5 Eiweiß, 5 Eigelb, nochmals 100 g Zucker. Die Eiweiß zu Schnee schlagen, sorgfältig zuckern und in der heißen mit Zitronenschale und Zucker gewürzten Milch in kleinen Portionen fest werden lassen. Dann anrichten. Unter die Milch dann die Eigelbe geben und die Creme gut schaumig schlagen, evtl. im Wasserbad. Diese Creme über die Eiweißmasse anrichten und kalt werden lassen.

Leckerlimodel: Traube mit zwei Granatäpfeln. 17. Jahrhundert

Schokoladencreme

1/4 Pfund Choquelade mit ein wenig Wasser auf dem Feuer zart angerührt. 6 gelbe vom Ey verklopft mit einem 1/2 Maas Raum in die Choquelade gerührt, samt Zucker nach Belieben. Auf dem Feuer gerührt bis es kocht. 18. Jahrhundert.

100 g Blockschokolade, 5 dl Milch, 1 Eßlöffel Maispuder, 3 Eier, 40 g Zucker. Schokolade mit 4,5 dl Milch aufkochen. Maispuder mit 1/2 dl Milch glattrühren, in Milch aufkochen. Eier zerquirlen. Kochende Milch zu den Eiern gießen, rühren. Zurück in die Pfanne gießen. Unter Rühren vors Kochen bringen. Auskühlen lassen. Öfters rühren, damit sich keine Haut bildet. Ergibt 7 dl.

Seidenmues

Zu einer halben Maß Rahm das Weiße von 12 Eiern. Mit ein paar Löffel Rahm verklopft und den anderen Rahm auf dem Feuer lassen aufgehen. Nach und nach dareingerührt, zusammen in die Pfannen geschüttet und auf dem Feuer gerührt, bis es köcherlet. Zucker darin, soviel man liebt, und wann mans anrichten will, ein Löffel voll Ros Wasser. 1773.

4 dl Rahm, 6 Eiweiß, 3 Eßlöffel Zucker.
Eiweiß mit 2 Eßlöffel Rahm verklopfen. Übrigen Rahm erhitzen, nach und nach unter Eiweiß rühren. Alles zurück in die Pfanne geben. Unter ständigem Rühren vors Kochen bringen. Süßen. Vor dem Servieren mit etwas Rosenwasser abschmecken. Ergibt 5 dl.

Zitronencreme

Ein 1/2 Pfund Zucker, 3 Citronen, die Schelleten an dem Zucker abgerieben. Das übrige verschnitten und ein Schoppen Wein daran gethan. Wohl zugedeckt ohngefehr 2 Stunden stehen lassen. Dann recht ausgedrückt, 7 Eyer, recht verklopft mit dem Saft. Angerührt mit einem Beselein, auf dem Feuer gerührt, bis es dick genug ist. 18. Jahrhundert.

3 Zitronen, 4 dl Wein, 250 g Zucker, 7 Eier.
Zitronenschale abreiben. Zitronen in dünne Scheiben schneiden. Mit Zucker alles in Wein einlegen, etwa 2 Stunden. Gut ausdrücken. Saft mit Eier zerquirlen, unter ständigem Rühren aufkochen. Ergibt 1,1 l, warm servieren.

Zuckermues

Nim VI Eyer, klopf sie woll, thun ein Becher oder 3 Milch dorunder, thuns in ein Pfannen, hebs über Feür, undt wann es woll zusamen ist gangen, so hebs wider vom Feür. Schütts in ein Thuch, daz die Molchen suber davon louffen. Beschwer es woll, daz drucken wirdt. Streich es durch ein Thuch mitt Milchrhom, daz es glatt werden undt rüer Zucker und Roswasser dorin. 1592.

6 Eier, 3 dl Milch, 1 dl Rahm, 100 g Zucker, Rosenwasser oder 1 Löffel Kirsch.
Die Eier verklopfen, mit der Milch vermengen, aufkochen und etwas abkühlen, durch ein feines Sieb oder Tuch absieben, damit evtl. Flüssigkeit abläuft. Dann die Masse glattrühren und mit den übrigen Zutaten vermengen.

Zwetschgenmost

Zu einem großen Becke Zwetschgen ein Maß eingekochter süßer Wein, ein Schoppen Honig und 1 Pfund Zucker. Den Wein mit dem Honig verschaumt. Die Zwetschgen daringetan und anfangs stark kochen lassen, bis sie verkocht. Alsdann muß man stets aufrühren, wann es nicht soll anbrennen, indeme die Brühe immer obenaufkommt, bis es ganz dick eingekocht. Auf die letzte tut man zerstoßenen Zimet darunter. 1773.

2 kg Zwetschgen, 1,5 l Rotwein, 4 dl Honig, 500 g Zucker, 1 bis 2 Teelöffel Zimt. Zwetschgen waschen, entsteinen, in Stücke schneiden. Wein und Zucker aufkochen. Zwetschgen zugeben, zu Mus verkochen, etwa 40 Minuten. Öfters rühren, damit es nicht anbrennt. Ergibt etwa 1,9 l.

Zuckerwaren

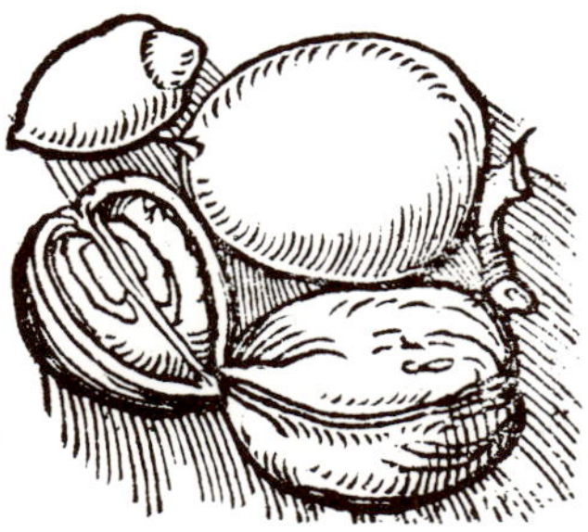

DJe grünen vnzeittigen Wel-
ſchen nüß einzumachē/iſt faſt
gemein worden bei allen fleiſ-
ſigen haußhaltern/ welche ſolche nit
der Artznei halben/ ſondern vil mehr
vff ein panckêtieren järlich zůrichten/
wiewol ſie zu der Artznei dienſtlich/ in
mancherley gebrechen nützlich ge-
brauchet werden mögen. Diſe nüß
ſolt du volgender weiſe einmachen
Nim̃ der gemeinen Welſchen nüß
friſch vom baum gegen dem ende des
Hewmonats/ nemlich vmb Sanct
Johans tag des Täuffers / wann
ſich die kornärnd nähert/ were dann

Rezeptblatt für die Zubereitung von eingemachten Nüssen. 1567

Baselbieter Rahmtäfelein

500 g Zucker, 100 g Sirup, 75 g Süßbutter, 2 dl Rahm und etwas Wasser und Vanille auf 103 °R kochen. Die Masse ausgießen und mit geripptem Rollholz überfahren, in Täfelein schneiden und nach dem Erkalten verpacken.

Buttenmosttäfelein

Man nimmt 1 Pfund rohes Buttenmues, rührt 1 Pfund gestoßener Zucker darin, eine Viertelstunde lang. Dann schwingt man das Weiße von 4 Eiern zu einem dicken Schnee, thut es auch hinein und rührt eine gute Viertelstunde. Man tropft die Täfeli auf Bogenpapier und läßt sie auf einem warmen Ofen trocknen. 18. Jahrhundert.

2 kg (2 l) Hagebutten, entkernt: 1,25 l, gekocht und püriert: 6,5 dl, passiert: 4,5 dl = 470 g.
4,5 dl Mus mit 450 g Zucker gekocht, bis sich die Masse von der Pfanne löst, etwa 15 Minuten. Auf bezuckertes Brett ausgebreitet zum Trocknen wie Quittenpästli. In beliebige Förmchen schneiden.

Dannüßlein

Nim zucker XLII Lot, clarificier ihn mit Eyerclar und koche ihn, doch nicht gar, biß auff sein Statt. Darnach nim ihn vom Feür hinweg, rüre ihn wol mit einem Stecken, mische darunder Dannüßlin (Pinee genant), welche zuvor gereiniget unnd geschelet seind, acht Lot. Koche es widerumb mit einander, biß auff sein Stat, oder biß der Zucker hart wirt. Mache darauß kleine Wecklin. Und so man diss Confect lange Zeit will behalten, soll man so vil Zucker unnd Dannüßlin nemmen, wie oben verschriben. So man es aber nit lang behalten will, mag man zu einem jeden Pfund Zucker ein halb Pfund Dannüßlin nemmen. 1577.

600 g Zucker, 150 g Pinienkerne.
Den Zucker schmelzen und, wenn etwas gelblich, die Pinienkerne hineingeben. Diese Masse kochen, bis sie hart wird, evtl. hellbraun, dann auf ein bestrichenes Blech geben,

etwas glattstreichen, und wenn die Masse nicht mehr sehr heiß, aber knetbar ist, kleine Weggli oder Stengeli formen. Will man das Gebäck nicht lange aufbewahren, können auch auf 500 g Zucker 250 g Pinienkerne oder auch Haselnüsse verwendet werden.

Erbselentäfelein

Nemt 2 Pfund Zucker gesiebt und 4 Schoppen Erbsele Safft. Thu den Zucker in eine Pfanne, schütt allgemach das Safft in den Zucker, doch muß die Pfanne nicht zu heiß werden. Untereinander gerührt, gleich einem dünnen Teiglein. Der Zucker muß nicht vergehen, auch nicht kochen. 1747.

300 g Zucker wird mit Berberitzensaft angefeuchtet, mit flüssigem Karmin hochrot gefärbt und mit Wasser verdünnt, bis eine weiche, jedoch nicht flüssige Masse entsteht. Diese wird über dem Feuer unter ständigem Umrühren erwärmt, bis die Masse am Rand des Pfännchens zu sieden beginnt. Mit einem Kaffeelöffel gießt man sodann kleine Bonbons auf ein Weißblech.

Form aus Holz: Pferd und Schaf. 17. Jahrhundert

Magentäfelein

Ein Pfund Zucker, $^1/_2$ Loth Zimmet, $^1/_4$ Loth Nägelein, 4 Loth eingesottene candierte Pomeranzen Schnitz, 4 Loth geschellte und lang geschnittene Mandlen. Den Zucker mit Wasser verschaumt und einkochen lassen, bis er dick wird. Dann alles darein gerührt und in Papierförmlein geschüttet und kalt werden lassen. 18. Jahrhundert.

500 g Zucker, 1 dl Wasser, 4 g Zimt, 1 g Nelken, 65 g Orangeat, 65 g Mandeln. Mandeln schälen, grob hacken. Zucker mit allen Zutaten 3 bis $3^1/_2$ Minuten kochen. Nicht länger! In Papierförmli anrichten oder ein Blech mit Pergamentpapier auslegen, befetten. Masse ausgießen, erkalten lassen, in Stücke von etwa 2×2 cm schneiden. Ergibt etwa 180 Stück.

Moggenteig

1,1 kg Zucker in 3 dl Wasser auflösen. 500 g Glukose zusetzen und auf 108 °R kochen. 4 Minuten vakumieren. Den Zuckerteig mit einer Masse aus 400 g gerösteten, geriebenen Haselnüssen und 400 g Puderzucker füllen.

Nougat

500 g feiner, heller Honig wird auf kleinem Feuer aufgelöst und abgeschäumt. In dickwandigem Kupferkessel schlägt man 6 Eiweiß zu steifem Schnee und gießt den heißen Honig unter fortwährendem Schlagen dazu. Man kann auch das Eiweiß zusammen mit dem aufgelösten Honig lauwarm aufschlagen. Gleichzeitig kocht man 500 g Zucker mit 50 g Glukose und 2 dl Wasser zum starken Bruch, also auf 115 °R, und läßt diesen Zucker ebenfalls bei laufender Rührmaschine in den Schnee fließen. Dann die Masse im Wasserbad (bain-marie) abdampfen, bis die Probe erreicht ist. Der schwache Bruch bei Nougat Montélimar ist erreicht, wenn die mit einer Messerspitze herausgenommene und erkaltete Probe beim Aufschlagen von der Klinge abspringt. Sodann werden die vorgewärmten und gut vermischten Einlagen einmeliert. Zu der Masse wird man 500 bis 700 g Einlagen vorbereiten. Die Zusammenstellung derselben kann variieren, z. B. 400 g geschälte Mandeln und 100 g Pistazien oder 300 g Mandeln, 100 g Haselnüsse und 100 g Pistazien oder 300 g Mandeln und 300 g konfierte Kirschen usw. Die Mandeln sollen immer leicht geröstet sein, damit der Schnitt derselben vom weißen Nougat in den Schnitten vorteilhaft kontrastiert. Haselnüsse dürfen nur soweit geröstet sein, daß sie sich leicht schälen lassen; nie dürfen sie als dunkle Fremdkörper wirken. Pistazien sind immer geschält und gut getrocknet zu verwenden. Konfierte Früchte (Kirschen oder andere) werden gut abgewaschen, damit keine zähen Zuckerresten daran hängen, dann aber gut getrocknet. Ganze, geschälte Mandeln oder Haselnüsse eignen sich besser als gehackte oder gar gehobelte Kerne; ausgenommen dann, wenn der Nougat zu Einlagen für Schokoladenbonbons dienen soll. Sehr rasch muß der fertig gekochte und mit den Einlagen gut vermischte, weiße Nougat auf ein mit Oblaten belegtes Brett mit 3 cm hohem Rand gleichmäßig verteilt, mit Oblaten bedeckt und kräftig gepreßt werden. Zu Nougat Montélimar mit Schokolade werden bei gleicher Zusammensetzung 200 g Mandeln, 200 g Haselnüsse und 200 g flüssiger Vanilleüberzug einmeliert. Der fertige, gut ausgekühlte Nougat wird meistens in Tranchen von 10 bis 12 cm Länge und 2 bis 3 cm Breite geschnitten.

Meßmocken

Man kocht 850 g Zucker mit 150 g Glukose und 4 dl Wasser rasch zum Ballen, parfümiert mit Vanille, Zitrone, Orange, Orangenblütenwasser, Kaffee-Extrakt oder -Essenz, Schokolade oder ähnlichem und färbt gleichzeitig, wenn der Zucker nicht weiß bleiben soll. Man kocht weiter bis zum Bruch und gießt aus, stülpt aber sofort die rasch abgekühlten Ränder nach der Mitte zurück, um die ganze Zuckermasse möglichst gleichmäßig abkühlen zu lassen, hebt sie auch von der Platte auf, klappt sie wieder zusammen und wiederholt dies, bis sie, ohne die Finger zu verbrennen, angefaßt und bearbeitet werden kann. (Hierbei kann man sich die beiden innern Handflächen schwach einölen oder mit gepulvertem Talk betupfen, damit die Masse nicht klebt.) Nun zieht man die Zuckermasse meterlang aus, legt sie sofort wieder zusammen oder über einen in Mannshöhe an der Wand befestigten, großen, eisernen Haken, zieht sie nach unten, legt wieder über und fährt mit Ausdehnen und Wiederzusammenfalten fort, bis die Masse seidenähnlich glänzend aussieht. Nun wird sie zu einem länglich geformten Klumpen auf eine mäßig erwärmte Platte gelegt, in gleichmäßig fingerstarke Stränge ausgezogen und diese von einer zweiten Person entweder in gleich große Stücke, mit der Schere geschnitten, oder erst nach Erkalten mit einem Messer abgehackt.

Weiche Russische Täfeli

Willst Du russische Tabletten
Von den weichen, von den netten,
Sollst Du Dir im Ernst beizeiten
Folgendes wohl vorbereiten:
1/2 Liter Rahm, 1/2 Schoppen Milch,
1 Pfund Zucker, 3 Löffel gestoßenen Zucker,
1/2 Glas Milch.
Nimm den Zucker, nimm den Rahm,
Flink die Milch dazu getan,
Stell die Pfanne auf das Feuer,
Rühren mußt Du ungeheuer,
Weil es unten sonst anbrennt
Oder oben fort Dir rennt!
Rühre weiter, rühre weiter,
Aber bleibe froh und heiter
Bis die Masse gröspllig wird,
Aber bräunlich sich tinguiert.

Jetzo kommt der Hauptmoment,
Den da jede Hausfrau kennt.
Jetzt die Löffel Zucker drei
Rasch hinein, dann eins, zwei, drei,
Auch die Milch das halbe Glas
Das Du ja gesparet hast.
Rühre bis die Masse glatt,
Keine Möckelein mehr hat; –
Jetzo kommt das ganze Mues
Auf ein Däfeli-Blech hinues
Ausgestochen wird es dann,
Wenn es nicht mehr kleben kann.

So bereit'st Du Dir die netten
Weichen russischen Tabletten.
Doch hier wie zu jeder Kunst
Nötig ist des Schicksals Gunst!
Leicht wird Dir der Brei zu dick,
Merkst Du das mit Kennerblick,
Steh nicht tatenlos dabei,
Gieße Milch zu, eins, zwei, drei,
Oder wird zu dünn der Brei,
Füg noch etwas Zucker bei.

Auch anderes noch kann Dich plagen,
Ich kann Dir jetzt nicht alles sagen,
Und Dir nicht alle Détails geben.
Lang ist die Kunst und kurz das Leben.

Emilie Respinger, 1916

Orangenkonfekt

Nim Pomerantzenrind so vil du wilt. Lege sie inn frisch Brunnenwasser neun Tag lang unnd geuß alle Tag ander frisch Brunnenwasser darüber. Zu letst lasse sie ein Weil sieden. Darnach nim sie vom Feür hinweg, schneide das weiß Fleisch von der Rind hinweg und die Rind den langen Weg dünn und klein. Leg sie ein Tag und Nacht in zergangen oder zerlassen Zucker. Darnach, so Du sie ein wenig gekochet hast, nim sie auß dem Zucker und laß sie dürr werden. Welches so geschehen, nim diese Pomerantzenrinden, thu sie inn ein küpffern oder messin Becke, geuß darüber allgemach gekochten Zucker, biß auff sein Stat, also sittig mit einem Confectlöffel. Herzwischen aber solle der ander die Pomerantzen in dem Becke hin unnd her werffen oder wannen, damit die Rind allenthalben mit dem Zucker begossen und überzogen werde, biß gnug ist, so sind sie gerecht. Es soll aber der Zucker so wol gekocht sein, daß er sich gleich als er auff die Rinden begossen wirt, candiere. 1577.

Einige Orangen, Zuckerwasser.
Die Orangen schälen, und die Schale in frischem Wasser einweichen. Das Weiße wegschneiden, die Schalen in dünne Streifen schneiden und in Wasser weich kochen. Dann einige Stunden in kaltes Wasser gelegt, auf ein Sieb geschüttet, abgetropft und gewogen. Auf 250 g Schalen 300 g Zucker und 2 dl Orangenwasser verwenden. Zucker und Wasser zu dickem Sirup kochen, die Schalen hineingeben, 10 Minuten kochen und über Nacht im Zucker stehen lassen. Am folgenden Tag die Orangenschalen wieder aufkochen, anrichten und langsam trocknen lassen. In Gläsern oder Büchsen aufbewahren.

Quittenwürstlein

Nimm ein Pfund Zucker, läutere ihn und laß ihn kochen, bis er einen Faden zieht. Alsdann thue ein Pfund Quitten-Mark hinein. Rühre es beständig um, daß es nicht anbrenne. Es darf nicht gar so dick seyn, als Quitten-Brod, doch muß es auf einem Teller nicht laufen, sondern stehen. Nimm dann ein Viertelpfund Mandeln, ziehe sie ab und schneide sie in viereckichte Stückchen. Nimm ein Quintlein Zimmet und

Nägelein, stoße sie fein, thue beydes unter das Quittenbrod und rühre es wohl durch einander. Sodann nimm eine blecherne Sprize, die hiezu gemacht ist, und nicht dicker als etwa einen Daumen ist. Nimm getrocknete Hammelsdärme und thue die Fülle darein. 1811.

500 g Quittenmark, 500 g Zucker, 125 g Mandeln, etwas Zimt und Nägeli.
Zuerst Quittenmark herstellen. Dazu Quitten schälen, in 4 Teile schneiden, die Kerne entfernen und in einer Pfanne, mit Wasser bedeckt, weich kochen. Dann ohne Flüssigkeit durch ein Haarsieb streichen. Dieses Mark mit Zucker vermengen, etwas Zimt und Nägeli zugeben und unter Rühren auf gutem Feuer dicklich kochen. Vor dem Anrichten die geschälten Mandeln fein schneiden oder grob mahlen und dazugeben. Die Quittenmasse mit einer Spritze in Hammeldärme einfüllen und erkalten lassen. Zu Würstchen mit Faden oder dünner Schnur abbinden.

Von Sanct Johans Treub lin (Von Apoteckern/ Ribes genant) ein nützliche Latwerg zu bereyten.

SAnt Johannes Treublin beer/ſein bei vnns wol bekant/vnnd faſt gemeyn/ doch werden ſie allein inn luſtgärten fürnemlich zu ſolchen Latwergen gezilt/ ein ſchön vnnd lüſtig gwächs Meſſiger feür/ vnd gůts weinigs ſaffts. Die Latwerg von diſen

Rezeptblatt für die Zubereitung von Johannisbeerentäfelein. 1567

Russische Täfelein

1 Schoppen Rham oder Milch wird mit 1 Pfund Zucker in die Messingpfanne geschüttet, gleich von Anfang an gerührt, nie ruhen lassen, bis es dunkelbraun ist. Das Blech warm mit weißem Wachs geschmiert, so wie der Ausstecher auch ein wenig. Sollte dieß vor der Zeit trocken und pulverig werden, so lasse man sich nicht abschrecken, sondern rühre flink weiter; es wird wieder flüssig. Diese Portion gibt eine Form recht voll. 1843.

750 g Zucker, 5 dl Rahm oder Milch.
Zucker und Rahm auf das Feuer setzen und langsam lösen. Bei starkem Rühren kochen lassen, bis die Masse dunkelbraun ist. Dann ausgießen, mit gefettetem Rollholz breitdrücken, verebnen und in Täfelein schneiden.

Türkenhonig

750 g Zucker, 200 g Sirup, 200 g Bienenhonig mit Wasser auf 115 °R kochen und unter den steifen Schnee von 2 Eiweiß schlagen. Die Masse ein wenig mit Zitronenöl versetzen. Wenn sie etwas abgekühlt ist, werden unter die abgeröstete Masse geröstete Mandeln oder Nüsse und etwas Zimt gewirkt, ausgerollt und Stangen davon abgeschnitten.

Zimtmandeln

1 Pfund Zucker, 1 Pfund süße Mandlen, diese sauber abgewischt, in eine kupferne Pfanne gethan, den Zucker dazu und 1/2 Glas Roswasser, 1/2 Glas frisch Brunnwasser. Dieses alles aufs Feür gethan und alzeit gerührt, biß das Wasser eingekocht und der Zucker trocken ist. Dan nimt mans ab dem Feuer und machts noch recht durcheinander. Alsden wider auf das Feür, biß man siehet, daß der Zucker sich an die Mandlen hängt. Dan gestoßener Zimmet darüber gesiebt. Noch ein wenig gerührt, ab dem Feür gethan und sie auf ein Brett geschüttet, mit 2 Gablen aufschütten, daß sie nicht aneinander kleben, biß sie kalt sind. 1786.

500 g Mandeln, 500 g Zucker, 1 Messerspitze Zimt, 2,5 dl Wasser.
Das Wasser mit Zucker und Zimt aufkochen, bis der Zuckersaft klar ist. Dann die Mandeln mit dem Mandelstaub ungeschält hineingeben und unter Rühren kochen, bis der Zucker zum Bruch kommt und körnig wird. Dann tüchtig weiterrühren, bis sich der Zucker um die Mandeln legt, braune glänzende Stellen hat und die Mandeln zu krachen beginnen. Die Mandeln auf ein geöltes Blech ausbreiten und erkalten lassen.

Zitronentäfelein

Nim schönen gesiebten Zukher, netz ihn mit Citronen Safft nur ein wenig an. Der Zukher muß aber zuerst ob dem Feür wohl abgetrokhnet werden. Laß in einem Pfennlein ob einer Kohlen ein wenig zergehen, daß es nicht recht siedet. Schlag sie auf ein kupfern Blech groß oder klein, wie man will. Wenn sie kalt sind, so thue sie ab. 18. Jahrhundert.

100 g Zucker, 100 g Puderzucker, Zitronensaft mit abgeriebener Schale, Wasser. Zucker, Puderzucker und Zitronensaft in eine Pfanne schütten und Wasser dazugeben, bis eine sehr dickflüssige Masse entsteht. Diese unter Umrühren erhitzen, bis es am Kesselrand langsam zu sieden beginnt. Dann nimmt man die Pfanne vom Feuer und dressiert mit einem Kaffeelöffel kleine Bonbons auf ein Weißblech. Nach einer halben Stunde kann man die Zitronentäfeli von dem Blech lösen.

Essenzen Getränke

Bischoff

250 g gelben Kandiszucker in 2 Flaschen Wasser geschmolzen (etwa 14 dl), $^1/_4$ Stunde gekocht und gesiebt. 2 Flaschen Weißwein, 1 Flasche Rotwein dazu und recht heiß werden lassen – nicht kochen.
Nach Belieben Arrak, $1^1/_2$ Glas, und Curaçao dazu. Kann warm oder kalt gegeben werden.

Burgermeisterli

Auf 1 Ohmen Kirschen 4 Pfund gute Bamberger oder Provence Änis. Dieser letztere wird unverstoßen zu den Kirschen getan. Nur zum ersten Brand braucht es 4 Pfund Ohmen, zu den nachherigen Bränden nur 3 Pfund. Ferners per Ohme $2^1/_2$ Pfund weißen Zuckerkandel, welcher rein gestoßen in ein leinen Säcklein gethan wird, der Kirschgeist wird darüber abgezogen. NB. Unter dem Säcklein noch ein leinen Tüchlein. Will man das Äniskirschwasser außer dem Hause brennen, so thue man den Zucker erst zu Hause dazu, indem sonst Zucker und Kirschwasser beim Küfer zu Schanden geht und das Kirschwasser gleich gut wird, wenn man den Zucker erst später dazu tut, den man auch mit dem Äniskirschwasser kann 14 Tage destilliren, wo es oft ungerüttelt allmählig zergeht. 1871.

85 g Anis Alicante, 85 g Sternanis, gebrochen, 1,7 g Kardamome, gemahlen, 6,57 dl Feinsprit 96%, 1 l Wasser. Gut mischen und abdestillieren, bis 1 l Destillat (Extrakt) gewonnen ist. Den Rückstand gießt man weg.
Zubereitung des fertigen Burgermeisterlis (5 l 45 Vol.-%): 1 l Extrakt 60 Vol.-%, 1,7 l Feinsprit 96%, 200 g Grießzucker (in 1 l heißem destilliertem Wasser auflösen), nach dem Erkalten den Extrakt und Feinsprit beifügen und mit destilliertem Wasser auf 5 l auffüllen. Zum Nachfärben gibt man 0,015 g Zuckercouleur, 0,08 g Tartrazin. Nach Fertigstellung werden die 5 l Burgermeisterli über losen Filterasbest filtriert, bis der Likör klar ist. Serviert wird Burgermeisterli in einem Aperitifglas, etwa 15 dl Inhalt. Man gibt 40 bis 50 cm³ Burgermeisterli in das Glas und füllt mit eisgekühltem Wasser vom Hahnen (kein kohlensäurehaltiges Mineralwasser) auf. Man kann auch einen Eiswürfel dazugeben.

Gebäckmodel: «Unser sind Drei»: Der Narr, die Narrenpuppe – und ... der Betrachter! 17. Jahrhundert

Himbeersaft

Himbeer, die bei trocknem Wetter gesammelt, soviel man will. Alsdann verdrucke man dieselben und läßt sie an einem warmlichen Ort verjasen. Und dies 6 bis 8 Tage lang. Nach diesen druckt man dieselben zu Saft, entweders durch ein Tuch, oder auf einem kleinen Tröttlein. Von diesem Saft nimmt man 1, 2, 3 oder 4 Schoppen, alt Mäß, und soviel Schoppen, soviel Pfund Zucker. Dieses läßt man miteinander auf dem Feuer ein paar Mahl aufgehen, bis sich der Schaum spaltet. Alsdann sechtet mans durch ein wollen Tuch. So ist der Himbeersaft fertig und laßt sich wohl aufbehalten. N.B. Man muß den Saft in ein großlicht Geschirr tun und ihn im Keller ohnzugedeckt erkalten lassen, ehe man ihn in die Buotellen thut. 1773.

2 kg Himbeeren, 1,1 kg Zucker.
Beeren erlesen, kurz abspülen, zerstoßen. In große Schüssel geben. Gähren lassen, je nach Wetter 4 bis 8 Tage. Etwaigen Schimmel entfernen. Saft auspressen. Ergibt 11 dl. Saft mit gleichviel Zucker aufkochen, 10 Minuten kochen lassen. Absieben, in saubere Flaschen abfüllen, verschließen. Ergibt 1,4 l.

Hypokras

$^1/_2$ Loth Zimmet, 12 Negelein, ein wenig Ingwerwurtz, ein wenig langer weißer Pfeffer. Dieses grob zerstoßen und in einen erdenen Hafen gethan. $1^1/_4$ Pfund Zucker in eine halbe Maas roten Wein verschaumt und siedend über das Gewürtz geschüttet. Kalt werden lassen, noch $1^1/_2$ Måas Wein dazu geschüttet, ein gut Stücklein Citronenscheleten darein gethan. 2 Tag auf dem Gewürtz stehen lassen und alsdan durch ein Tüchlein gesechtet. 18. Jahrhundert.

1 Flasche Roussillon oder Collioure, 2 Flaschen Rotwein, 4 Flaschen Beaujolais, 3 Flaschen Markgräfler, 1250 g Zucker, in einem Gazesäckchen 35 g Zimtstengel, $^1/_2$ Muskatnuß, 10 bis 12 Nelken.
Kleines Quantum: 1 Flasche Roussillon, 1 Flasche Rosé, 2 Flaschen Beaujolais oder Bordeaux, 1 l Weißwein, 625 g Zucker, 20 g Zimtstengel, 5 bis 6 Nelken, $^1/_4$ Muskatnuß.
Zu Beginn Dezember angesetzt, derart, daß das Gazesäckchen an einem Faden in das Gemisch gehängt wird. Von Zeit zu Zeit muß das Gemisch in der geräumigen Korbflasche durchgeschüttelt und das Säckchen wiederholt gehoben und gesenkt (abgetröpfelt) werden. Holzzapfen nur locker aufgesetzt.

Het denn der lieb Gott au der Wi
Der süeß, lo wachse, daß me dri
No Zucker, Zimmet, Nägeli thuet?
Das isch nit guet.

Imm sei 's denn klagt, daß so e Gmisch
Bi uns zuer Mode worde-n-isch,
E Race-n-ohni Recht und Paß:
Der Hypocras.

Er het kei Art und kei Natur;
Er isch kei Wi und kei Mixtur,
Kei Stammbaum und kei Vatterland
Sind imm bekannt.

Me het en z'Basel ine kauft,
Und 's pflegt en jetzt, nodem er tauft,
As wie-n-e-n-eige städtisch Kind
So Herr as Gsind.

Und 's Ärgst isch, daß di ächti Bruet
No wiiche mueß sim falsche Bluet,
Sie goht im Wertigskleid derher,
Er isch e Herr.

Am Firtig, do isch sie verbannt,
Er kunnt alei, im Festgewand,
Thuet süeß und schön bi Jederma
Und – lüegt en a.

Denn Mengem thuet si Umgang weh,
Er wott, er hätt en gar nit gseh,
Am andere Tag – Drum seig verbannt
Us Stadt und Land!

E Menge, hoff i, wenn er weißt
Was Hypokras uf guet dytsch heißt,
Git em der Abschied uf sim Tisch;
'S heißt ebe: Gmisch.

Zwor menge Glehrte, überklueg,
Het an der Ableitung nit gnueg:
«'S käm, heißt's do, vom Hippocrates»;
Doch das sind Gspäß.

Dä Dokter isch no gscheiter gsi
As unseri: «Guet isch der Wi,
D' Kunst lang, und s' Lebe kurz und schlecht,
Drum trink en ächt!»

Das het er gsait und schön isch das.
Drum pereat der Hypocras,
Und vivat Asclepiades
Hippocrates!

Jacob Maehly, 1856

Magenwein

Süßmost von der Trotten weg, $^7/_8$ Maß, darunter $^1/_8$ Maß guten branten Wein. 2 Cardenmömlein, das Lot kostet 10 Kreuzer. 4 Cubebenkörnlein und 4 Negelein, gestoßen. 1 Messerspitz voll gestoßene Muskatnuß und ein dito voll Zimet. 4 Lot Zucker. Alles zugleich in ein Fläschlein getan, mit Papier verbunden und mit einer Gufen etliche Löchlein daringestupft, und laß es also verjähren. Alsdann schütte das Lauter ab. Macht man es in einem Fläschlein, so muß Luft gelassen werden, daß es verjähren kann. 1773.

1,5 l Apfelwein, 2 dl Branntwein, 2 Stück Kardamomen, 4 Stück schwarzen Pfeffer, 4 Nelken, 1 Messerspitze Muskat und Zimt, 65 g Zucker.
Alles gut mischen. In Flasche abfüllen. Mit Papier zubinden, mit Nadel einige Löcher stupfen. Vergären lassen, je nach Wetter 1 bis 2 Wochen. Ergibt 1,7 dl.

Nußwasser

Man nimt Nuß, ehe sie harte Schallen haben, welches ungefähr um Johanni sein wird, zu einem Schoppen Brantenwein (so es sein kann, französischer). Zerschneidet man 12 kleine Nuß, jede in 4 Stück, tut sie darein, vermacht das Geschirr behäb und laßt es 6 Wochen im Keller stehen. Sodann wird es durch ein Servietten gesöchtet und auf jeden Schoppen Brantenwein $^1/_4$ Pfund gelauterter Zucker getan. Sodann tue noch darzu Coreander oder Coriaten, soviel man zwischen 2 oder 3 Finger nehmen kann. Auch ein wenig Zimmet. Alsdann wird der Krug oder Flaschen noch 1 Monat wohl vermacht und in Keller getan, so ist es fertig. 1773.

10 Nüsse, etwa 500 g, im Juni (!) ablesen, 4 dl Branntwein, 125 g Zucker, 1 Messerspitze Koreander, 1 Messerspitze Zimt.
Nüsse waschen, mit grüner, weicher Schale in Viertel schneiden. In Branntwein einlegen. Geschirr verschlossen 6 Wochen im Keller lagern. Absieben. Zucker und Gewürze beifügen. Gut mischen. In Flaschen abfüllen. Verschlossen noch 1 Monat lagern. Ergibt etwa 5 dl.

Orangenessenz

Von 6 Pomeranzen die Schalen. 1 Lot Bodian. 3 Quintli Zimmet. 1 Preisen Safran. 6 Lot Zuckercandit. 12 Gewürtznägelein. Diese Spezies in ein Buottelie getan und $1^1/_2$ Maß branten Wein darüber geschüttet. 1773.

3 Orangen, 5 g Zimt, 1 Prise Safran, 50 g kandierter Zucker, 4 g Nelken, 7 dl Branntwein.
Orangen mit Sparschäler Schale abnehmen. Alle Zutaten mischen. In Flasche abfüllen. Verschließen. Nach 5 Tagen hat der Branntwein einen ausgeprägten Orangengout.

Form für Backwerk: Die Ausgießung des Heiligen Geistes. 18. Jahrhundert

Katalog verschiedener Originalrezepte

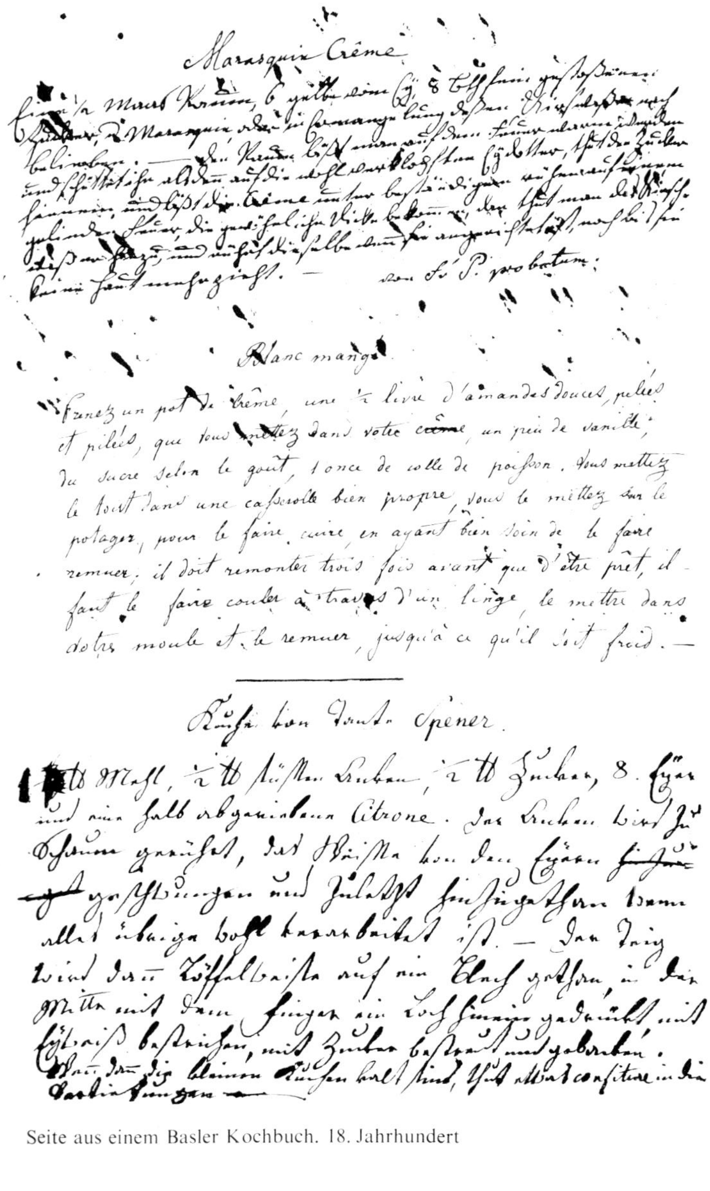
Marasquin Crême

Blanc manger

Prenez un pot de crème, une ½ livre d'amandes douces, pelées et pilées, que vous mettez dans votre crème, un peu de vanille, du sucre selon le goût, 1 once de colle de poisson. Vous mettez le tout dans une casserole bien propre, vous le mettez sur le potager, pour le faire cuire, en ayant bien soin de le faire remuer; il doit remonter trois fois avant que d'être prêt, il faut le faire couler à travers d'un linge, le mettre dans votre moule et le remuer, jusqu'à ce qu'il soit froid. —

Seite aus einem Basler Kochbuch. 18. Jahrhundert

Basler Brot

Nim 2 Mäß Mehl, kernigs, thus in die Multen. Mach auf der Seiten das Hebyloch. Nim nicht gar ein halb Maas Waser, wohl leys. Mach dann die Heby so ebenrecht dickh. Dann mach das Heilig Kreütz drüber in Teig. Butz die Multen ab zu bejden Seitten mit dem Multenkratzer. Spreng Salz über die Heby, ongefehr so viel, als Du in eine Suppen thust. Laß sie haben über Nacht, und wann sie wider eingefallen, so fang bey der Heby an knätten. Wan Du dann leys Wasser in die Heby schüttest und sie oben auf schwimt, so ist sie guth. Dan schütt leys Wasser, bis schön angeknettet istt. Dann heb rings um den Teig auf und schütt Wasser, das die Multen mit dem Kratzer kanst butzen. Nim allzeit ebenrecht leys Waser, dan knätt, bis der Teig schön sauber ab den Händen geth. Das wärt ein guthe halb Stund. Mach dan das Heilig Kreütz über den Theig und butz die Multen rings herum mit dem Kratzer. Nim ein wenig Theig, drölls so ein bischen zu sammen, kleibs dan an die Mullten, so zwey Finger breit höcher als der Teig von dem Geknättnen weg, auf den Seyten mußts ankleiben. Wan dan der Teig gestigen bis zu dem Zeichen, so istt genug gehaben. Nim ein Arfel Holz, was ertragen magßt, drunder ein wenig mehr. Feür dann in Offen, ehe Du an fangßt knätten. Mach zum ersten Mahl den Offen gantz voll Holz. Zum zweitten Mahl nur 4 oder 5 Scheiter. Wan Du willst wissen, ob der Offen genug geheitzt, wan er schön weis, wan drein schaust, dan ist guth. Zertheil dann das Feür schön ihm Offen herum, beyde Mahl. Wan Du den Offen außen butzest, so müssen die Glut schön vergangen sein. Dann butz in sauber außen und mach ein eben recht Vorfeür. Dan brat aus, streu ein wenig Mehl auf den Mullten deckhel oder Brett und auf den Schüsel und schieß dan ein. Las es $^3/_4$ Stund im Offen, dann ruckh es und kehr das Hindere führen. Es muß in allem 2 Stund im Offen sein, dann ist Brod.
Nim zwey Mäß Mehl, 2 Handvoll Saltz, nicht die größten. Dan wird das Brod ebenrecht gesaltzt. Vergis nicht, den Offen sauber zu butzen. Nach dem Du die Glutt schön haßt lasen vergehen, verteil sie schön gleich im Offen herum, dan fehlts Dir nicht. Wan die Heby angefehr nicht haben will. Mach die Mulltenkratzer feürig, wie ein Gletheißenstein und thu sie drein, dann habt es Dir. Wann der Teig nicht haben will, so mach ein Krug voll kochigs Waser und legs in Teig, wohl vermacht, dan hebt er Dir. Wan Du Bastetten backhst und möchsts wissen, ob der Offen eben recht geheitzt, brobier, geh mit der Hand in Offen und wans Dich nicht brennt, so istt eben recht. Du brauchst nur ausen und innen mit der Hand, so weißt es schon. Oder leg ein Babier in Offen nach dem außen butzen. Wans nicht so geschwind verbrent, so ist eben recht. Wan Du sichßt, das der Brodoffen zu heiß und Du sichst das das Brod schwartz werden will, so stell ein Schüßlen voll kalts Wasser in Offen, es wird Dir dan nicht zu schwartz. 1792.

Bauckerli

2 Pfund Honig, 3 Pfund Mehl, 1 Loth Zimmet, Änis, Imber und Pfeffer nach Belieben und $^1/_2$ Glas voll kalter Wein, $^1/_4$ Pfund Mandlen, $^1/_2$ Pfund Zucker. Wenn Honig und Zucker vergangen, in einer Schüssel angemacht. 1818.

Binninger Schnitten

60 Gr. Butter, 3,5 dl Milch, 250 Gr. Mehl, etwas Salz, 7 Eier, 4 Wecken. Man schneide die Wecken in nicht zu dünne Schnitten, gieße ein wenig heiße Milch darüber und lege sie neben einander auf ein Brett. Butter, Milch und Salz lasse man zusammen aufkochen, rühre das Mehl hinein, behalte den Teig auf dem Feuer bis er ganz glatt gerührt ist, dann lasse man ihn in einer Schüssel erkalten, rühre nach und nach die Eier hinein, tauche die Schnitten in diesem Teig und backe sie in heißer Butter schwimmend auf beiden Seiten. Zum Auftragen bestreue man sie mit Zucker und Zimmt. 1877.

Bisamblätze

Nimb ein $^1/_2$ Pfd. gestoßenen Zuckher und 10 Eyer, wie auch 1 Pfd. Weißmähl, $^1/_4$ Pfd. Kraftmähl. Klopfs wohl durch einander, thue darin ein wenig Bissem, mit Rosenwasser solviert. Mach selbige nicht zu dünn, auch nicht zu dickh. Leg selbige auf Papyr und bach sie in einer Marcipanpfanne, die unden und oben Feür haben. 18. Jahrhundert.

Blinder Mandelteig

Ein $^1/_2$ Pfund Mehl, schneide ein $^1/_2$ Pfund Butter scheibenweis darein. Thue ein Ey, 4 Löffel süßer Raum, 2 Löffel voll Wein, 2 Löffel voll Zucker dazu. Mache alles wohl untereinander, bis der Teig zum auswahlen recht ist. Überschlage ihn etlichemahl. Als dan kann man Tarten oder Modelein machen. 18. Jahrhundert.

Bouchées

$^1/_2$ Pfd. Zucker, 16 Eigelb, luftig schlagen. $^3/_4$ Pfd. Mehl unterziehen. 24 Eiweiß schlagen und unterziehen. Diese Masse in Dressiersack mit Rundtülle einfüllen und $^1/_2$ Ei große Häufchen auf ein Stk. Papier dressieren. Diese werden in nicht zu heißem Ofen 15 Min. gebacken. Danach wird mit einem Forellenkartoffellöffel in jedem dieser Häufchen eine Vertiefung ausgestochen und diese mit Crème-Patissier gefüllt. Nacher werden zwei dieser Halbkugeln aufeinander geklebt, und das Ganze mit Fondant glaciert (Chocolat/Pistache/Rose/Caffee). 19. Jahrhundert.

Brotfladen

Nimb Zieger, wie auch einen frischen süßen Käß von der Molcken, wol gepreßt. Bereite ihn mit Eyern, Zucker und Rosenwasser, sie werden desto besser. Machs aber nit so dünn, wie zun Dorten, es laufft dir sonst ab. In der Dicke wie ein gebrannt Muß, ist recht. Thu auch Weinbeer darein, klopff Eyer nach, die du bedarffst, salz es ein wenig. Also schneid auch Schnitten von weißem Brodt, als woltestu Güldenschnitten bachen, thue des angezeigten Ziegers darauff, soweit die Schnit ist, herumb. In der Mitte am meisten, eines guten Fingers dick. Bist du geschickt, schneid am andern auch. Kanstu es nicht, so laß bey einem Orth bleiben. Aber disen Weg ists besser und hübscher: begeuß es mit den Eyern und bach es in heißem Schmalz, und so du es nur an einem Ort beschlagen wilt, oder anderst nicht kanst, so mache es ein wenig desto dicker, und kehre dasselbig Orth vorerst in das Schmalz, damit das Brodt nicht zu hart werde, sondern schön gelb bleibe, wie ein güldine Schnitten. Das Schmalz soll zimlich wol heiß seyn, wann Du es einlegest. Darnach aber gemach bachen, daß es nit zu braun werde, auch nimb des Schmalzes nit zuvil, besonders wann sie nur an einem Orth beschlagen sind, damit du alle mal frisches einlegst und wider heiß machest, dann das Schmalz wirdt bald müd. Gibs kalt und warm, wie du wilt, in ein Zimmetbrüh, oder trocken: In einer Brüh gehörens zum Voressen oder Mittel, trocken zum letsten, mit Zucker bestrewet. 1605.

Brotküchlein

1 Pfund Mehl. Ohngefehr 1 Schoppen Milch, lauwarm darunter. Ein rechter Löffel Bierhefe, ein wenig Saltz. Recht geschafft. 2 Stund gehen lassen. Dann kleine Löffel voll aufs Wärmbrett gethan, verzogen und schnell in Schmelz gebracht. 18. Jahrhundert.

Cabitairesaft

Man nimmt 2 Lot oder für 1 Batzen Cabitaire Kraut, schüttet eine alte Maß Wasser darüber und läßt 1 Schoppen davon einkochen. Sechtet es alsdann und nimmt 2 Pfund Candit. Verschaumt denselben und laßt es hernach miteinander kochen, bis es ein Faden zieht. Doch muß man es nicht gar dick einkochen, indem es immer dicker wird. 1773.

Damaszenerbrot

Nimb geschnittenen Zuckherbrodt, daß mürb sey, dessen es mit gantzen Eyeren gebachen sey. Nimb ein wenig geleüterten Zukher. Mach selbigen warm, geüß ein wenig Rosenwasser darein. Leg das Brodt in den warmen Zukher, bis es weicht. Nimb es heraus. Bereit von allen Gewürtzen alß Zimmet, Macis, Nägelein, Cardamoni und sonst, was wohl reücht. Stoß solche durch ein graolecht Süb. Leg die Schnitten Zukerbrodt darein, bestreü die wohl darmit, druckh ein wenig mit der Hand darauff, so die Gewürtz daran hangen. Laß selbige daran drockhen werden, es ist krefftig und guett umb desselbige Brodt. Streich, vor das Gewürtz darauff, hübsche weiße Candit. Es sieht alsdann wie candiert Zukherbrodt. Selbiges ist auch hübsch und gutt. 18. Jahrhundert.

Dottermues

Item nimb vier gute Schnitten von weißem Brodt, bähe sie. aber nicht braun. Nimb ein halbe Maß Malvasier, oder sonst den besten Wein, so Du gehaben kanst. Geuß ihn über das Brodt, daß es wol weich werde. Laß es ein Wall mit einander thun, tribs mit einander durch. Nimb von vier unnd zwentzig Eyern die Dotter, zertreibs wol und zart, rühr das durchgetriebene Brodt sampt dem übrigen Wein darein. Mach in eim Tigel oder Kachel auff einer Glut ein Schmalz heiß, nit viel. Schüts darein, frisch Meyenschmaltz, das were am besten, eins Eys groß. Rühr es, biß es kocht und laß nicht anbrennen. Wans dick genug ist, so thu Saffran und Zucker darein. Laß es ein wenig stehen. Darnach schlags mit eim Löffel schlechts in ein Blatten, wie man die kalten Bonen gibt, und laß kalt werden. Darnach geuß schön gesotten Honig darüber, oder gut Küttensafft mit Zucker, oder Honig gesotten, oder ein dicke Mandelmilch, oder ein feißten Milchrahm und Weinbeer. Nach dem Du es eim zu essen gibst, es gehören je zu einer Schnitten Brodts sechs Dotter, zu einer halben aber das halb, also auch des Weins. Wann Du dann wilt, so schlags auff ein Teller wie ein Reiß, so weit es sich gibt, ohngefehr zwen Finger dick, und wann es kalt wirdt, so schneids, zuckers aber nicht, nimbs und bachs, oder zeuchs durch Eyer, wie Du wilt; Du magst es auch wie Krosseyer bachen. Wann Du dann wilt, so mach ein Teiglein von süßem Wein und form es wie Schnitz von großen Apffeln und zeuch es dardurch, aber für die Krankcken nicht. Wi Du es bachst, so bestreuw es, darnach. So bald Du es auß dem Schmaltz thust, zuckers wol. 1605.

Dreifarbiges Gebäck

Item den Petersill, den hack klain und reib den und schlahe Ayer doran. Und nym ain große Pfannen und mach die Pfannen vaist und geuß ain Löffel vol daran. So machst ain Plat davon oder wievil Du willst. Und mach ein gelbe Füll von Ayren und Gewürtz wol und in, wenn Du pachen willst. Und thue ein Schmaltz daran und leg ye ain Plat uf das annder. Und streich dann der Fülle, das es als dick sei oder dicker. So leg das ander Plat auf das vol. Und leg aber ain Plat und der Füll aber dornach, die weyl Du icht hast und pach das ab. Und wenn das berayt ist, so stuff es mit ainem Messer, so get der Lufft davon hintz an den Poden. Das solt pachen miteinander. Wenn es beraitt ist, so leg ain Ziegel dorauf, oder ains Ziegels schwär, und laß sten. So macht Du es schneiden, wenn Du willst an richten. Und so strao Zucker darauf. 1460.

Eierküchlein

Acht Eyer verklopft. $^1/_4$ Pfund süßen Anken verlassen und darunter gethan. Auch $^1/_8$ oder $^1/_4$ Pfund Zucker nach belieben. Ein wenig Salz. Ein paar Löffel voll Ros Wasser. Dann rühre Mehl darin, bis der Teig recht zum wahlen ist. Man mache ihn so trocken als es sich thun läßt. 1773.

Eierteigblätter

Item mach ain Taig von Ayren, so Du aller hertest mugest. Den färb und walg darauß dünne Platter als die Pfanntzellten und pach die in Schmaltz. Und nym ain guoten Wein und halb so vil Honigs und erwölle das under einander und zeuch das Pachens da durch, wenn Du es willst anerichten. 1460.

Eingemachte Nüsse

Die Nuß geschält und ins frisch Wasser gethan; man muß ihnen 6 Tag alle Tag ander Wasser geben. Selbige aus dem Wasser nehmen und sauber vertropfen lassen. Man muß sie mit Zimmet und Nägelein spicken. Wenn sie gespickt, muß man so schwer Zucker wägen als Nuß. Man muß den Zucker mit einem Schoppen Wasser übers Feuer thun, sauber verschaumen und die Nuß darinn kochen lassen, bis der Saft gesteht. So kann man sie anrichten. Wer kein Zucker nehmen will, kann so schwer Honig nehmen als Nuß, ob dem Feuer verschaumen und die Nuß darinn kochen lassen. 1790.

Englischer Fladen

Item waich Käß, Putteren, Pfeffer. Das meng zuesamen. Mach ain Hafen von Taig und fülle den mit dem Käß über halb und laß in packen in ainem Hafen. Das haißet ein ennglish Flad. 1460.

Fastenfladen

Item mach also in der Vasten ain Fladen. Nym Mandel und hack in klain und leg in in ain Schüssel und färb in halben mit Saffran und nym Weinper wol erlesen. Und erwell sy, als sie sein süllen, und leg die heraus besunder in die Schüssel und nym allerlaj Vischrogen, au Parbenrogen nicht, und stöß sy in ainen Mörser mit ainem wenigen Melb, das er werd als ein Sträubleintaig. Färb den und geuß sy uf den Fladen und pach in in ainem Ofen. 1460.

Französischbrot

Nimb Zuker $^1/_4$ Pfd., Mehl $^1/_8$ Pfd., rein gestoßene Mandlen $^1/_4$ Pfd., 3 Eyer. Daß alles wohl undereinander geschlagen. Füll es in ein Kästlein und Papier. Bache es in der Pfanne wie das Zukherbrott. Schneid lange Stückhlein darauß, es ist hübsch. 18. Jahrhundert.

Gebackene Mandeln

Nimm ein $^1/_2$ Pfund Mandlen, rein gestoßen, 4 Eyer, ein $^1/_4$ Pfund süßen Ancken, 1 Loth Zimmet, ein wenig Rosenwasser, ein $^1/_4$ Pfund Zucker. Untereinander gemacht, in ein Mödelein gedruckt und im Ancken bachen lassen. 1794.

Gebackene Meertrauben

Nim Meertrübel und Öpfel, schneidt sie klein, nim dann Honig oder Zucker, ein wenig viel, und Saffran, das hack durcheinander, mach ein Deiglein und wirf's dorin und nimbs dann herauß und bachs in Anken. 1592.

Gebrannte Mandelmilch

Willst Du machen von Mandelkernen ein geprante Milch, so nym frisch Mandelkeren und waich und Hirsgens und gesottenn Ayer und ein wenig schöns Brotz und knyt daz alles zu samen. So Du dick magest, so geuß ez den in ein Pfanne und loß es sieden, piß ez dick werd und mach es gel und vaist mit Puttern und lo ez den kulen und stos es des an eine Spiß und loß ez pratten und beslach ez mit Ayern und gib es für geprante Milch. 15. Jahrhundert.

Gefüllte Lebkuchen

Nim Lebkuchen, döre und stoß ihn wohl. Setz Honig über das Feür. Laß ihn ein wenig sieden. Laß ihn stehen. Wenn er ein wenig kalt ist, so schütt ein wenig Wasser darein. Thu Gewürtz darzu, so viel Du willst und was Du willst. Laß den Honig wieder aufsieden und rüehre das Lebkuchenmähl darein. Laß stehen, so lange Du willst. Zum Überzug nim Honig, laß ihn ein wenig sieden, thue ein wenig Gewürtz darein, laß es stehen, bis er nur noch ley ist, riehr Mehl darein, daß es gantz dickh wirt, daß mans wahlen kann. Formiere sie und bache sie im Bachofen. 18. Jahrhundert.

Gefüllte Oblaten

Nim Offlaten II, schneid sie auff einander enzwey, streich dann die Fülle darzwischen, druck dann die Offlaten woll zusammen undt mach auch ein Teiglein undt zeüch die Offlaten zu Ring umher wie sie auffgeht durch daz Teiglin. Bachs dann undt beseys mitt Zucker. 1592.

Gestrupftes Brot

Nim Brot, reibs klein undt röst es in Anken. Thu dann den Anken wider darab, nim Kirsmus ein gut Theil undt gesottenen Wein. Rüers woll under einanderen. Thuns in ein Pfannen, laß sieden, thun Zimmet undt Imber dorin, laß kalt werden. Nim ein Weißbrot, schneid Schnitten dorauß, streich auff ein jede Schnitten diß Muß. Darnach machs wider zusammen, daz ein gantz Brot werde, undt steck ein hiltzen Spißle dardurch. Darnach mach ein Deigle mitt gesottenem Wein, thun ein wenig Saffran darin, mach in als dick als ein Öpfel, knet Deig darnach, ker das Brot darumb undt bachs. Schnid wider Schnitten druß, den anderen Weg legs in ein Platten neben einanderen undt beseys mitt Zucker. 1592.

Goldene Suppe

Ein gulden Supp machet den Menschen feißt, stercket die Leber und Nieren, mehret die Natur. Nim broßmen Brot oder schnitten Brot, so vil Du wilt. Beye sie ein klein auff glüende Kolen. Darnach nim Rosenwasser, Eyerdotter und Zucker, jedes so vil gnug ist. Klopffe dise Ding wol durch einander unnd lege darein das gebeyet Brot so lang, bis es wol weich wirt. Darnach bache es in Ancken, wie bacht Schnitten, doch daß sie einander nit anrüren. Demnach so sie bachen, thu sie in ein Blatten, mache daran ein Brüy von Zucker, Rosenwasser, Zimmet und Saffran. 1577.

Hasenohren

Nim ein halb Pfund Mandlen, stoß sie rein. Drey Vierling gestoßenen Zukher, zwey Loth Nägelein, ein halb Quintlein Mußcatenblust, ein Mußcatnus. Thue den Zukher in ein Mörsel, netz ihn mit Rosenwasser wohl an. Thu die Mandlen darzu und stoß alles wohl durcheinander. Schneid Oblaten wie Haassenohren und streichs darauff. Mach ein Guß darauf von Zukher und Rosenwasser, der nicht zu dünn sey und bach sie in einer Pfanne bei geringer Hitz, doch oben mehr als unden. 18. Jahrhundert.

Heidnischer Kuchen

Item zertreib ain Taig mit Ayren und mit ainer Walltzen dünne, als ein Oblat. Und schneid es drej Vinger dick und lenng dann ein Hannd. Und pach es in Schmaltz und geuß darauf gepfefferten Honigktrannck oder Honigwurtzen. Gib es hin. Das haist ain haydennischer Kuoch oder ein Hausen Plasen. 1460.

Himmelbrot

Ein gepreßtes Brot, welches aus einem Gemänge von Nußkernen, gekochten Birnhutzeln und gebrosamter Semmel bereitet wird. 1760.

Honigküchlein

3 Schoppen Milch, 2 Loth süße Butter, 7 Eier. Die Butter in der Hälfte Milch vergehen lassen. Die Eier in der andern Hälfte verklopfen. Zusammen in ein Becken gethan, samt einer Hand voll Salz und Mehl darein gerührt. Bis man den Teig wahlen kann, recht gewürkt. Ausgewahlt und gebacken. So man will, kann man zu jedem Ei ein starker Löffel voll Honig nehmen und in der Milch vergehen lassen. 18. Jahrhundert.

Irländischer Kuchen

Von lauwarmem Wasser, Butter und Mehl knete einen Teig, walle ihn aus und schneide runde Plätzchen, die Du in einer Tortenpfanne mit ein wenig Butter braten lässest, auf beiden Seiten. Sie müssen warm gegessen werden. In der Mitte voneinander geschnitten, Butter dazwischen gestrichen und die beiden Hälften wieder zugedeckt. Die Armen essen dieses zuweilen statt Brot oder Kartoffeln. 1747.

Kompott

Item willst Du schlechten Kumpost machen, so nym ainen gepickten Hafen und füll den voller Flehen und geuß Wein oder Wasser daran, als vil Du willst oder mügest daran pringen. Und geuß das wider darauf und miß das, und als vil Maß Du missest, als vil Honig nym dar zue. Und thue das in ainen Kessel und laß es sieden, piß es ein siede. Als vil des Honigs gewesen sej und laß es woll erkallten. Und nym dann Kütten und frisch Regelpieren und laß ein wenig erwallen. Und schneid die zue klainen Schnitzlein. Auch nym die Kindlach, die pej der Krautzkröpffen stenn, und die aufprießen oder ausschießen. Und erwölle die und thue ein wenig darein. Und erwölle die und thue ein wenig darein. Und leg dann die ungesotten Schlehen ain legk und strau dann Kütten oder Pierenschnitz ain legk. Und der Kröpff auch ain legk und dann aber Schlehen. Und thue das, piß das der Hafen vol werde. So geuß dann den gesoten Wein oder ein Maß Honig daran mit dem Honig. Und verpind den Hafen unutz, das er sich vergärt. So hast Du ainen guoten Kumpost. Wann Du willst, so thue Würtz in den Wein. 1460.

Konfekt

Ein herrlich Confect, allerley Formen von Früchten, Thieren unnd Geschüzen zu machen, vast gut und lieblich zu essen. Nim Gummitragacant, so vil gnug ist. Leg es in Rosenwasser, biß es weich worden oder zergangen. Von disem Gummitragacant nim alle Zeit zu VIII Lot Zucker einer Bonen groß. Stoß das Gummitragacant in einem Mörsel, biß es zergangen und darnach zu Wasser worden. Darnach misch darunder ein wenig Limonensafft mit sampt Eyerclar wol durch einander. Demnach mische allgemach darunder VIII Lot Zucker, mache darauß ein Teyg, lege in auff einen Disch und wircke oder knette in wol mit anderem Zucker. Mach darauß ein weichen Teyg, gleich wie man mit dem Meel ein Teyg machet. Von disem Teyg nim so vil gnug ist unnd wahle in mit einem Wahlholtz, mache darauß Formen oder Geschirr, wie Du wilt, unnd tröckne sie hinder dem Ofen, oder sonst an einem warmen Ort. Dieses Confect oder Geschüz mag man inn Malzeiten gebrauchen für Blatten oder andere Geschirr. So fern kein warme Speiß darein gethan werde und so die Geschirr von der Speiß leer worden, mag man die Geschirr auch essen, wann sie vast gut unnd lieblich seind. So Du sie aber wilt besser machen, so nim süß Mandel, schele unnd stoße sie klein in einem Mörsel, mische darunder Zucker von Rosenwasser, so vil gnug ist. Mache darauß ein Teyg, gleich wie man den Marzipan machet. Mache disen Teyg in den andern Teyg hinein, also daß er inn Mitte sey verborgen und man in nit sehe, oder fülle den vorigen Teyg mit disem, so wirt es vast lieblich zu essen. 1577.

Krapfen

Item willst Du machen einen großen Krapen, so mag eine Taig von eytel Ayeren und mit ein wenig Wasser und daz ez dün werd mit ein wenig Melbs und geuß den Taig mit den Plat in ein Pfannen, do ein Smaltz inne sey, als ein Hasselnuß, und la es packen, daz ez unthen rosch sey und obenn feucht. Und nym es denn her auß und full es als ander Crapffen mit Weinper, und wenn sie gemacht werden, so pack sie ob einem Feür in einer Pfanne, do villig Smalz innen sey, als andere Crapffen. 15. Jahrhundert.

Krapfenfülle

Item stöß Nußkernen und Veign under einander in ainem Mörser und gewürtz das wol und färb es und leg es in ain Pfannen und geuß Öll daran und erwelle es und thue es in die Krapffen. Aus weißem Urhab mach ain Taig, pachs in Öll und gibt es hin zue essen kalt. 1460.

Kuchen

Item ein Kuchen willst Du machen zu einer Herrenschüssel, so nym auff zehen Ayer und zu, slach dy wol und nym dor zu Petterlein und rür es under ein and und setz einen Mörser auff Kolen und thu daran einen Löffel vol smaltz und loß es haiß werden und geüß dy Ayer dor ein und loß sie kol pachen und richt es also gantz auff ein Schüsselen. 15. Jahrhundert.

Laxierrosinlein

Nim erstlich Seennetblätter, wohl erlesen, $1^1/_2$ Loth, Weinsteinpulver $^1/_8$ Loth, außgeseübert und ein wenig gestoßen Erdbere Wasser 6 Loth. Dieß obstehende zusammen in einem Glas oder erden Häffelein über Nacht eingeweicht und den folgenden Tags lassen biß auff's halb einkochen. Dann durch ein sauber Tüchlein sechten und die Brüchen so viel möglich darauß drucken. Wieder in daß Pfänlin und 2 Loth saubere Rosinlin samt einem $^1/_2$ Loth Zucker darzu und miteinander noch ein wenig kochen lassen, biß die Brühe zum theil eingekocht ist. Als dan 2 oder 3 Tropfen Änisöhl dorunder gemischt und ein guten Löffel foll auff's Mahl genohmen. 17. Jahrhundert.

Luftbrötlein

$^{1}/_{4}$ Pfund Zucker rein gesiebt und an einer Zitrone abgerieben, ein Weißes vom Ey dick geschwungen. Der Zucker darnach auch darein geschwungen. Caffeelöffellein voll aufs Papier getropft und geschwind nach dem Brod in Ofen. 1794.

Lungentorte

Nim Lunken, setz sie zu mit halb Wein und halb Wasser, und Essig, loß woll einsieden, daß es schier drocken ist, darnach hacks gar woll, auch ein Zibelen dorunder gehackt, darnach nim ein wenig Brosmen Weißbrot, rösts in Anken und thun die Lunken darzu, rösts woll in Anken, thun auch ein wenig frischen Anken dorzu und daß Gäl von sechs oder sieben Eyeren, thun auch dorin Zucker, Zimmet und Imber, ein wenig Nägelin, auch ein wenig von einer Mußgatnuß und thuns in den Hafen, magst ein Deckel druff machen oder nit, wie du wilt, loß es bachen. 1592.

Mandelkäse

Item willst Du haben ein Mandelkaeß, so must Du haben ain Haußen Platter und zway Pfunt Mandel. Da machst Du den Käß von. Und den Mandel reib schön. Und schlah in durch ein weiß Tuoch. Nym Hausen Platter, ain Lott, des ist im Not. Die sollst Du in ainem Wasser sieben ab. Und den Mandel sollst Du durchschlahen mit der Platterprue. Und solt die Milich nit sieden lassen. Willst Du es süß haben, so nym ain Vierdung Zucker, da wirt es süß von. Und nym ain Pfunt Mandel, den sollst Du schelen und die weißen gantzen Kernen kleub die drauf. Besteck den Käß damit. Mach ain dicke Milich daran und thue ein Vierdung Zucker daran, so wirt es süß davon. Machst Du nit ain klaine Schüssel gehaben, so nym ein Rindlein, das innen verglast sey. Da schütt die Milich ein, so wirt sy hert darinne. Wann Du sy willst haben, so schütt sy auf ain Schüssel umb und thue die Milich doran. Und steck dann die Mandelkernen darauf an den Käß. 1460.

Mandelknöpflein

1 Pfund Mandlen. $^{1}/_{2}$ Pfund weißer Zucker. Das Weiße von 4 Eiern. $^{1}/_{4}$ Rosinlein. Das Weiße von 2 Viererbroten samt ein Löffelein Mehl. Die Mandlen müssen mit dem Zucker gestoßen werden. Ehe man sie aber verstoßt, müssen sie wohl getröcknet werden, wie auch die Rosinlein. Und das Weiß von den Viererbroten muß über Nacht eingeweicht werden, in Milch. Hernach in ein Sieblein gethan und mit einem Löffel die Milch ausgedruckt und unter die Mandlen gethan. Das Weiße von den Eiern einwenig geklopft und auch daruntergerührt. Alsdann auf einem hölzernen Teller zu Knöpflein gemacht. Auch noch ein wenig Mehl darübergesprengt und in Anken gebachen. Man kann auch ein Rahm Brühen darüber machen. 1773.

Mandelkuchen

Man weicht 12 Lot Milchbrot oder Semmelbrot in der Milch ein, von welchem aber die Rinde abgeschählt wird. Indessen stoße $^{1}/_{2}$ Pfund Mandeln mit Rosenwasser. Nimm 10 Lot Zucker und das Gelbe von 8 Eiern. Zerrühre es $^{1}/_{4}$ Stunde mit den Mandlen und dem Zucker. Wenn man gerne will, kann man länglicht geschnittene Zitteraten und Pomeranzenschalen darin thun. Drücke denn das Milchbrot aus und zerrühre es mit dem andren. Das Weiße von den Eiern schwinge zu Schnee und rühre es ganz sachte darunter. Bestreiche ein Blech oder Tartepfanne dick mit frischer Butter. Nimm gestoßenes Milchbrot oder Weißbrot, welches man im Ofen hat gelb werden lassen. Streue es über die Butter und tue das Angerührte hinein. Laß es dann in einer Tortenpfanne oder in einem Backofen schön gelb backen. Man kann alle Kuchen sowohl in einer Tortenpfannen als im Backofen bachen. Man darf nur auf die Tortenpfannen Kohlen legen, aber keine Flammen machen. 1773.

Mandelmilchteig

$^{1}/_{4}$ Pfund Mandlen. 4 Lot Zucker. Die Mandlen extra reingestoßen. Der Zucker in Mörsel darunter getan und gemischt. Hernach mit ein wenig Zucker zwei Zäpfen daraus gemacht. Gibt zu: 6 Schoppen Wasser, welches man nur verrührt, wenn mans brauchen will, und sechtet zu einem Schoppen Wasser den Sechsten Teil. 1773.

Mandelmues

Item willst Du machen ein Mandelmuoß, so nym ein Pfunt Mandeln und nym auch Umuodum, und ob Du des nicht hast, so nym Semleinprot darzue und das thue in ein Wasser und wall das darauß. Und das schlach mit der Milich durch ain Tuoch. So wirt es klain. Willst Du es süß haben, so thue Zugker daran. Das haist ain Mandel muoß. 1460.

Mandelpfannkuchen

6 Lot Weißbrot, $^{1}/_{4}$ Mandlen, 5 Lot Zucker, das Gelbe von 4 Eiern. Von einer Zitronen Schalen würflich geschnitten. Das Weiße von den 4 Eieren zu Schaum geschwungen. Ganz sachte darunter gerührt. Die Tartenpfannen mit frischem Butter dick angestrichen. Gestoßenes Weißbrot, welches man hat gelb werden lassen, darauf gestreut und dann gebacken. 1773.

Mandelreittlein

Nimm ein halb Pfund Mandlen, grob gestoßen, drithalben Vierling Zuker, netz ihn mit ein wenig Rosenwasser an, thue die Mandlen darzu und trockne es ob dem Feür wohl ab. Nim 6 Eyer klar, klopff ihn wohl, machs wieder dünne, streichs auf die Oblaten und bach sie in der Pfanne, oben große aber unden geringe Hitz. 18. Jahrhundert.

Marktorte

Ein Pfund Mandeln geschwellt, sauber geschält und recht in einem Tuch getröcknet. Die Mandeln rein gestoßen, ein halb Pfund Rindermark auch unter die Mandeln verrieben, allzeit ein wenig Eyer-weiß dazu, von 2 Doppel Viererbrod das weiße daraus und in Milchraum eingeweicht und auch unter die Mandeln gerührt. Eine große Citrone darein abgerieben, ein Vierling Citronaten rein verhackt auch darunter, 5 Vierling Zucker wohl gewogen, von 14 Eyern das Gelbe darunter gerührt, das Weiße geschwungen und auch darunter gerührt. Ein Pasteten-Teiglein gemacht und gewahlt, in die Form gethan und den Teig darein geschüttet. NB. Der Teig muß allezeit wohl geschafft werden, ehe man ihn in die Pfanne schüttet. 1790.

Marzipan aus Wecklein

Nimb Mandeln 1 Pfund, stoß selbige rein und wohl mit Rosenwasser. Als dann thue darzu $^{1}/_{2}$ Pfd. Zuckher, oder so Du selbige gar gutt willst haben, des gleich viel, so wird selbiges nicht so bald öhlicht. Wann alles beysammen, so dröckne die Massen ob dem Feur, formier hernach darauf Marcipan, was Du für willst. Thue selbigen in die Pfanne, bache selbigen nur oben her mit Feür. Wann selbiger ein wenig erwarmt ist, so mach auff selbigen ein Guß eines Messers dickh. Und wann im Bachen anheben sich Blassen geben, so hebe den Deckel ein wenig empor und streü geschwind gedörrten feinen reinen Zuckher darauf, so werden die Blassen all in der Höhe stehen bleiben. Halte den Deckel noch ein wenig darüber, bis die Blassen recht hart sind, und siehe, daß sie nicht braun werden. Der Guß, darauf die Blassen gemacht werden, ist von super finem gestoßenen Zuckher und Rosenwasser. Selbiger soll nicht zu dickh und nicht zu din sein, sonst gibt er keine rechten Blassen, sondern der Guß soll consistentia eines dickhen Honigs haben. 18. Jahrhundert.

Mayenmues

Nimm 4 Eyer, verklopf sie wohl. Ein Gläslein Rosenwasser darunter geschüttet. Thu es in ein Pfännlein über das Feuer. Rühre, daß es nicht zusammen lauft noch laufen wird. Wenn es anfangt sieden, so schütt es in ein Schüßlein. Nimm 1 Pfund frischen Ancken, verschneid ihn klein und rühr ihn darein. Wohl eine Stund muß er gerührt werden. Hernach $^{1}/_{2}$ Pfund Zucker gesiebt und darunter gerührt. Dann schlage es aus und thue es in Keller. 1794.

Morchen

Willst Du machen umb Weinachten Morchenessen, so mach einen Taig auß weißen Melbprott und sla Ayer dor an und mach zwen Knobel und wirffs in den Taig und zeuch sie dor umb und legs in ein Smaltz, daz nicht zu heiß ist. Und wen es ein wenig gepachen, so nym es hernach wider auß und sneyd es do mitten auf dem Knobel von ein and und fule es domit einem gerurten Ayeren Taig, weiß oder grün oder mit geprantem Apffell in Honig und nym denn einen linden Strauben Taig und zeuch es dor durch und leg ez in ein Smaltz. Wil aber er es kernen, so mach ein gelbes Platt und sets dy Morchen (Morcheln) dar ein und la sie pachen und richt es an und versaltz es nit. 15. Jahrhundert.

Mülhauser Waffeln

Nimm ein Pfund gute frische Butter, 2 Pfund schönes Weißmehl, 16 frische Eyer und zwey Messerspizen voll Salz. Thue die Butter in einer Pfanne aufs Feuer, und rühre darinn, bis sie zergangen ist. Hernach mache auch die Milch lauwarm und rühre das Mehl zart darmit an. Die Eyer lege in warmes Wasser, und rühre eines nach dem andern in den Teig. Sie müssen aber zuerst abgetrocknet werden, ehe man sie in den Teig hinein schlägt, damit kein Wasser in den Teig kommt. Nimm zwey Löffel voll gute dicke Bierhefe, thue ein wenig warme Milch darein, und zerrühre sie wohl mit dem Teig. Der Waffelnteig muß so dick seyn, als ein Wasserstraubenteig. Sollte er noch zu dick seyn, so rührt man noch mehr warme Milch darein, bis er die gehörige Dünne hat. Man stellt ihn dann an einen warmen Ort, und läßt ihn eine gute Hand hoch aufgehen. Hernach werden die Waffeln-Eisen heiß gemacht und mit Speckschwarten bestrichen. Man füllt sie dann mit dem Teig, und läßt sie auf beyden Seiten schön backen. Zuletzt streut man Zucker und Zimmet darüber, und giebt sie ganz warm auf den Tisch. Von so vielem Teig, als angezeigt ist, giebt es 24 bis 26 Waffeln. 1811.

Mumpfer Kugeln

1 Pfund Mehl. 3 Lot Zucker. Ein wenig Salz in ein Becke gethan. Ein neue Halbmaß Milch und 12 Loth süßen Anken übers Feuer, und wann es aufgehen will, das Zusammengewogene im Becke darein gerührt auf dem Feuer, und getröcknet. Alsdann in dem Becke mit 12 Eieren gedünert. Diese Portion gibt eine große Platten voll. 1773.

Muscheln

1 und $^1/_4$ Pfund Mandlen. $^1/_8$ Pfund Zucker. $^1/_2$ Lot Zimmet. $^1/_8$ Pfund Schokoladen. Ohngefähr ein ganzes Ei. In kleinerer Portion Mandlen $^5/_8$ Pfund, Zucker 14 Lot, Zimmet $^1/_4$ Lot, Schokolade 2 Lot. $^1/_2$ Ei. 1773.

Nägeleinkonfekt

Nim Negelin, so vil Du wilt. Thu sie inn das Becke. Gieß darüber Zucker, welcher auff sein Stat wol gekocht ist, mit dem Confectlöffel. Unnd so Du sie wilt rauch machen, solle das Loch im Confectlöffel, damit Du den Zucker über die Negelin gießest, vast eng unnd klein sein. Unnd soll der Zucker gleichförmig überzogen werden, spinnechtig, und nit tropfflechtig, sonst würde das Werck verderbt. 1577.

Obstkuchen

Zertreyb ein Ayrtaig mit ainer Walltzen, das es werd eins Vingers dick. Schneid den würfflat als die Ponnen und würff den Taig in haiß Schmaltz. Laß es schnell pachen. Geuß ab das Schmaltz. Laß es trucken und mach es uf Saffran oder auf Condiment und las es erwallen ee Du die Ponnen darein thust. Das haißen Ponnen von Taig bewar es vor den Mäußen, so machst Du es behalten langge Zeitt. 1460.

Offlaten

Erwell Eyger, Roszin und hack sy klein. Machs ab mytt Wurtz und Saffran, Saltz und tämberyrs wol. Nim ein Offlett und züch dye Eyger druff. Mach ein ander Oblatt darüber. Züch es durch ein Teiglein von wissem Mehl. Bach sy schönn. 16. Jahrhundert.

Pain Fondant

12 Loth Butter, $^3/_4$ Pfd. Zucker schaumig rühren. 3 Loth bittere Mandeln und 3 Loth süße Mandeln gestoßen (Mandelmehl). 6 Loth Mehl, 6 Loth Puderzucker, 4 ganze Eier, 8 Eigelb, 1 kl. Messerspitze Amonium. Das alles gut verrühren und in Schifförmchen dressieren. 20 bis 25 Min. in mittelheißem Ofen backen, heiß stürtzen und wenn erkaltet, mit weißem Fondant glacieren. 19. Jahrhundert.

Pfifferling

Item willst Du machen ein Pachens heißet Pfifferling, so mach einen Taig als zu einem haidnischen Taig. Als Du ein Urhab wilst, verste sein nicht, so mach dar auch dein Pletter als dy Pfifferling, eins merrer, daz ander mynder. Und wenn Du dy Pletter gemacht hast, so wart daz sie dick sein und an den Orten nit zu dün sein und thu sie in ein Pfannen mit Smaltz und pack sie dorinne und under schrenck dy Pletter zu ein ander auff Deiner Hant, als ein Crape und sturtz sie dann zu samen mit den Zipfen, so hastu zwirgesturtz und wirffs inn dy Pfannen und laß packenn. 15. Jahrhundert.

Quittenbrot

Man kocht die Quittenen gantz in Wasser, bis sie aufspringen. Alsdann macht man die Schälleten davon, schabet das andere bis auf den Butzen. Das Geschabene reibt man durch ein Tuch. Zu einem Pfund Durchgetriebenes nimmt man 1 Pfund Zucker. Der muß zuerst sauber verschaumt werden und kochen, bis er einen Faden zieht, hernach rührt man die Marck darein und läßt es wieder anfangen kochen. Fülle alsdann die Model oder Teller. 1794.

Quittenkirschwasser

Man nimt $^1/_2$ Maß Kirschwasser und $^1/_2$ Maß Quittensaft, welches also gemacht wird. Man verreibt die Quitten in einem Reibeisen und preßt sie, und schüttet es zusammen in ein Glas. Tut darin 20 Parellen Kernen, rein zerhackt, nebst viel Pfersigkernen. Stellet es 8 bis 10 Tag hinter den Ofen, tut $^1/_2$ Pfund oder nach Belieben weißen Zucker Kandit darunter. Man muß es auch, wann der Zucker darin, alle Tag ein wenig rüttlen. 1773.

Quittenlatwerg

Quittenen wohl abgewischt, geschellt und aus einem Schnitz 2 Stücker gemacht. Dieser Stücker nim sechs Pfund, die Schelleten und Putzen davon, koche in $1^1/_2$ Maß Wasser, bis sie ganz lind, etwan 2 Stund lang. Durch ein Tuch gesöchtet, dann drucke sie wohl aus. Laß diesen Saft stehen, thue ein allte Maß roter Wein übers Feuer und soviel Honig. Verschaume es miteinander. Dann schütte den Saft auch darein, aber nur das Lautere. Laß den Satz davon. Die Quittenen thue auch dazu und laß es ordentlich miteinander kochen, ohne darin zu rüehren, bis die Quittenen lind. Und Du förchtest, sie sitzen an, alsdann verrühre es zahrt und höre nicht mehr auf, bis sie ganz dick gekocht, daß es sich gleichsam vom Hafen schellt. Etwan $^1/_4$ Stund, ehe es dick genug gekocht, thue ein Zitronen und 1 Pomeranzen (Orange) rein zerschnitten darein. Wann es dick genug gekocht ist, so thue das Feuer weg und laß nur Kohlen, daß es heiß bleibt und nicht mehr kochet. Rühre dann 1 Lot gestoßener Zimmet und $^1/_2$ Lot Nägelein darein und fülle die Laden mit einem großen Löffel so geschwind Du kannst, daß es im Hafen nicht anziehet. Die Laden mußt Du ein wenig klopfen, daß sie recht satt werden. Wann die Latwergen in den Laden halb kalt ist, so tut man die Deckel darauf und thut sie an ein temperiert Ort. N.B. Man kocht die Latwergen aufgedeckt. 1773.

Quittenschaum

Ein $^3/_4$ Pfund Zucker, rein gesiebt. 2 Pfund Quittenmark ein $^1/_4$ Stund gerührt. Das Weiße von 3 Eyern recht geschwungen und das Mark darin gerührt. Von einer Citrone an Zucker abgerieben und dann darin gethan. Auf Papier auf den Ofen gethan, aber nicht zu warm, sonst werden sie gelb. Man kann auch Choquelade anstadt Quitten nehmen, und wenn man es roth haben will, nimt man ein wenig Erbsensaft. 18. Jahrhundert.

Quittenschnitzlein

Man nimmt frische Quitten, schellt sie und kocht die Helscheten samt den Kernen mit Wasser so lang, bis es ein Faden zieht, und drückt sie darnach durch ein Leinentuch. Alsdann nimmt man zu 3 Pfund Quitten 2 Pfund Zucker, setzt den ausdruckten Saft samt dem Zuber in einem irdenen Geschirr zum Feuer und läßt es so lange miteinander kochen, bis es wie ein Sürup ist. Dann thut man die dünngeschnitzten Quittenen darein und läßt alles miteinander solange kochen, bis es so dick ist, daß wenn man ein wenig auf eine Tasse schüttet, es gleich zu Gallen wird. 1773.

Quittenzeltlein

Es wird eine große oder 2 mittelmäßige Quitten mit kaltem Wasser zugesetzt und gesotten, aber sie dürfen nicht aufspringen. Man läßt sie kalt werden. So dann werden sie geschält und das Mark abgeschaben und eine halbe Stunde gerührt. Dann werden 3 Eyer bis zu einem Schnee geschlagen, $^1/_2$ Pfund Zucker in den Schnee gerührt, dann die Quitten nach und nach gerührt. Wenn alles dabey ist, dann muß es noch gerührt werden. Zuletzt eine Citrone gerieben samt dem Saft dazu gethan. So dann wird es mit einem Caffelöffel auf Papier gesetzt und auf dem Ofen trocknen lassen, bis sie von dem Papier fallen. Um sie zu erhalten, werden sie in eine Hutte unter den Ofen gestellt. 18. Jahrhundert.

Rosenhonig

Drey hundert Rosenknöpf genommen und sie hinden ordentlich abgehauen, daß kein Weißes darzu komt. Hernach solche in ein sauber Geschirr gethan und ein Schoppen frisch Wasser siedig lassen werden und darüber geschüttet. Gleich zugedeckt, in Keller gethan und ein Tag und eine Nacht darinnen stehen lassen. Alsdann die Rosen wohl durchgedruckt, so viel Honig, als man vor nöthig erachtet, darzu genommen. Das Ausgedropfte von den Rosen darein geschüttet und über dem Feuer kochen lassen. Ordentlich verschaumt, und wans nach Belieben dick ist, in ein Geschirr geschüttet. 1747.

Roßeisen

Item Du sollst reiben guoten Käß und nym als vil Melbs und schlach Ayr daran, das es sich laß wellen und Pulver das wol. Und walg das auf ainem Tisch, das es werd als ain Wurst und krümps als ain Roßeisen und pach es in Schmaltz. 1460.

Savonien

Ein gut und lieblich Confect, zu Venedig Savonia genant, daselbst vast im Brauch gehalten. Nim Zucker ein Pfund, Rosenwasser acht Lot, Eyerclar so vil gnug ist, mische es durch einander, thue es über das Feür. Und so der Zucker anhebt zu schaumen, nim es vom Feür hinweg unnd verschaume den Zucker wol, biß er schön clar und lauter wirt. Demnach mische darunder Ammelmeel, zuvor rein gestoßen, und koche es mit einander so lang, biß das Wasser garnach eingesotten unnd der Zucker schier hart worden. Zuletst misch darunder IIII Lot gestoßen

Imber und gieße es auff ein Marmorstein oder auff ein feucht Brett, mache darauß Tefelin. 1577.

Scapini

600 g Zucker, 300 g Mandelmehl und 300 g Haselnuß mischen. 18 Eiweiß zu Schnee schlagen. 2 Loth Vanille zusetzen. Das Eiweiß mit obiger Masse vermengen und fingerbeerengroße Punkte auf ein Papier dressieren. Im halbwarmen Ofen antrocknen. Vom Papier lösen und je zwei mit Aprikosenmarmelade zusammenkleben. Ende 19. Jahrhundert.

Schokoladenpulver

Kakao, der zuerst muß geröstet werden, bis man die außere Schallen davon abschälen kann. Reis jegliches 8 Lot. Aronenwurzen ein Quintli. Gewürtznägeli 1/2 Quintli. Zimmet 5/2 Quintli. Zucker nach belieben. Dieses alles muß zu reinem Pulver gestoßen werden. Der Reis aber und Kakao kann man, so es beliebig, in einer Kaffeemühle malen. Von diesem Pulver nimt man, jenach dem es beliebig, ein oder 2 Löffel voll oder mehr zu 1 Maß Milch. 1773.

Schwarzer Igel

Item ain schwartzen Igel zue machen, so mußt Du haben ain Pfunt Ymber, die sollst Du schön waschen. Und erkleub sy schön, das nichts Unsaubers daran sey. Und sollst sy schön schwaißen in ainer Pfannen. Und sollst sy lassen kalt werden, das er trügken sey. Und stös in klain. Und Zymen und Nägelein und Zugker sollst daran thuen. Und schlahe das zuesamen und mach ain rechten Igel davon. Und wenn er nun beraitt ist, so soll man in bestecken mit Nägelein, das süllen seine Porst sein. Und ain Guldein Muscat gib im in den Mund, das ist dem Igel gesunt. 1460.

Schwedischbrot

Nimb rein gestoßenen Mandlen 1 Pfund, Zucker und Mehl, jedes 1 Pfd., 6 Eyer, mehr 4 Dotter, Cardamoni, Cariophill, Macis, jedes 1/4 Lot, Pfeffer 1/2 Lot. Alles grob gestoßen und in den Deig gethan. Den Deig in den Kessel, wohl durch einander gerieben. Hernach aus dem Kessel genommen. Wirke denselben ein wenig mit Mehl zimlich weich ab. Formier darauß kleine lange Leüblein darauß. Oben auf mit einem Messer ein wenig darein geschnitten. Bach selbiges alsdan in der Pfanne wie die Maqueronen mit guttem Feür, so wird selbiges hoch und hübsch. 18. Jahrhundert.

Suchard

18 Loth Zucker, 18 Loth Mehl, 16 Loth Butter, 8 ganze Eier und 4 Eigelb. Butter und Zucker schaumig rühren. 8 ganze Eier und 4 Eigelb nach und nach unterziehen. Danach langsam Mehl einrühren. Das ganze in Charlottenförmchen dressieren, dann 20 Min. in mittelwarmem Ofen ausbacken, heiß stürzen und, wenn erkaltet, mit Chocoladenfondant glacieren. 19. Jahrhundert.

Tabakschnecklein

Nimm ein 1/2 Pfund gestoßene Mandlen und 1/2 Pfund gestoßener Zucker samt einem 1/2 Pfund Mähl. Diese 3 Sachen wohl untereinander gemacht, mit 6 verklopften Eyern nach und nach verdünnert. Darnach durch ein Trächterlein im heißen Ancken kochen lassen, bis es schön gelb wird. 1794.

Zephyrs au Punch

4 Eiweiß, 1 Pfd. Puderzucker und 1/2 Vanillestengel (ausgedrückt) werden zusammen steiffgeschlagen und durch einen Dressiersack mit Rundtülle zu 4 cm langen Würstchen auf ein Papier dressiert. Dies wird mit Hobelmandeln einpaniert und in nicht zu heißem Ofen angetrocknet, so daß die Mandeln nicht braun werden, aber an der Oberfläche trocken sind. Danach löst man diese Würstchen, die im Innern feucht geblieben sind, vom Papier und legt sie auf ein Gitter. Dort werden sie mit einer Rosa-Orange gefärbten und mit Rum parfümierten Fondantglasur glaciert. 19. Jahrhundert.

Zitronenwecklein

Nim von zwo Citronen die Schelleten, schneide sie langlecht. Ein Vierling Mandeln gestoßen, ein Vierling Mandlen lang geschnitten. Nim so viel gestoßenen Zukher als dieß alles vigt. Netz ihn mit Zitronensafft wohl an. Laß ihn auffsieden. Thue die Mandlen und Citronenschelleten darein und laß kochen. Schlag sie mit einem Messer auff einem Brett, daß wohl mit Zukher bestreüt ist. Wan sie trokhen seindt, so mach ein Guß darauf mit Zukher und Rosenwasser und trockne sie in der Pfanne ab, oben große und unden gar kein Hitz. 18. Jahrhundert.

Zuckerbretzelein

Nimm 5/4 Pfd. Zucker, darnach 1/4 Pfd. reingestoßene Mandlen. Nimm das Weiß vom Ey. Zerklopf es, bis daß es allerdings zu Schüem worden. Alsdann nimm das Aierweiß und stoße den Zucker und Mandlen miteinander an zu einer Maße, daß Du sie komlich wahlen kannst. Von solcher Masse in einem Merssel wohl gearbeitet, so kannst Du Zitronenschalledten nehmen und sie klein wirflecht schneiden und dieselbe darunter thuen. Es muß nicht lang im Merssel bleiben, sonsten wirdt es gantz blau, sondern muß schnel gestoßen werden und verarbeitet, alßdann in einer Dartenpfannen gebachen. 18. Jahrhundert.

Zuckerkonfekt

Nim Gummitragacant, so vil du wilt. Lege es in Rosenwasser, biß es weich wirt, und rüre es, wie ein Teyg. Nim darvon ein haselnuß groß, stoße es in einem Mörsel, sprenge darauff gestoßen Zucker, so vil gnug ist, und Bysem in Rosenwasser zertrieben und grän. Misch es durch einand, mach darauß ein Teyg und schneide in nach Deim Gefallen. So Du sie besser haben wilt, thu mehr Zucker unnd Bysem darzu und ein wenig Muscatblust und Ammelmeel, oder roten Sandel. Mische es wol durch einander, biß es gleich einem Teyg wirt. Darnach zerschneidt ihn, wie Du wilt, und dörre sie an dem Schatten. 1577.

Zuckerschnee

Nimb den aller schönsten Zuckher, den Du magst finden. Leuthere selbigen wohl und thue 2 oder 1 1/2 Pfd. davon in ein Kessel. Süed selbigen hart. Mach darnach ein Schmierschäll von gestoßenem Zuckher und Eyerweiß. NB. Schmierschäll ist wie zu einer Crispaturen zu verstehen. Rühre es wohl durch einander, güeß 2 Eßlöffel voll darin, rüre es wohl und geschwind durcheinander. Und wann es anfangt steigen, so güß es geschwind in ein Cabsulas, wie zum Bisquit gebraucht werden. Aber es müssen selbigen hoch gemacht werden, so hoch man will. Ungefohr ein Zweyhand hoch, sonst steigt es alles herauff. Wann Du recht damit umgehst, so wirdt es wie ein Schnee. 18. Jahrhundert.

Zwuren

7 Löffel voll Mähl, ein wenig Saltz, 8 Eyer, 1 Schoppen Milch, 1/8 Ancken, 1/8 Zucker. Der Zucker und Ancken in der Milch vergehen lassen, das Mähl mit angerührt. Die Eyer darein geschlagen, in eine Blatte – mit süßem Ancken angestrichen – geschüttet, auf dem siedigen Wasser lassen dick werden. Wenn es kalt ist, auf ein Brettlein umgekehrt, verschnitten wie Reis und dann die Stücklein ringsherum geritzt und in Ancken gebacken. 1794.

Marzipanmodel aus Ton: Tod Mariä. Maria liegt, umgeben von den 12 Aposteln, mit gefalteten Händen auf dem Totenbett. Über ihnen schwebt in Wolken Christus, die Seele Mariens tragend. 15. Jahrhundert.

Anhang

Persönliche Auskünfte

Ulrich Barth, Dr. Max Burckhardt, Dr. Theo Gantner, Ernst Gretener, Peter Klein, Robert Klein, Gustav Kyburz, Dr. Elisabeth Landolt, Dr. Hans Lanz, Margrit A. Lutz, Marisa Meier-Tobler, Elisabeth Meyer, -minu, Dr. Peter Reindel, Regierungsrat Arnold Schneider, Professor Dr. Andreas Staehelin, Dr. Martin Staehelin, -sten, Hans Rudolf Sutter, Werner Sutter, Helene Vischer, Karl Wunderli.

Handschriftliche Quellen

Historisches Museum Basel

Forcart, Familie. Kochbücher. 18. Jahrhundert und 1840.

Gemuseus, Elise. Kochbuch. 1871.

Haas-Becker. Kochbuch. 1792.

Küeffer, Anna Maria. Kochbuch. 1792.

Löffler, Henriette. Kochbuch. 19. Jahrhundert.

Schölly, Familie. Kochbuch. 18./19. Jahrhundert.

Streckeisen, Familie. Kochbuch. 1786.

Vischer, Familie. Kochbücher. 1786, 1846 und 19. Jahrhundert.

Von der Mühll, Anna Elisabeth. Kochbuch. 1771.

Weitnauer, Maria. Kochbuch. 1843.

Staatsarchiv Basel

Handel und Gewerbe L2, BB 1.

Huber, Valeria. Kochbuch. 1773.

Oser, Familie. Kochrezepte. 18. Jahrhundert.

Respinger, Dorothea. Kochbüchlein. 1794.

Wackernagel-Sarasin, Maria. Kochbuch. 19. Jahrhundert.

Zunft zu Safran, Archiv C13.

Universitätsbibliothek Basel

Bayerland, Ortolff von. Arzneibuch. 15. Jahrhundert.

E. H. Rezeptbüchlein. 1800.

Faesch, Anna Maria. Kochbuch. 1796.

Kochbücher. 16., 17./18., 18., 18./19. und 19. Jahrhundert.

Lachenal, Monique de. Kochbuch. 17./18. Jahrhundert.

Meister Hans, des von Wirtenberg Koch. Kochrezepte. 1460.

Müller, Anna Margaretha. Kochbuch. 1747.

Pack, Jakob Christoph. Kochbuch. 17. Jahrhundert.

Platter, Magdalena. Kochbuch. 1592.

Socin, Anna Maria. Kochbuch. 1727.

Maße und Gewichte

1 Becher	=	2 Pfund oder 2,1 l
1 Loth	=	14,7 g
1 Maß	=	1,4 l
1 Quentlein	=	3,7 g
1 Schoppen	=	0,35 l

Literaturauswahl

Burckhardt-Finsler, Albert. Die Ofleten- und Waffeleisen des Historischen Museums. Basel 1897.

Burckhardt, Martin H. Escoffier. Ein Kochbuch. Basel 1972.

Christ, Robert B. Vom Hypokras oder Ypocras. Basel 1958.

Geering, Traugott. Handel und Industrie der Stadt Basel. Basel 1886.

Hansen, Hans Jürgen. Kunstgeschichte des Backwerks. Oldenburg 1968.

Kaspar, Hans AG. Sag es mit einem Lebkuchenspruch. Zürich 1953.

Kaufmann, Gerhard. Englische Keramik und Oblaten. Hamburg 1970.

Klein, Robert. Ein kleines Brevier über den Lebkuchen. Basel 1970.

Kochrezepte, beliebte, aus Basler Häusern. Herausgeber: Hauswirtschaftsstelle des Gas- und Wasserwerks Basel. Basel 1968.

Koelner, Paul. Die Safranzunft zu Basel. Basel 1935.

Kronberger, Hanna. Die alte Kunst der süßen Sachen. Hamburg 1959.

Lüdin, Sophie. 200 Gutzirezepte. Basel 1960.

Major, Emil. Von alten Basler Gebäckmodeln. Basel 1932.

Neues und nützliches Kochbuch, von einer erfahrnen und geübten Köchin zusammengetragen. Basel, vermutlich 1790.

Pfister-Burkhalter, Margarete. Von Gebäckmodeln. Basel 1950.

Respinger-Merian, Emilie. E guet Basler Mimpfeli. Basel 1916.

Schneider, Amalie. Basler Kochschule. Basel 1877.

Schnyder, Rudolf. Alte Zürcher Gebäckmodel. Zürich 1970.

Schraemli, Harry. Bibliophile Köstlichkeiten der Gastronomie. Burgdorf 1952.

Schweizerisches Idiotikon. Frauenfeld 1881ff.

Socin, Adolf. Johann Jacob Sprengs Idioticon Rauracum. Bonn 1888.

Spörlin, Margaretha. Oberrheinisches Kochbuch. Mülhausen 1811.

Stocker, Franz A. Basler Stadtbilder. Basel 1890.

Thiele, Ernst. Waffeleisen und Waffelgebäcke in Mitteleuropa. Köln 1959.

Vischer, Helene. Das ewige Licht geht da hinein. Basel 1966.

Wackernagel, Rudolf. Geschichte der Stadt Basel. Basel 1907ff.

Wecker, Anna. Ein köstlich new Kochbuch. Basel 1605.

Wecker, Hanns Jacob. Kunstbuch des wolerfarnen Herren Alexij Pedemontani. Basel 1577.

Abbildungen

Die Vorlagen zu den Abbildungen haben freundlicherweise zur Verfügung gestellt: Historisches Museum Basel (Model und Küchengeräte) und Coop Schweiz, Basel, Läckerli-Huus AG und Sutter AG (Gebäcke).

Deiner Liebe will ich hier
Recht was süßes schenken
Bin ich auch gleich fern von Dir
Magst Du mein gedenken
LVSTIG GRET
MUS ICH
VATER SEIN
CITO